Josef Lorscheid

Die Spectralanalyse

Gemeinfasslich dargestellt

Josef Lorscheid

Die Spectralanalyse
Gemeinfasslich dargestellt

ISBN/EAN: 9783743652132

Hergestellt in Europa, USA, Kanada, Australien, Japan

Cover: Foto ©berggeist007 / pixelio.de

Weitere Bücher finden Sie auf **www.hansebooks.com**

Die
Spectralanalyse

gemeinfaßlich dargestellt

von

Dr. J. Lorscheid,

Lehrer an der Real= und Gewerbeschule zu Münster.

Zweite, umgearbeitete und sehr vermehrte Auflage.

Mit 51 in den Text eingedruckten Abbildungen und 7 Tafeln, von denen 5 in Farbendruck.

Münster.
Aschendorff'sche Buchhandlung.
1870.

VIRO ILLUSTRISSIMO

R. P. A. SECCHI

OBSERVATORII ROMANI DIRECTORI

HUNC LIBELLUM

D. D. D.

SUMMA REVERENTIA

AUCTOR.

Vorwort zur ersten Auflage.

Den Freunden der Naturwissenschaften überreiche ich hiermit eine kurze Zusammenstellung der über die Spectralanalyse vorliegenden Arbeiten. Die mathematischen Erörterungen sind übergangen und nur an den Stellen, an welchen sie unumgänglich nothwendig waren, eben berührt worden. Die Quellen, aus welchen ich den Stoff geschöpft habe, sind unter dem Text angegeben, so daß auch diejenigen, welche sich noch näher mit dem neuen Zweige der Wissenschaft beschäftigen wollen, Fingerzeige zu diesem Studium zur Genüge finden werden. Es würde mir zur Freude gereichen, wenn auch die Männer von Fach hier und dort eine Notiz fänden, die ihnen bei der Lektüre der vielen und bereits sehr reichhaltigen Abhandlungen über diesen Gegenstand entgangen wäre.

Münster, den 1. März 1868.

Der Verfasser.

Vorwort zur zweiten Auflage.

Die günstige Aufnahme, welche die erste Auflage des vorliegenden Werkchens gefunden — innerhalb Jahresfrist war dieselbe vergriffen —, veranlaßte mich, die Zusammenstellung der über die Spectralanalyse vorliegenden Arbeiten mit den seit jener Zeit veröffentlichten Ergebnissen der Forschungen auf diesem Gebiete zu bereichern und auch das früher Mitgetheilte zu erweitern, so daß eine möglichst allseitig sich erstreckende Uebersicht über diesen Zweig der Wissenschaft erstrebt wurde. Gleichzeitig war ich bemüht, die Angaben der Zeitschriften und Werke, in welchen sich die einschlagenden Abhandlungen befinden, soweit es mir möglich war, vollständig anzugeben, so daß auch denjenigen, die sich mit einzelnen Theilen specieller beschäftigen wollen, in den unter dem Texte befindlichen Noten hinreichende Andeutungen geboten werden.

Der Freundlichkeit des Hrn. P. A. Secchi in Rom verdanke ich einen Originalbericht über die neuesten Resultate der spectralanalytischen Untersuchungen auf dem Gebiete der Astronomie, für dessen überaus gütige Mittheilung ich ihm zu tiefem Dank verpflichtet bin.

Möge sich die zweite Auflage derselben wohlwollenden Aufnahme erfreuen, wie die erste.

Münster, den 1. Februar 1870.

Inhalt.

	Seite
Einleitung	1
A. Das Spectrum	2
1) Entstehung des Sonnenspectrums	2
2) Eigenschaften des Sonnenspectrums	6
3) Die Fraunhofer'schen Linien	12
4) Spectra der übrigen Lichtquellen	23
B. Geschichtliches	26
C. Der Spectralapparat	32
D. Spectra der glühenden Körper	42
1) Allgemeines	42
2) Spectra der Metalle	53
3) Spectra der Gase	65
E. Das Absorptionsspectrum	76
1) Das Absorptionsspectrum erster Ordnung. (Umkehrung der Spectrallinien)	76
2) Das Absorptionsspectrum zweiter Ordnung	82
F. Umkehrung der Absorptionsspectra	90
G. Ausführung der Spectralanalyse	94
H. Objective Darstellung der Spectra (Projection der Spectrallinien)	105
J. Anwendung derselben	110
α) Anwendung des directen Spectrums	110
1. Zur Untersuchung der Gesteine und Mineralien	110
2. Zur Untersuchung von Mineral- und Brunnenwasser	112
3. Zu den qualitativen Untersuchungen überhaupt	112
β) Anwendung des Absorptionsspectrums erster Ordnung	117
Analyse der Himmelskörper	117
Das Kirchhoff'sche Sonnenspectrum	118
Das Angström'sche Sonnenspectrum	120
Die Spectra der übrigen Himmelskörper	123
Beobachtung der totalen Sonnenfinsterniß vom 18. August 1868	128
Das Spectrum der Protuberanzen und der Corona	137

VIII

	Seite
Zusammenstellung der Resultate der neuesten Beobachtungen über die physische Beschaffenheit der Sonne von P. A. Secchi. (Originalbericht)	144
Sternspectra, von demselben. (Originalbericht)	150
Beobachtung der totalen Sonnenfinsterniß vom 7. August 1869	163
Die Bewegung der Himmelskörper	165
Spectra der Sternschnuppen, Meteorschwärme, Feuerkugeln, Blitze und des Nordlichtes	171
γ) Anwendung des Absorptionsspectrums zweiter Ordnung	175
1. Zu technisch-chemischen Untersuchungen	175
2. Zu gerichtlich-chemischen Untersuchungen	177
δ) Zu verschiedenen Zwecken	179
Erklärung der Tafeln	190

Einleitung.

Die Spectralanalyse hat seit ihrem kurzen Dasein nicht allein in allen wissenschaftlichen Kreisen das höchste Interesse erregt, sondern auch bei denjenigen, die den naturwissenschaftlichen Forschungen als Dilettanten gefolgt sind. Wie sollte es nicht überraschen, wenn wir sehen, daß die Spectralanalyse aus jenen Regionen die Himmelskörper in den Bereich der chemischen Analyse zieht, über deren Entfernungen auch die kühnste Phantasie sich keine Vorstellungen zu machen wagt. Denn wer erkühnte sich bis jetzt, auf den Schwingen der Phantasie einzudringen in jene Räume, wo noch unendliche Welten rollen und vielleicht Wesen wallen; und wer erkühnte sich noch vor Kurzem, sich ein Urtheil über die Zusammensetzung jener Gestirne zu bilden, die wir heute mit Hülfe der Spectralanalyse seciren können. Nicht allein ist es die Sonne, über deren Natur sie uns so interessante Aufschlüsse ertheilt hat, obgleich ihre Entfernung von der Erde Millionen von Meilen beträgt, so daß selbst das Licht den Weg von der Sonne bis zur Erde erst in 8 Minuten und 13 Sekunden zurücklegen kann; sondern es können auch die Fixsterne, deren Entfernung von der Erde so bedeutend ist, daß das Licht mehrere Jahre gebraucht, um von ihnen auf diese zu gelangen, sich dem Secirmesser der Spectralanalyse nicht entziehen. Vor ungefähr einem Jahre erfuhren wir, daß bei dem Aufleuchten und Verbrennen des Sternes in der Krone die Spectralanalyse es war, welche uns Aufschluß über die Natur des brennenden Stoffes lieferte und denselben als Wasserstoff erkennen ließ. Ferner bewaffnet sie das Auge, um in die dunklen Tiefen der irdischen Gebilde einzudringen, mit glänzenden Farben die kleinsten Theilchen ihrer Bestandtheile vorzuführen und bisher unbekannte Elementarstoffe, wenn sie in auch noch so geringen Mengen vorhanden sind, auf einfache Weise in überraschend herrlichem Lichteffecte des Spectrums erkennen zu lassen.

Um eine gründliche Anschauung der Spectralanalyse zu geben, wird es unumgänglich nothwendig sein, zunächst einige Lehren über das Wesen des Lichtes zu berühren und gleichzeitig die Grundlage der neuen Entdeckung, das Spectrum, einer genauen Berücksichtigung zu würdigen. Wir beabsichtigen nicht, auf eine mathematische Begründung der einzelnen Lehren näher einzugehen, sondern die mathematischen Begriffe nur insofern zu berühren, als sie zum Verständniß des Ganzen unbedingt nothwendig sind.

A. Das Spectrum.

1) Entstehung des Sonnenspectrums.

Bewegt sich ein Lichtstrahl in einem und demselben Medium, so kann sein Weg durch eine gerade Linie dargestellt werden. Tritt er aber

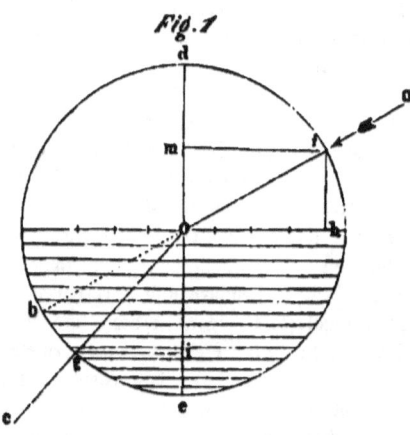

Fig. 1

aus einem Mittel in ein anderes über, so erleidet der Strahl eine Ablenkung, die man Brechung des Lichtes nennt. Geht z. B. der Lichtstrahl a o (s. Fig. 1) aus der Luft bei o in Wasser über, so bewegt er sich nicht in geradliniger Richtung o b weiter fort, sondern, wie die Beobachtung lehrt, in der Richtung o c. Denkt man sich in dem Puncte o auf der Oberfläche des Wassers eine Senkrechte o d, welche Linie man Einfallsloth nennt, errichtet, so findet man, daß der gebrochene Strahl o c sich der Verlängerung o e des Einfallslothes nähert. Die Ebene, welche man sich durch den einfallenden Strahl a o und das Einfallsloth d o gelegt denken kann, heißt die Einfallsebene; der Winkel a o d, welchen der einfallende Strahl a o mit dem Einfallsloth o d bildet, Einfallswinkel. Brechungsebene ist die durch den gebrochenen Strahl o c und die Verlängerung des Einfallslothes o e gelegte Ebene; Brechungswinkel c o e, welchen der gebrochene Strahl o c mit o c bildet. Die Beobachtung zeigt uns, daß die Einfallsebene mit der Brechungsebene zusammenfällt und ferner, daß zwischen gewissen Funktionen der genannten Winkel ein besonderes Verhältniß besteht, dessen spätere Anwendung eine kurze Entwicklung desselben erheischt. Schneiden wir von den Strahlen o a und o c gleiche Stücke o f und o g von o aus ab und fällen von den Endpunkten f und g derselben senkrechte Linien f m und g i auf das Einfallsloth, so nennt man diese Linien, f m und g i, die Sinus der Winkel und zwar f m den Sinus des Einfallswinkels, a o d, und g i den Sinus des Brechungswinkels c o e. Der Quotient

$$\frac{fm}{gi} = \frac{\text{Sinus des Einfallswinkels}}{\text{Sinus des Brechungswinkels}} \text{ ist}$$

für dieselben Mittel constant und in unserem Falle gleich $\frac{4}{3}$. Dieses Verhältniß führt den Namen Brechungsexponent. Würde das Wasser durch ein anderes Mittel ersetzt, so ändert sich auch der Brechungsexponent; so ist z. B. der Brechungsexponent gleich $\frac{3}{2}$, wenn der Lichtstrahl aus Luft in Glas übergeht. Letztere Substanz eignet sich wegen ihrer Durchsichtigkeit und Beständigkeit am Besten für das Studium der Erscheinungen, welche sich bei der Brechung des Lichtes zeigen, weßhalb man auch in der Regel von diesem Stoffe zu dem oben genannten Zwecke Anwendung macht. Gewöhnlich wendet man das Glas in Gestalt einer

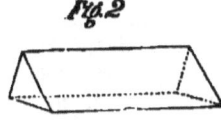

dreiseitigen Säule, (Fig. 2) an, welche man ein Prisma nennt. Eine von den drei Seitenflächen nimmt man als Basis an und nennt die der Basis gegenüberliegende Linie, in welcher sich die beiden anderen Flächen schneiden, die brechende Kante des Prismas. Lassen wir einen Lichtstrahl a o (Fig. 3) auf die Fläche r s des Prismas r s t fallen (r s t sei ein auf der Kante s

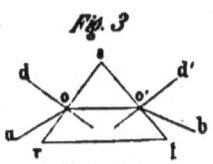

senkrechter Querschnitt), so beobachten wir, daß derselbe bei dem Eintritt in das Glas zu dem Einfallsloth d o hin gebrochen wird und in der Richtung o o' sich fortpflanzt. Ferner, daß derselbe beim Austritt aus dem Prisma abermals gebrochen wird und zwar in der Richtung o' b, welche Linie mit dem Einfallsloth einen größeren Winkel b o' d' bildet, als o o' mit der Verlängerung desselben. Der Lichtstrahl bewegt sich also zuerst in der Richtung a o von der Basis r t ab und zuletzt in der Richtung o' b wieder zur Basis hin.

Führen wir den Versuch in einem dunklen Zimmer aus, indem wir durch einen feinen Spalt einen Sonnenstrahl so einfallen lassen, daß derselbe auf seinem Wege durch ein Prisma gehen muß, so erblickt man auf einem passend aufgestellten Schirme den abgelenkten Strahl und ein in den Regenbogenfarben glänzendes Bild, das Sonnenspectrum.

In Figur 4 stelle uns a b c d ein dunkles Zimmer vor; bei e befinde sich die feine Oeffnung, durch welche ein Sonnenstrahl fe eindringt und bei g das Prisma trifft. Der Sonnenstrahl wird mittelst des Spiegels m reflectirt, der uns gleichzeitig ein Mitttel an die Hand gibt,

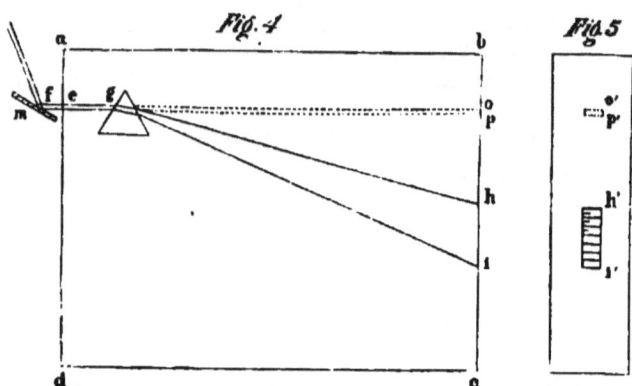

dem Strahle eine gewünschte Richtung zu geben. Man nennt ein solches Instrument Heliostat. Bei Abwesenheit des Prismas hätte der Strahl, wie wir oben gezeigt haben, eine geradlinige Richtung, und in o p Fig. 4 oder o' p' Fig. 5 erhielten wir das Bild. So wie aber das Prisma bei g dergestalt eingeschoben wird, daß die brechende Kante mit dem Spalt parallel läuft, finden wir das Bild auf der gegenüberstehenden Wand in h i Fig. 4, oder h' i' in Fig. 5. Bei dem letzteren bemerken wir in Vergleich zu dem ersteren a) eine Ablenkung, b) eine Verlängerung, c) eine Färbung und d) eine Querstreifung desselben durch dunkle Linien. Ein solches Bild führt den Namen „Spectrum", in unserem Falle, da es von einem (S. Tafel I. Fig. 1) Sonnenstrahl herrührt „Sonnenspectrum."

Ehe wir zur näheren Betrachtung der 4 angegebenen Eigenschaften des Sonnenspectrums übergehen, wollen wir einen kurzen Halt machen, um einen Rückblick auf das Geschichtliche desselben zu werfen.

Schon in dem klassischen Alterthum war die Zerlegung des Sonnenlichtes mittelst eines Glasstückes bekannt, wie Seneca berichtet, der auf die Uebereinstimmung dieser Farben mit denen des Regenbogens hinweist. Auch versuchte bereits Vitellio eine Erklärung über die Entstehung der Farben zu geben, welche man erhält, wenn das Licht durch ein mit Wasser gefülltes Glas durchtritt. Zu Aristoteles Zeiten war die Herstellung des Sonnenspectrums in einem dunklen Zimmer schon üblich, deren sich auch Keppler bei seinen Untersuchungen bediente. Jedoch alle in jener Zeit versuchten Erklärungen waren ungenügend, bis der Engländer Newton *) durch die Beobachtung Grimaldi's, daß bei der Erzeugung des Spectrums eine Verlängerung eintritt, auf den Gedanken der Einfachheit und der verschiedenen Brechbarkeit der einzelnen Farben geführt wurde. Diesem berühmten Gelehrten sollen wir auch die erste wissenschaftliche Ansicht über die Natur des Lichtes verdanken, die man die Emanations- oder Emissionstheorie nennt. Wenn auch die von ihm aufgestellte Hypothese einer spätern weichen mußte, so kann die Geschichte der Optik nicht umhin, den übrigen vielfachen und fruchtbaren Beobachtungen Newton's ein ehrenvolles Andenken zu setzen. Wie sehr dieser ausgezeichnete Forscher schon von seinen Zeitgenossen die verdiente Anerkennung in Folge seiner großartigen Leistungen auf dem Gebiete der Naturwissenschaften fand, bezeugt uns der überaus ehrende Schluß seiner Grabschrift: „Sibi gratulentur mortales tale tantumque extitisse humani generis decus." Auch seine irdische Hülle ruht neben der vieler anderen Koryphäen der Wissenschaften in der Westminster-Abtei zu London.

Als Begründer der neueren Theorie, welche die Undulations- oder Vibrationstheorie genannt wird, können wir Huyghens (geb. 1625, gest. 1695) und Euler ansehen. Durch die Arbeiten von Young und Fresnel hat dieselbe einen so entschiedenen Sieg über die Emanationstheorie davon getragen, daß letztere jetzt allgemein als unhaltbar verlassen ist. Gestützt auf diese Theorie nahm im Anfange unseres Jahrhunderts (1802) der englische Physiker Wollaston die Untersuchungen über das Spectrum wieder auf und fand schon einige wenige schwarze Linien in dem Sonnenspectrum, über welche uns Fraunhofer, ein Optiker in München, vollkommenen Aufschluß (1814) lieferte. Fraunhofer beschäftigte sich mit den dunklen Linien im Sonnenspectrum so eingehend, daß seine Beobachtungen bis auf die neueste Zeit unübertroffen geblieben sind. Man nennt sie daher auch die Fraunhofer'schen Linien.

Nach dieser kurzen Abschweifung können wir jetzt zur näheren Untersuchung der bereits oben angegebenen Eigenschaften des Sonnenspectrums übergehen.

---

*) Isaak Newton war 1642 zu Woolsthorpe, einem kleinen Dorfe in Lincolnshire, geboren. Früh entwickelte sich in ihm ein bedeutendes mechanisches Talent; die Unterstützung eines Verwandten setzte ihn in den Stand, 1660 die Universität Cambridge zu beziehen, wo er sich vorzüglich mathematischen Studien hingab, 1666 ungefähr begann er seine mathematisch-astronomischen Untersuchungen, die ihm den Ruhm eines der ausgezeichnetsten Forscher aller Zeiten gesichert haben. Er wurde 1696 Professor der Mathematik zu Cambridge, 1697 Vorsteher der Münze zu London. Er starb 1727.

2) Eigenschaften des Sonnenspectrums.

Als Eigenschaften des Sonnenspectrums hatten wir oben bereits aufgezählt: Ablenkung, Verlängerung, Färbung und Streifung desselben.

Die Ablenkung des Sonnenstrahls wird uns in Folge der angeführten Beobachtungen nicht mehr überraschen, da der Sonnenstrahl denselben Gesetzen unterworfen ist, denen auch die übrigen Lichtstrahlen folgen. Es wird also auch, da die Einfallsebene und Brechungsebene zusammenfallen, die Ablenkung, wenn (wie in Fig. 4.) die brechende Kante horizontal liegt, in vertikaler Richtung erfolgen; steht aber die Kante vertikal in horizontaler. Die Brechung hängt sowohl von der Größe des brechenden Winkels, als auch von dem Stoffe ab, aus welchem das Prisma verfertigt ist. Um Ersteres zu beweisen, kann man

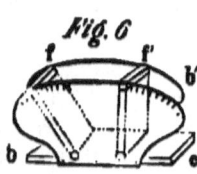

sich eines Prismas in etwas veränderter Form (Fig. 6.) bedienen. Dasselbe besteht aus zwei Messingplatten b und b', die an einer dritten c befestigt sind. Zwischen den beiden ersteren lassen sich zwei Glasplatten f und f' in verschiedene Stellungen bringen. Der von ihnen abgeschlossene Raum kann mit einer Flüssigkeit ausgefüllt werden. Stehen die beiden Glasplatten parallel, so wird der durchgehende Strahl keine Ablenkung erfahren, dieselbe wird um so größer, je mehr man die Glasplatten gegen einander neigt. Hierbei kommt man zuletzt zu einer Lage, bei welcher der Strahl nicht mehr durchgeht, sondern vollständig reflectirt wird. Den Einfallswinkel nennt man in diesem Falle den Grenzwinkel der Brechung. Mit dem Apparat in Fig. 6. läßt sich zugleich auch zeigen, daß die Ablenkung von dem Stoffe der brechenden Substanz abhängt. Füllt man das Prisma bei derselben Stellung der Glasplatten mit verschiedenen Flüssigkeiten, so ändert sich die Ablenkung, da, wie wir schon früher gehört haben, der Brechungsexponent für verschiedene Stoffe nicht gleich ist. Unter den Flüssigkeiten gibt es viele, welche das Licht stärker brechen als das Wasser. Folgende sind nach der Größe ihres Brechungsexponenten für Luft in steigender Reihe geordnet: Wasser, Alkohol, Schwefelsäure, Terpentinöl, Benzol, Kanada-Balsam, Schwefelkohlenstoff und Anisöl. Selbst bei verschiedenen Glassorten ist der Brechungsexponent verschieden, so lenkt das grüne Gras den Strahl stärker ab, als das gewöhnliche weiße; bleihaltiges Flintglas wirkt wiederum stärker brechend, als die beiden genannten. Das Glas wird in dieser Beziehung vom Schwefel, Saphir und Diamant übertroffen.

In der Regel bedient man sich eines Flintglasprismas, dessen brechender Winkel 60" beträgt.

Die zweite Eigenschaft des Sonnenspectrums ist seine Verlängerung. Auch diese findet in einer zur brechenden Kante senkrechten Richtung statt und hängt gleichfalls von dem brechenden Winkel des Prismas und der brechenden Substanz ab, was auf dieselbe Weise, wie vorhin bei der Ablenkung, gezeigt werden kann. So ist z. B., das Spectrum, welches ein Prisma von Flintglas erzeugt, länger, als das durch ein Krownglasprisma unter sonst ganz gleichen Umständen hervorgerufene Spectrum. Dagegen wird das Spectrum nach der Breite hin, d. h. parallel mit der brechenden Kante nicht verlängert.

Wird bei diesen Versuchen das Spectrum hinreichend in die Länge gezogen, so verschwindet die weiße Farbe vollständig und statt dieser tritt die dritte interessante Eigenschaft, die Färbung, ein. Man unterscheidet alsdann, nach Newton, im Spectrum sieben Hauptfarben (S. Tafel I. Fig. 1.) in folgender Ordnung: Roth, Orange, Gelb, Grün, Blau, Indigo und Violett. Newton wurde bei der Unterscheidung dieser sieben Hauptfarben des Spectrums von Vergleichungen mit der Tonleiter bestimmt. In der lateinischen Uebersetzung werden sie: ruber, aureus, flavus, viridis, caeruleus, indicus und violaceus genannt. Bei der Beurtheilung der Spectralfarben und deren wechselseitigen Uebergängen zeigt sich eine gewisse Stumpfheit unseres Gesichtssinnes, so daß selbst Newton, dieser sonst so consequente Meister des Denkens, in dieser Beziehung von einer Inkonsequenz nicht frei zu sprechen ist. In seinen übrigen Werken benutzt er das Wort caerulcus, welches das Hellblau, oder das Cyanblau von Helmholtz, bei der vollständigen Aufzählung der Spectralfarben bezeichnet, nur ausnahmsweise in dieser Bedeutung. An anderen Stellen werden nur sechs Farben, an einer Stelle ja sogar nur fünf (mit Weglassung von Orange und Dunkelblau) von ihm aufgezählt, während das Violett auch unter dem Namen purpureus vorkommt.

Wir erkennen aus dieser Eigenschaft des Sonnenspectrums, daß das weiße Licht in einen Bündel prächtiger Farben, wie wir sie beim Regenbogen zu sehen gewohnt sind, gespalten wird und ziehen hieraus den Schluß, daß das weiße Licht nicht einfach, sondern aus farbigen Strahlen zusammengesetzt sei. Den directen Beweis für diese Behauptung hat auch schon Newton geliefert. Wird das in die Länge gezogene, prismatische Farbenbild nach seiner Angabe durch ein zweites Prisma gesehen, so erscheint dasselbe unter günstigen Umständen wieder als ein vollkommen weißer Lichtstrahl. Man kann auch das Spectrum durch eine Sammellinse auffangen, welche die farbigen Strahlen in einem Punkte vereinigt. Wird in diesem Punkte das Bild auf einem Papierschirme aufgefangen, so erscheint es wieder blendend weiß.

Durch einen von Münchow angegebenen Versuch läßt sich gleichfalls das weiße Licht aus den genannten 7 Farben wieder herstellen. Man bringt das Prisma mit einem Uhrwerk in Verbindung, um es in eine rasche rotirende Bewegung versetzen zu können. Durch die Rotation des Prismas werden die farbigen Strahlen des auf einem Schirme aufgefangenen Spectrums so gemengt, daß ein weißer Lichtstreif erscheint. Noch einfacher kann man mittelst eines Kreises das Experiment anstellen. Man theilt dessen kreisförmige Scheibe in sieben Sektoren, die man mit den prismatischen Farben bemalt. Bei rascher Rotation des Kreises erscheint die Scheibe nicht mehr farbig, sondern weißlich.

Die prismatischen Farben besitzen eine solche Schönheit und Lebhaftigkeit, die wir auf keine andere Art hervorbringen können. In Folge dieser Farbenpracht mußte das prismatische Farbenlicht schon lange die Aufmerksamkeit auf sich gezogen haben; weshalb man dasselbe auch vielfach, besonders im Orient, als dekoratives Mittel in Anwendung brachte; so sollen jetzt noch die Beherrscher des himmlischen Reiches, die Kaiser von China, den alleinigen Besitz und Gebrauch der Prismen, gleichsam als ein Majestätsrecht, sich vorbehalten.

Wenn bei der Wiedervereinigung der prismatischen Farben eine unterdrückt wird, z. B. die rothe, so entsteht nicht eine weiße, sondern eine grünliche Färbung; beide wieder zusammengesetzt geben Weiß. Ebenso ergänzt Orange Blau, Gelb Violett zu Weiß. Man nennt daher jedes dieser Farbenpaare Ergänzungs- oder Complementärfarben.

Es erübrigt uns jetzt noch die Untersuchung der einzelnen Farben des Sonnenspectrums, welche dadurch ermöglicht wird, daß man das gesammte Spectrum auf einem Schirm, der einen schmalen Spalt hat, und den durch diesen durchgelassenen Theil des Lichtes auf einem zweiten Schirme auffängt. Bringen wir auf dem Wege, welchen der isolirte Strahl zurücklegt, ein Prisma an, so tritt zwar eine Ablenkung, aber keine Farbenveränderung ein und es ist uns nicht möglich, auch mit Anwendung anderer Mittel, den Strahl weiter zu zerlegen. Wir sind mithin zu dem Schlusse berechtigt, daß die einzelnen Farben des Spektrums einfach sind.

Die Nebeneinanderlagerung der Farben deutet uns die ungleiche Brechbarkeit derselben an. Die violetten Strahlen sind unter allen diejenigen, welche am stärksten von ihrer ursprünglichen Richtung abgelenkt werden, die rothen am wenigsten. In dieser Beziehung müssen wir uns den Sonnenstrahl, wenn die Oeffnung, durch welche er in das dunkle Zimmer eindringt, auch noch so klein ist, als einen Strahlenbündel vorstellen, der bei seinem Durchgange durch das Prisma in Folge der verschiedenen Brechbarkeit der einzelnen Lichtstrahlen in unendlich viele gespalten wird. Die einzelnen Strahlen unterscheiden sich wesentlich von einander sowohl in Bezug auf ihre Natur, als auch in Bezug auf ihre Brechbarkeit, indem jedem Grade der Brechbarkeit eine bestimmte Farbe zukommt. Bei der Scheidung der Strahlen mittelst des Prismas bringen die einzelnen Gruppen derselben die verschiedenen Farben hervor, deren Uebergang in einander ein allmäliger sein muß, während in derselben Farbe natürlich noch eine Verschiedenheit der Brechbarkeit herrscht. Die Zwischenräume zwischen den einzelnen Strahlen erscheinen dunkel und bilden die dunklen oder Fraunhofer'schen Linien, die wir später noch einer genauern Untersuchung unterwerfen wollen.

Die Auffassung und Entwerfung eines jeden durch prismatische Brechung erzeugten Spectrums verrathen ein durchaus individuelles Gepräge; dieses tritt um so mehr zu Tage, je stärker vergrößert man das Bild untersucht und je genauer man auf alle Einzelnheiten eingeht. Trotz dieser Unvollkommenheit, mit der unser Gesichtsorgan auch die Abstufungen der Spectralfarben auffaßt, läßt es sich nicht verkennen, daß die Breite der einzelnen Farben eine verschiedene ist. Nehmen wir die ganze Ausdehnung des Spectrums als Einheit an und denken uns diese in 100 gleiche Theile getheilt, so umfaßt das rothe Licht 12, das orange 7, das gelbe 13, das grüne 17, das hellblaue 17, das indigoblaue 11 und das violette 23 solcher Theile.

Eine genauere Beobachtung des Sonnenspectrums wird auch eine verschiedene Lichtintensität in den verschiedenen Farben finden. Diese Eigenschaft wurde zuerst von Herschel beobachtet, der jedoch wegen der Unvollkommenheit der damaligen Lichtmesser keine erschöpfende Resultate liefern konnte. Auch hier war es wieder Fraunhofer, der mit Hülfe eines Photometers, wie man sie gegenwärtig zur Leuchtgas-Untersuchung allgemein gebraucht, zeigte, daß die Lichtintensität zwischen Gelb und Grün am stärksten ist, und daß, wenn man diese gleich 1000 setzt, die Lichtstärke im Orange 640, im Grünen 480, im Blau 170, im Roth 94, im äußersten Roth 32, zwischen Blau und Violett 31, und im Violett 6 beträgt.

Nicht allein ist die Lichtwirkung in den verschiedenen Farben eine verschiedene, sondern auch die Wärmewirkung. Man hat nämlich nachgewiesen, daß von der Sonne neben den Lichtstrahlen auch Wärmestrahlen ausgehen, die denselben Gesetzen der Brechung unterworfen sind, wie jene. Der Engländer Herschel fand bei Anwendung eines Prismas von Crownglas, daß das Thermometer durch Einwirkung der im Roth liegenden Wärmestrahlen in 16 Minuten um $6^{7}/_{8}$ Grad, der grünen in derselben Zeit um $3^{1}/_{4}$ Grad und der violetten nur um 2 Grad stieg. Die meisten Wärmestrahlen finden sich also im äußersten Roth, ja sie gehen gar über dieses hinaus, und bilden ein unsichtbares Wärmespectrum, dessen Länge gleich dem dritten Theile des ganzen Sonnenspectrums ist. Stellt man nämlich an dieser Stelle einen Hohlspiegel auf, so steigt ein Thermometer in dem Brennpunkte desselben in einer Minute auf 19 Grad. Gleichzeitig soll sich im Brennpunkt ein schwacher rother Schimmer bemerklich machen.

Die Trennung der Lichtstrahlen von den Wärmestrahlen ist höchst einfach. Es gibt nämlich gewisse Substanzen, welche die ersteren durchlassen, hingegen letztere absorbiren.*) Ein mit Wasser gefülltes Hohlprisma, dessen Glasplatten von Kupferoxyd grün gefärbt sind, läßt die Lichtstrahlen fast unverändert durchgehen, während die Wärmestrahlen so vollständig absorbirt werden, daß man selbst bei Anwendung eines Brennglases nicht die geringste Wirkung an ein empfindliches Thermometer wahrnehmen kann. Dagegen gibt es wiederum diathermane Substanzen, wie z. B. schwarzes Glas, welche die Lichtstrahlen nicht durchlassen. Zum Studium der Wärmestrahlen eignet sich am Besten ein Prisma von Steinsalz, welches unter den diathermanen Substanzen die erste Stelle einnimmt. Bei Anwendung eines solchen Prismas findet man, daß das Sonnenspectrum Wärmestrahlen von sehr verschiedener Brechbarkeit enthält, die zum Theil noch brechbarer sind, als das violette Licht, zum Theil aber noch weniger brechbar, als die rothen Strahlen. Das Maximum der Wirkung des Wärmespectrums der Sonne liegt hierbei noch jenseits der Gränze des rothen Endes des Lichtspectrums. Es ist einleuchtend, daß die Sonnenspectra solcher Prisma, welche aus anderen Substanzen verfertigt sind, nicht dieselbe Vertheilung der Wärme zeigen können, wenn diese Substanzen die Wärmestrahlen in verschiedenem Grade absorbiren; dazu kommt noch, daß die verschiedenen Substanzen die Licht- und Wärmestrahlen nicht in derselben Weise brechen. In dieser Beziehung steht mithin das Wärmespectrum mit dem Lichtspectrum nicht in demselben Verhältnisse. Ein Prisma von Crownglas liefert das Maximum der Wärmewirkung in dem Roth, ein Hohlprisma, das mit concentrirter Schwefelsäure gefüllt ist, in dem Orange und ein mit Wasser gefülltes Hohlprisma in dem Gelb.

Außer den Licht- und Wärmestrahlen enthält das Sonnenspectrum noch eine dritte Gruppe von Strahlen, nämlich die chemischen. Schon Scheele hatte bemerkt, daß „salzsaures Silber" (Chlorsilber) in der blauen Farbe des Spectrums viel eher und viel stärker schwarz werde, als in der rothen, und der jüngere Herschel fand später, daß die größte Intensität dieser chemischen Kraft noch etwas jenseits der violetten

---

*) Diejenigen Körper, welche die Wärmestrahlen aufhalten, wie die undurchsichtigen Körper die Lichtstrahlen, nennt man nach Melloni atherman, solche Körper hingegen, die sich gegen die Wärmestrahlen verhalten, wie die durchsichtigen Körper gegen die Lichtstrahlen, diatherman.

Strahlen, also wieder außerhalb des Farbenspectrums liege, so daß also das uns sichtbare Spectrum auf der einen Seite von den intensivsten wärmenden, und auf der andern von den intensivsten chemischen Strahlen begränzt wird. Die chemischen Wirkungen des Lichtes sind durch vielfache Versuche constatirt, deren die chemischen Werke zur Genüge liefern. Ein Gemenge von gleichen Theilen von Chlor- und Wasserstoffgas, im Dunkeln mit einander gemengt, verwandelt sich unter Explosion in Salzsäure, sobald es von einem Sonnenstrahle getroffen wird. Der Einfluß des Lichtes auf die organische Natur ist noch auffallender. In den Pflanzen kann sich nur dann das Chlorophyll entwickeln, wenn sich eine hinreichende Fülle von Licht auf sie ergießt. Im anderen Falle erhalten sie bald ein verkümmertes Ansehen und statt des frischen Grüns tritt eine fahle, blasse Färbung ein. Nur unter dem Einflusse des Lichtes können die Pflanzen ihre Stelle als Luftreiniger ausfüllen, da im Dunkeln die Zersetzung der Kohlensäure und das Aushauchen von Sauerstoff in die Luft nicht stattfindet. Jedoch nicht allen Strahlen des weißen Sonnenlichtes kommen diese chemischen Wirkungen zu. So geht z. B. die Verbindung des Wasserstoffgases und des Chlorgases unter einem rothen Glase nicht von statten; dagegen unter einem blauen oder violetten Glase ebenso wie im weißen Lichte. Die chemische Wirkung der verschiedenen prismatischen Farben wurden von Berard am vollständigsten untersucht. Er ließ einen Sonnenstrahl, welcher mittelst eines Heliostats in ein dunkles Zimmer geworfen wurde, durch ein Prisma spalten und fing das so erhaltene Spectrum auf einem mit Chlorsilber überzogenen Papier auf. Die Einwirkung der verschiedenen Strahlen auf das Chlorsilber war für längere Zeit eine constante, und erlaubte, die Intensität der chemischen Wirkung der einzelnen Farben unter einander zu vergleichen. Die schon oben angegebenen Beobachtungen von Herschel wurden bestätigt und der Beweis geliefert, daß die chemischen Strahlen über das Violette hinaus gebrochen werden, wo sie für unser Auge nicht sichtbar sind. Der bekannte Physiolog Helmholtz behauptet zwar, daß die jenseits des Violetten liegenden chemischen Strahlen in einem vollkommen verfinsterten Zimmer von einem Auge, welches durch längeres Verweilen in diesem eine größere Empfindlichkeit für sehr schwache Lichterscheinungen erhalten hat, wahrgenommen werden könnten; jedoch bleiben sie unter gewöhnlichen Verhältnissen nicht bemerkbar, ebenso wie es für das Ohr gewisse hohe und tiefe Töne gibt, welche außerhalb der Grenzen der Wahrnehmung liegen. Die chemischen Strahlen sollen die Flüssigkeiten unseres Sehorgans nicht durchdringen und somit nicht zur Netzhaut gelangen können. Wird der von Berard angegebene Versuch mit der größten Vorsicht ausgeführt, so findet man auf dem Papierstreifen an der vom Spectrum getroffenen Stelle Linien, die nicht geschwärzt worden sind; selbst über den violetten Theil hinaus lassen sich noch eine große Anzahl von solchen Linien auffinden. An diesen Stellen wurde der Papierschirm von Strahlen nicht getroffen, so daß also auch eine chemische Wirkung, eine Schwärzung nicht eintrat.

Die angegebene Erscheinung steht im innigen Zusammenhange mit der vierten Eigenschaft des Sonnenspectrums, der Streifung desselben, die durch die interessanten Fraunhofer'schen Linien hervorgerufen wird, welch' letztere wir ihrer Wichtigkeit wegen in dem nächsten Artikel einer besonderen Untersuchung unterziehen wollen.

3) Die Fraunhofer'schen Linien.

So häufig finden wir in den Naturwissenschaften, daß Entdeckungen von ihren Urhebern nicht richtig gedeutet werden und in ihrer Hand unfruchtbar bleiben, bis es später bevorzugteren Geistern gelingt, die richtige Erklärung derselben zu finden und ihren befruchtenden Einfluß auf die Wissenschaft zur Geltung zu bringen. Wir erinnern nur an die so überaus wichtige Entdeckung Priestley's. Er lieferte den Eckstein, den Sauerstoff, zu dem neuen Gebäude der Chemie, ohne dessen richtige Bedeutung zu erkennen, so daß wir in Priestley den letzten und hartnäckigsten Vertheidiger der phlogistischen Theorie finden, obgleich es schon zu seinen Lebzeiten dem Genie Lavoisier's gelungen war, mit Hülfe seiner Entdeckung den Weg zur neuen Epoche anzubahnen. Ebenso blieb die Beobachtung Wollaston's (1802), daß man mehrere schwarze Linien in dem Spectrum wahrnimmt, wenn man die in ein dunkles Zimmer fallenden Sonnenstrahlen mit einem streifenlosen Flintglasprisma betrachtet, unbenutzt, bis Fraunhofer (1814), *) ein Optiker in München, diese Erscheinung einer gründlichen wissenschaftlichen Untersuchung unterzog. Fraunhofer's Verdienst besteht nicht allein darin, eine größere Anzahl dunkler Linien, als sein Vorgänger entdeckt zu haben — Wollaston hatte nur 7 Linien beobachtet —, sondern darin, daß er die Lage der einzelnen Linien genau feststellte und dadurch ein Mittel zur besseren Ortsbestimmung in dem Sonnenspectrum lieferte. Die Beobachtungen Wollaston's waren Fraunhofer unbekannt. Er hatte in dem Lichte künstlicher Flammen eine helle gelbe Linie entdeckt, die wir später als Natriumlinie kennen lernen werden, und wollte diese in dem Sonnenspectrum aufsuchen. Bei dieser Gelegenheit fand er die von ihm benannten dunklen Linien. Er sagt hierüber selbst: „Ich wollte suchen, ob im Farbenbilde vom Sonnenlichte ein ähnlicher heller Streif zu sehen sei, wie im Farbenbilde vom Lampenlichte, und fand anstatt desselben

---
*) Denkschriften der Münchener Akademie für 1814 und 1815.

mit dem Fernrohre fast unzählig viele starke und schwache vertikale Linien, die aber dunkler sind, als der übrige Theil der Farbenbilder. Einige schienen fast schwarz zu sein." (Siehe Tafel I., Figur 1.)

Zur Beobachtung der Fraunhofer'schen Linien läßt man durch einen sehr feinen Spalt einen Sonnenstrahl in ein dunkles Zimmer eintreten. Auch bei diesem Versuch muß wegen der Drehung der Erde dem Sonnenstrahl mittelst eines Heliostats eine constante Richtung verliehen werden. In einer Entfernung von 6 bis 8 Fuß von dem Spalt wird ein Prisma aufgestellt, dessen brechende Kante parallel zum Spalte zu stehen kommt. Das Spectrum wird mit einem Fernrohr beobachtet, welches direct auf das Prisma gerichtet ist. Bei hinreichender Lichtstärke erscheinen die merkwürdigen dunklen Linien. Die Anwendung eines Fernrohrs erlaubt nicht, das ganze Spectrum auf einmal zu übersehen, sondern nur immer einzelne Theile, die beim Drehen des Fernrohrs wechseln. Um die vollständige Uebersicht über die Fraunhofer'schen Linien zu ermöglichen, läßt man durch eine etwa $\frac{1}{2}$ Millimeter breite Oeffnung einen durch den Spiegel des Heliostates reflectirten Sonnenstrahl in das dunkle Zimmer fallen und stellt ein Prisma von Flintglas, dessen brechender Winkel 70 bis 80° Grad ist, oder ein mit Schwefelkohlenstoff gefülltes Hohlprisma 6 bis 10 Fuß weit von der Oeffnung auf. Das so erhaltene Sonnenspectrum wird auf einem Schirm von halbdurchsichtigem Papier, Durchzeichenpapier aufgefangen, auf welchem sich jedoch noch keine Linien zeigen. Dieselben treten erst dann zum Vorschein, wenn man vor dem Prisma einen zweiten Spalt oder eine Sammellinse von geeigneter Brennweite anbringt. Das Bild, welches wir alsdann auf dem Schirme erhalten, stellt uns Fig. 7 vor.

Wir sehen sofort, daß die Linien mit einer großen Unregelmäßigkeit über das ganze Spectrum verbreitet sind. Einige liegen in mehreren Gruppen so nahe aneinander, daß die einzelnen Linien kaum mehr zu unterscheiden sind und daß sie mit Recht den Namen Nebelstreifen verdienen. Andere hingegen liegen isolirt, sind sehr fein und erscheinen kaum als sichtbare Linien. Endlich gibt es einige, welche bei etwas bedeutenderer Ausdehnung durch ihre Stärke sehr augenfällig sind. Von letzteren wählte Fraunhofer acht, welche zur besseren Orientirung das ganze Spectrum in neun Abtheilungen zerlegen, die nicht gar zu ungleich sind. Er bezeichnete sie mit den Buchstaben A, B, C, D, E, F, G und H (S. Fig. 7), welche auch auf der Tafel I. Fig. 1. in dem farbigen Sonnenspectrum angegeben sind. A und B liegen im Roth, C ungefähr auf der Grenze von Roth und Orange, D fast im Gelb, E am Uebergange von Gelb in Grün, F am Uebergang von Grün in Blau, G im Indigo und H im Violett. Zwischen B und C zählte Fraunhofer 9 feine scharfe Linien, von C bis D ungefähr 30, von D bis E 84, von E bis F 76, unter denen sich drei der stärksten im ganzen Spectrum befinden, von F bis G 185, von G bis H 190, zusammen also von B bis H 574.

Die Entdeckung Fraunhofer's lenkte die Aufmerksamkeit der Forscher auf diesen Gegenstand, so daß wir seit jener Zeit noch weitere interessante Aufschlüsse über dieses auffallende Phänomen erhalten haben. Die Anzahl der bekannten Linien ist seit jener Zeit bedeutend gestiegen. Schon Brewster nahm vor längerer Zeit mehr als 2000 wahr; gleichzeitig gelang es ihm unter Anderem durch besondere Vorsichtsmaaßregeln, in dem, unter gewöhnlichen Verhältnissen nicht mehr sichtbaren, äußersten Roth noch mehrere dunkle Linien zu erkennen, welche Entdeckung Matthiesen schon früher gemacht hatte. Brewster fand ferner, daß bei Sonnenaufgang und Sonnenuntergang neue Linien erscheinen, welche von der Absorption der Erdatmosphäre herrühren und die von ihm atmosphärische Linien genannt wurden, da sie ihre Entstehung dem langen Wege der Strahlen durch die atm. Luft verdanken. Am deutlichsten erscheinen dieselben im Gelb und Orange. Letztere Erscheinung wurde von Weiß bestätigt, der nicht allein eine Vermehrung, sondern auch eine Verdickung der Linien beobachtete. Er sagt nämlich in seiner Abhandlung *):

„Bei meiner im vorigen Jahre unternommenen Reise nach Griechenland, auf der ich ein Soleil'sches Spectroscop mit mir führte, betrachtete ich, so oft ich konnte, vom Bord aus die Auf- und Untergänge der Sonne im Meere, da sich bei der Reinheit des jonischen Himmels selbst am Horizonte scharfe Bilder erwarten ließen. In der That gelang es mir die Erscheinung der Verdickung, besonders der Linien im Roth und Gelb des Spectrums, wie ich sie, freilich matter, auch in unseren Breiten gesehen hatte, oft in der überraschendsten Weise wahrzunehmen, ebenso die Vermehrung der Anzahl derselben beim Sinken der Sonne. Ein einziger Blick ins Spectroscop genügte selbst dem Laien die Sache auffällig zu machen und daher jeden Zweifel über etwaige

---

*) Poggendorff. Annalen. Band 116. Seite 191.

subjective Auffassung zu verbannen." Die Verdickung fand immer nur nach einer Seite hin und zwar gegen das violette Ende statt.

In neuerer Zeit ist es gelungen mit Hülfe von vollkommeneren und schärferen Instrumenten die sogenannten Nebelstreifen in einzelne Linien aufzulösen, ähnlich wie man am gestirnten Himmel die Nebelflecken durch mächtigere, lichtstärkere Teleskope in Sterne aufgelöst hat. So konnte man die Linie D, welche man lange für eine einfache hielt, als Doppellinie und später als aus drei Linien, nämlich zwei gleich starken und einer britten sehr feinen bestehend erkennen. Merz in München *) will sogar außerdem noch 5 Linien beobachtet haben, so daß hiernach die Linie D aus sieben Einzellinien, zwei ganz breiten, zwei breiten und drei feinen Linien besteht. Er gelangte zu diesem Resultate durch Anwendung von eilf Prismen. Prof. Kirchhoff hatte nämlich darauf aufmerksam gemacht, daß eine größere Anzahl von Linien durch Combination mehrerer Prismen sichtbar gemacht werden könne, deren eines, vermöge seiner neuen Brechung, das Spectrum des anderen wieder verbreitert. Auf diese Weise war es letzterem ausgezeichneten Forscher gelungen, auf dem Theil des Sonnenspectrums, der zwischen D und F liegt, 550 Linien aufzufinden und ihre Lage genau zu bestimmen. Wir sehen hieraus, daß die Untersuchung über die Anzahl der Fraunhofer'schen Linien noch nicht geschlossen ist und die Zahl der jetzt schon bekannten weit über mehrere tausend beträgt.

Dr. Müller hat versucht die Fraunhofer'schen Linien zu photographiren, was ihm vollständig gelungen ist. **) Auf der Photographie erschienen auch die im unsichtbaren, ultravioletten Theile des Spectrums liegenden dunklen Linien und Liniengruppen, welche von Stokes mit L, M, N, O, P, Q, R und S bezeichnet wurden.

Alle die bis jetzt angestellten Untersuchungen haben die Richtigkeit der bereits von Fraunhofer aufgestellten Sätze erwiesen, nämlich 1) daß die Lage der Linien von dem brechenden Winkel des Prismas ganz unabhängig ist und 2) daß auch die Natur der brechenden Substanz auf dieselbe keinen Einfluß hat.

Die Unveränderlichkeit der dunklen Linien im Spectrum macht die Bestimmung des Brechungsexponenten der verschiedenfarbigen Strahlen, welche sowohl für die Theorie der Optik, wie für die Construktion der optischen Instrumente von der höchsten Wichtigkeit ist, ungleich genauer, als es bis dahin möglich war. Man bestimmt jetzt den Brechungsexponenten der Linien A, B, C u. s. w., statt den Brechungsexponenten der weniger scharf begrenzten rothen, gelben, grünen ꝛc. Strahlen zu

---

*) Poggendorff. Ann. Bd. 117. S. 655.
**) Poggendorff. Ann. Band 109. Seite 151.

ermitteln. Ebenso erhalten wir in den Fraunhofer'schen Linien ein schätzenswerthes Mittel zur Bestimmung der zerstreuenden Kraft der einzelnen Substanzen.

Die Beantwortung der Frage, wie entstehen jene dunkle Linien in dem Sonnenspectrum, wurde erst in den letzten Jahren von Kirchhoff versucht und zwar zur größten Ueberraschung Aller mit so viel Glück, daß seiner aufgestellten Ansicht ein hoher Grad von Wahrscheinlichkeit nicht abgesprochen werden kann. Kirchhoff legt seiner Erklärung der Fraunhofer'schen Linien eine neue Theorie über die physische Beschaffenheit der Sonne zu Grunde, welche mit den bis heute herrschenden Ansichten über die Natur dieses Himmelskörpers nicht übereinstimmt. Zum bessern Verständniß der neuen Theorie wird es nothwendig sein, die Beobachtungen über die physische Beschaffenheit der Sonne, in so fern sie mit unserem Gegenstande in Berührung treten, kurz darzulegen und die wichtigen Differenzpunkte zwischen der alten und neuen Ansicht über die Natur der Sonne hervorzuheben. Wir folgen hier den Mittheilungen Littrow's, welche er in seiner populären Astronomie niedergelegt hat.

Bald nach der Erfindung der Fernröhre entdeckten die Astronomen dunkle Flecken auf der Sonne, welches die damalige Mitwelt in nicht geringes Erstaunen versetzte; da diese Beobachtung so vollständig den damals gehegten Ideen über dieses Gestirn, das Sinnbild der höchsten Reinheit, widersprach. Der erste, welcher die Sonnenflecken beobachtete, war der Engländer Harriot (1610). Es hatte zwar schon im zwölften Jahrhundert der berühmte Arzt Averroes von Cordova mit bloßem Auge einen großen Sonnenflecken gesehen, aber man wagte damals noch nicht, den geringsten Makel auf ein so hehres Gestirn zu werfen und begnügte sich mit der Annahme, Merkur sei vor die Sonne getreten. Als aber später im siebenzehnten Jahrhundert die Beobachtungen sich mehrten, traten Galilei und der berühmte Jesuit Christoph Scheiner aus Schwaben, nicht nur mit der Behauptung auf, daß Flecken auf der Sonne vorhanden seien, sondern auch, daß dieselben ihre Stellung auf der Sonnenscheibe veränderten und nach einiger Zeit verschwänden. Man benutzte die Flecken auch schon, um die Umdrehung der Sonne um ihre Achse und zugleich die Lage dieser Achse im Weltraume zu bestimmen. Gleichzeitig bemerkte man, daß die Gestalt der Flecken, je nachdem sie in der Nähe des Randes oder der Mitte der Sonnenscheibe sich befanden, verschieden sei.

Betrachtet man die Sonne mit einem Fernrohr, welches zur Dämpfung des Sonnenlichtes mit einem gefärbten Planglase versehen ist, so bemerkt man fast immer die unregelmäßigen dunkelschwarzen Flecken, die mit einem aschfarbenen, gewöhnlich überall gleich breiten Rand umgeben sind. Sie verändern meistens ihre Gestalt und selbst zuweilen ihren

Ort der Sonne. Wenn man sie längere Zeit beobachtet, so sieht man sie in einer meistens länglichen Gestalt an dem linken oder östlichen Rande der Sonne eintreten und sich von da langsam gegen den westlichen Rand bewegen. Je näher sie dem Mittelpunkte kommen, desto breiter scheinen sie zu werden, während sie bei ihrem Austritt, welcher 13 Tage nach ihrem Erscheinen geschieht, wieder sehr schmal sind. Nach der Schätzung der Astronomen sind diese Flecken zuweilen ungemein groß. Der ältere Herschel sah im Jahre 1779 einen Flecken, dessen Durchmesser 27,000 deutsche Meilen betragen haben soll, der also 15-mal größer als der Durchmesser der Erde war. In der Nähe der schwarzen Flecken bemerkt man häufig andere Stellen der Sonne, welche sich durch ein stärkeres, helleres Licht auszeichnen und daher Sonnenfackeln genannt werden. Mitunter brechen aus diesen Fackeln dunkle Flecken hervor, wie dagegen an denselben Stellen, auf welchen früher Flecken verschwunden sind, häufig Fackeln erscheinen. So bietet uns die Oberfläche der Sonne ein Bild ewigen Werdens und Vergehens, so daß die fortwährenden Veränderungen, welche dort vor sich gehen, zu der Vermuthung führen, die Oberfläche derselben sei nicht von einer starren Masse, sondern von einer flüssigen oder gasförmigen Hülle umgeben.

Die Entdeckung der Sonnenflecken gab die erste Veranlassung, eine Hypothese über die physische Beschaffenheit dieses Himmelskörpers aufzustellen. Der ältere Herschel sucht nämlich jene Erscheinungen durch die Annahme zu erklären, daß die Sonne von einer dreifachen Hülle umgeben sei und der eigentliche Kern aus einer dunklen, nicht leuchtenden Masse bestände. Die Leuchtkraft schreibt er nur der äußersten Umhüllung zu, die also das eigentliche Lichtmeer (Photosphäre) bilde. Sie ruht auf einer sehr elastischen, transparenten Schicht, welche wiederum eine dunkle, wolkenartige Hülle umgibt. Durch die mannigfaltigsten Störungen in der Photosphäre entstehen in dieser in Folge ihrer großen Beweglichkeit Anhäufungen an einer Stelle und Verdünnungen oder sogar Risse an anderen Stellen, die sich den unteren Schichten mittheilen und auch zum Zerreißen derselben führen können. Durch diese Klüfte und Spalten wird der dunkle Sonnenkern bloßgelegt, während von den am äußersten Rande aufgethürmten Lichtmassen die wolkenartige Umhüllung noch beleuchtet wird, indem die zwischen ihnen liegende trasparente Schicht in dieser Beziehung kein Hinderniß bietet. So erhalten wir den schwarzen Untergrund, der von den ihm zunächst liegenden Wolken der dritten oder untersten, nicht transparenten Schicht beschattet wird, umsäumt von einem aschfarbigen Rande. Die Formveränderung der Flecken auf ihrem Wege von dem einen Rande bis zum andern der Sonne, welche Wilson zuerst beobachtet hat, ist nach dieser Hypothese einleuchtend. Eine kegelförmige Vertiefung würde in der

2

Mitte der Sonne kreisförmig erscheinen; je mehr sie sich dem Rande nähert, die Gestalt einer Ellipse oder die eines schmalen Spaltes annehmen, was den Beobachtungen vollständig entspricht. Auch für die Sonnenfackeln finden wir in den Anhäufungen der Photosphäre nach dieser Hypothese eine hinreichende Erklärung, ebenso wie für die Umwandlung letzterer in Flecken und umgekehrt.

Eine von der oben angegebenen, bis jetzt allgemein angenommenen Ansicht über die Natur der Sonne durchaus abweichende Hypothese stellte Kirchhoff auf, die er, wie schon gesagt, als Grundlage zur Erklärung der Fraunhofer'schen Linien annimmt, weßhalb wir auf diesen Gegenstand etwas ausführlicher eingehen mußten.

Bringt man in den Docht einer Weingeistlampe etwas Kochsalz, so liefert die Flamme dieser Lampe ein Spectrum, welches an der Stelle, die Fraunhofer mit D bezeichnete, eine gelbe Linie zeigt. Stellt man alsdann hinter der Spirituslampe eine stärkere Lichtquelle hin, z. B. ein Drummond'sches Kalklicht, so erscheint in dem Spectrum statt der gelben Linie an derselben Stelle D eine dunkle. Es wird diese Erscheinung bei gleicher Combination zweier anderen Flammen eintreten, wenn diejenige Flamme, welche die Natriumdämpfe enthält, eine niedrigere Temperatur besitzt, als die andere Flamme. Der Versuch zeigt also, daß gewisse Strahlen der stärkeren Lichtquelle von der schwächeren absorbirt werden, in unserem Falle diejenigen, welche im Spectrum an die Stelle von D fallen sollten. Wir sehen gleichzeitig hieraus, daß wir berechtigt waren zu behaupten, daß die dunklen Linien ihre Entstehung der Abwesenheit von Strahlen verdanken, welche gerade die Brechbarkeit besitzen, welche diese Stellen im Spectrum erfordern würden.

Der eben beschriebene Versuch bildet den Hauptstützpunkt der Anschauungen von der physischen Beschaffenheit der Sonne, welche Kirchhoff entwickelt hat. Auf ähnliche Weise, wie in dem eben angegebenen Falle die dunkle Linie D im Spectrum entsteht, werden die dunklen Linien im Sonnenspectrum gebildet. Die stärkere Lichtquelle ist der Kern der Sonne, die schwächere die Sonnenatmosphäre, welche sämmtliche Dämpfe enthalten muß, die jene Strahlen absorbiren, welche im Sonnenspectrum fehlen, wodurch die Fraunhoferschen Linien hervorgerufen werden. Der Ansicht Kirchhoffs zu Folge [*] besteht die Sonne aus einem festen oder flüssigen Kerne, der sich in höchster Weißglühhitze befindet, und einer gasförmigen und glühenden Umhüllung, der Photosphäre, deren Temperatur jedoch bedeutend niedriger ist, als die des

---

[*] G. Kirchhoff, Untersuchungen über das Sonnenspectrum und die Spektren der chemischen Elemente. Berlin 1866.

Kernes. Während also Herschel annahm, daß der Kern der Sonne dunkel und nicht leuchtend sei, hören wir hier, daß derselbe stark leuchtend und in höchster Weißglühhitze sich befindet. Die Photosphäre besteht nach Kirchhoff aus zwei Schichten, einer dichteren und, stärker erwärmten, die den Kern zunächst umhüllt und einer minder dichten äußeren, deren Temperatur etwas niedriger ist.

Auch nach der neuen Hypothese bildet die Umhüllung der Sonne kein ruhiges, stabiles Bild, sondern ist in fortwährenden Veränderungen begriffen. Tritt durch irgend eine Veranlassung an einer Stelle der den Kern zunächst umgebenden Schicht eine Abkühlung ein, so wird als nothwendige Folge eine Condensation der dampfförmigen Substanzen dieser Hülle sich einstellen. Die Wolke, die in Folge dessen entsteht, muß nothwendigerweise der äußeren Schicht die Wärmestrahlen entziehen und so auch in der oberen Umhüllung an derselben Stelle eine Verdichtung der gasförmigen Substanzen hervorrufen. Bei hinreichender Dicke dieser beiden Wolkengruppen können die Lichtstrahlen des hellen Kernes nicht mehr durchdringen und wir erhalten einen schwarzen Flecken auf der Sonne. Die Wolke in der äußersten Schicht muß ferner bedeutend größer sein als die unter ihr liegende, da nicht allein vertikal über der unteren, sondern auch seitlich eine Temperaturerniedrigung stattfindet. Jedoch besteht die höher liegende Wolke aus weniger heißen und minder dichten Dämpfen und bleibt daher wenigstens durchscheinend. Da sie mit ihren Rändern die untere überragt, so erblicken wir den dunklen Flecken von einem aschgrauen Rande umgeben. In Folge der Condensationen an einzelnen Stellen entstehen an anderen Verdünnungen der Photosphäre, die hinwiederum Entblößungen des stark leuchtenden Kernes hervorrufen und in den Sonnenfackeln uns erscheinen, während nach Herschel durch die Verdichtungen seiner leuchtenden Photosphäre die Sonnenfackeln entstehen. Wir sehen, wie die Hypothese Kirchhoffs eine Erklärung sämmtlicher beobachteten Erscheinungen zuläßt. Die Wilsonsche Beobachtung, nach welcher, wenn ein Flecken vom Mittelpunkte der Sonne nach dem westlichen Rande fortrückt, sein Halbschatten sich auf der dem Mittelpunkte der Sonnenscheibe zugekehrten Seite schneller als auf der entgegengesetzten zusammenzieht, erklärt sich nach der Kirchhoff'schen Theorie ebenfalls ohne Zwang.

„Die Richtigkeit dieser Behauptung, sagt Kirchhoff,*) lehrt ein Blick auf umstehende Figur 8. In ihr bedeuten A B und C D die beiden Wolken bei der einen, und die beiden Oeffnungen bei der

---

*) Kirchhoff, Untersuchungen über das Sonnenspektrum. Seite 18.

2 *

anderen Theorie, S die Oberfläche des Sonnenkörpers, die bei jener Theorie als leuchtend, bei dieser als dunkel zu betrachten ist. Befindet sich die Erde in der Richtung von T, so erscheint der Sonnenfleck in der Mitte der Sonnenscheibe und der Halbschatten hat auf beiden Seiten gleiche Breite. Befindet sich die Erde in der Richtung von T', so zeigt sich der Fleck in der Nähe des einen Sonnenrandes und der Halbschatten bei C ist verschwunden. Die Seite bei C ist die der Mitte der Sonne zugekehrte Seite des Fleckens,

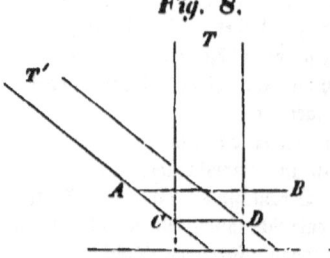
Fig. 8.

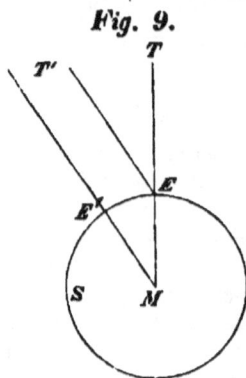
Fig. 9.

wie man aus der zweiten, Fig. 9, in kleinerem Maßstabe gezeichneten Figur ersieht; in dieser bedeutet S die Oberfläche, M der Mittelpunkt des Sonnenkörpers, E den Ort des Sonnenfleckens; steht die Erde auf der Linie MT, so erscheint E, steht sie in der Richtung der Linie MT', so erscheint E' als Mittelpunkt der Sonnenscheibe.

Ein Unterschied zwischen den aus beiden Theorieen fließenden Folgerungen ist der: wenn die Erde von T über T' noch hinausrückt, so muß ein Theil des Fleckenkernes nach der einen aus dem Halbschatten hervortreten, nach der andern verdeckt werden. Bei den Veränderungen, welche die Flecken erleiden, und der Undeutlichkeit, mit der sie in der Nähe des Randes der Sonnenscheibe sich zeigen, dürfte es indessen schwer sein zu entscheiden, für welche von diesen beiden Folgerungen die Erfahrung spricht.

Der Angabe verschiedener Beobachter zufolge ist das Wilsonsche Phänomen kein allgemeines; nach der angenommenen Theorie können Ausnahmen nur erklärt werden durch eine Aenderung der Flecken, nach der meinigen auch durch einen zu geringen Höhenunterschied der beiden Wolken.

Bei den Beschreibungen der Sonnenflecken wird Gewicht darauf gelegt, daß der Kern scharf begrenzt erscheint und der Halbschatten da, wo er den Kern berührt, eine größere Helligkeit, als in der Nähe seiner äußeren Grenze zeigt. Es ist das, wie ich glaube, eine Folge davon, daß die obere Wolke in ihrer Mitte sehr dünn, und ihre Masse hauptsächlich an ihren Rändern angehäuft ist. Die Abkühlung, die über der Wolke dadurch eintritt, daß diese die Strahlen des Sonnenkörpers theilweise abhält, bewirkt hier einen niedersteigenden Luftstrom. Die Luft, die dadurch aus größeren Höhen der Atmosphäre fortgeführt wird, muß ersetzt werden; es geschieht das durch einen niedersteigenden Luftstrom, der rings um die Wolke sich bildet. In der Wolke selbst werden diese beiden Ströme in einander übergehen, so daß diese das Bett horizontaler Strömungen wird, die in ihr von Innen nach Außen verlaufen. Diese Strömungen, die — weil die Temperatur-Differenzen, durch welche sie hervorgebracht werden, Tausende von Graden betragen können — die stärksten irdischen Orkane wohl unendlich übertreffen, müssen die Wolkenmassen mit sich fortreißen und so die Wolke in der Mitte dünner machen, am Rande verdicken. Wirft man einen Blick auf die sorgfältigen Abbildungen von Sonnenflecken, welche im VI. Bande von Schumachers astronomischen Nachrichten (auch in Arago's Werken Bd. 12. p. 80) veröffentlicht sind, so sieht man in den Halbschatten der meisten dunklere Streifen, welche von Innen nach Außen breiter werdend in ihnen verlaufen, und auf die Existenz jener Strömungen, wie mir scheint, so sicher zu schließen gestatten, als die parallelen Wolkenstreifen, die in größeren Höhen unserer Atmosphäre häufig sich bilden, auf die Winde, die dort herrschen.

Die Stärke der Stürme, welche in der Nähe der Wolken sich bilden müssen, erklärt die große Veränderlichkeit, welche die Flecken zeigen.

Eine der merkwürdigsten Eigenthümlichkeiten, welche die Sonnenflecken darbieten, ist die Thatsache, daß sie nur innerhalb gewisser Entfernungen vom Aequator der Sonne wahrgenommen werden. Diese Thatsache läßt sich zwar nicht aus der Theorie der Flecken, welche ich vertheidige, herleiten, aber doch durch dieselben dem Verständniß näher bringen, als durch die andere. Secchi hat aus seinen Beobachtungen geschlossen, daß die Polargegenden der Sonne eine niedrigere Temperatur besitzen, als die Aequatorialzone. Ist dieses der Fall, so muß an der Oberfläche des Sonnenkörpers die Atmosphäre von den Polen nach dem Aequator strömen, hier sich erheben und in der Höhe nach den Polen zurückfließen; es muß die Atmosphäre der Sonne in einer ähnlichen Bewegung sein, wie sie unsere Atmosphäre in Folge der größeren Wärme der Tropengegenden zeigt. Diese Bewegung wird dort noch regelmäßiger sein, als hier, weil die Störungen dort fortfallen, die hier durch die Abwechselung der Tages- und Jahreszeiten hervorgebracht werden. Dort, wie hier, wird der Aequatorialstrom in gewisser Entfernung vom Aequator sich senken und mit dem ihm entgegenkommenden Polarstrom zusammentreffen. Die Strömungen der Sonnenatmosphäre müssen die

Bildung von Wolken veranlassen können. Sieht man sie als die wirksamste Ursache der Wolkenbildung an, so ist es begreiflich, daß nur innerhalb einer gewissen Entfernung vom Aequator sich Wolken von einer solchen Dichtigkeit und Größe erzeugen, daß sie dem Beobachter auf der Erde als Flecken erscheinen.

Sonnenfackeln oder Lichtadern müssen entstehen, wenn an der Oberfläche der Sonne Körper sichtbar werden, welche ein größeres Ausstrahlungsvermögen oder eine höhere Temperatur als ihre Umgebung besitzen. Die Beobachtung, daß Fackeln und Flecken oft in der Nähe von einander sich zeigen, hat nichts Auffallendes; es können die Fackeln zur Bildung von Wolken in ihrer Nähe Veranlassung geben dadurch, daß sie Temperaturverschiedenheiten und in Folge davon Strömungen in der Atmosphäre erregen, durch welche Schichten von verschiedener Zusammensetzung und verschiedener Temperatur in Berührung kommen. Auf der anderen Seite ist es auch denkbar, daß die Wolken die Bildung von Fackeln begünstigen, indem sie als schützende Decke die Ausstrahlung der darunter liegenden Theile der Oberfläche des Sonnenkörpers schwächen und so bewirken, daß die fortwährend aus dem Innern zuströmende Wärme eine Temperaturerhöhung hervorbringt.

Legen wir die von Kirchhoff aufgestellte Hypothese zu Grunde, so ergibt sich die Erklärung der dunklen Linien im Sonnenspectrum sehr leicht und einfach. Die Photosphäre enthält sämmtliche Substanzen in Dampfform, welche die Lichtstrahlen absorbiren, die im Spectrum fehlen. Die Temperatur derselben muß auch niedriger sein, als die des Kernes, der ohne Photosphäre ein continuirliches Spectrum liefern würde. Wäre dagegen der hellleuchtende Kern nicht vorhanden, so zeigten sich im Sonnenspectrum an der Stelle der dunklen Linien die den einzelnen Substanzen zukommenden farbigen Streifen; die Linie D würde also gelb erscheinen.

Die Fraunhofer'schen Linien bieten zu noch weiteren interessanten Folgerungen Veranlassung, die uns einen Blick in die chemische Zusammensetzung der Photosphäre erlauben, während die Erforschung der physischen Beschaffenheit des Sonnenkernes nach den oben entwickelten Ansichten für immer verschlossen bleiben wird. Die Coincidenz der hellen farbigen Linien eines Metallspectrums mit den dunklen des Sonnenspectrums erlaubt, um dieses hier schon anzudeuten, einen Schluß zu ziehen auf die Anwesenheit der Dämpfe dieses Metalls in der Photosphäre der Sonne, während bei dem Kerne dieses Hülfsmittel wegfällt.

Diese großartige Errungenschaft des menschlichen Geistes, die unerreichbaren Gebilde aus jenen fernen Regionen der chemischen Analyse unterwerfen zu können, hat mit Recht die Aufmerksamkeit Aller erregt. Nicht allein ist es die Sonne, deren physische Beschaffenheit man erkann hat, auch die übrigen Weltkörper wurden schon in den Bereich der Untersuchungen gezogen, deren Resultate wir später, wenn wir von der Anwendung der Spectralanalyse sprechen werden, mitzutheilen beabsichtigen.

4) Spectra der übrigen Lichtquellen.

Die höchst interessanten Resultate, welche man bei der Untersuchung des Sonnenspectrums erhalten hatte, konnten nicht verfehlen, die Aufmerksamkeit der Forscher auf die Spectra der übrigen Lichtquellen zu lenken. Die vielfachen Beobachtungen, die in dieser Richtung angestellt wurden, haben eine Reihe von Ergebnissen geliefert, welche die Kenntniß über die Natur des Lichtes wesentlich erweitert haben. Die Lichtquellen sind meistens glühende Körper, die in den drei Aggregatzuständen im festen, flüssigen oder gasförmigen sich befinden können. Jeder glühende Körper bringt ohne Ausnahme ein Spectrum hervor. Die Gesetze der Brechbarkeit für die verschiedenen farbigen Strahlen sind für alle Lichtquellen dieselben. Die festen und flüssigen glühenden Körper geben ein Farbenspectrum ohne jede dunkle Linie, ohne Unterbrechung. Man nennt ein solches Spectrum ein kontinuirliches. Die Natur des festen oder flüssigen Körpers übt nicht den geringsten Einfluß auf die Beschaffenheit des Spectrums aus, so daß dieses bei allen dasselbe bleibt und keine Schlußfolgerung auf die chemische Beschaffenheit des glühenden Körpers zuläßt. Mag in einer Flamme Platin oder Kalk glühen oder mag das Licht von geschmolzenem Metall herrühren, stets wird das Prisma ein kontinuirliches Bild mit derselben Aufeinanderfolge der Farben, wie wir sie am Sonnenspectrum kennen gelernt haben, hervorrufen. Anders gestaltet sich die Sache bei glühenden gasförmigen Körpern. Das prismatische Farbenbild ist hier durch vielfache dunkle Linien unterbrochen, die mitunter eine solche Breite erreichen, daß man von farbigen Streifen auf dunklem Untergrunde sprechen kann. Es entsteht ein diskontinuirliches Spectrum. Das Calcium in Verbindung mit Sauerstoff erzeugt im Drummond'schen Kalklicht, in welchem der Kalk im festen Zustand glüht, ein kontinuirliches prismatisches Bild; dagegen in Verbindung mit Chlor im gasförmigen Zustande glühend, ein diskontinuirliches Spectrum, (S. Tafel 1. Fig. 8.) bei welchem auf dunklem Untergrunde neun Linien, theils orange, theils grün, theils violett gefärbt, zu erkennen sind. Man braucht also eine Substanz nur in den glühenden gasförmigen Zustand überzuführen, um das ihr zukommende Spectrum hervorzurufen. Zu diesem Zwecke können wir uns mit Vortheil des elektrischen Stromes bedienen, in welchem fast alle Metalle verflüchtigt werden. Gleichzeitig bringt der elektrische Strom die verschiedenen Gase zum Glühen, welche Lichtquellen schon längst unter dem Namen des elektrischen Lichtes bekannt sind. Hiernach gibt es also kein eigentliches elektrisches Licht, sondern es sind nur die durch den galvanischen Strom glühend gemachten Moleküle der Körper, von denen das Licht ausgeht.

Die ersten Untersuchungen, welche über das elektrische Spectrum angestellt wurden, führten zu der Ansicht, daß den Metallen gewisse Streifen gemeinsam seien. Aber schon van der Willigen zeigte*), daß die bei den verschiedenen Metallen constant auftretenden Streifen nicht diesen, sondern der atmosphärischen Luft zugeschrieben werden müßten. Als Electricitätsquelle bediente er sich eines großen Ruhmkorff'schen Induktions-Apparates mit Condensator. Zwischen die Poldrähte brachte er Lösungen der zu untersuchenden Substanzen, namentlich Chlorverbindungen, die sich überhaupt am Besten zu diesem Zwecke eignen, da die Metalle in Verbindung mit Chlor sehr leicht in Gasform übergeführt werden können. Ein schwedischer Forscher, Ångström, der sich mit demselben Gegenstande beschäftigte, bestätigte**) die Resultate, welche van der Willigen erhalten hatte, vollständig und erweiterte sie durch eigene Beobachtungen bedeutend. Da constatirt worden war, daß die hellen Linien, welche bei allen Metallen auftreten, der atmosphärischen Luft, die durch das Ueberspringen des elektrischen Funkens ebenfalls in Glühhitze versetzt werden muß, beizulegen seien, so lag der Gedanke nahe, sowohl diese, wie ihre einzelnen Bestandtheile, den Stickstoff und den Sauerstoff, für sich allein einer Untersuchung in dieser Beziehung zu unterziehen. Die hierbei beobachteten, auffallenden und charakteristischen Erscheinungen gaben hinwiederum Veranlassung, die Untersuchungen auf die übrigen Gase auszudehnen, welches eine Quelle von sehr interessanten Arbeiten wurde, deren Ergebnisse auf die Entwicklung der Lehren der Optik vom größten Einfluß gewesen sind. Besonders ist Plücker unter den Forschern zu nennen, die sich die gründliche Untersuchung der Lichterscheinung glühender Gase zur Aufgabe gestellt hatten. Zur Beobachtung der Gasspectra wandte Plücker Gasröhren an, die an beiden Enden mit Platindrähten versehen waren. Er fand eine sehr schätzenswerthe Unterstützung bei der Ausführung dieser Röhren in der in Glasarbeiten überaus geschickten Hand des Mechanikus Geisler, nach dem auch die Röhren benannt worden sind und sich jetzt als „Geisler'sche Röhren" auf allen physikalischen Kabinetten finden.

Die Röhren werden durch eine besondere Vorrichtung luftleer gemacht, mit dem zu untersuchenden Gase gefüllt und alsdann zugeschmolzen. In diesen Spectralröhren brachte Plücker die Gase mittelst des galvanischen Stromes (Ruhmkorff'schen Apparates) zum Glühen und er-

---

*) Pogg. Ann. Bd. 106. S. 610. — **) Pogg. Ann. Bd. 117. S. 290.

hielt so reine Gasspectra; denn keine der Lichtlinien, aus welchen das Spectrum eines reinen Gases bestand, fand sich in dem Spectrum eines anderen reinen Gases wieder, wonach jedes Gas durch eine der Lichtlinien seines Spektrums vollkommen charakterisirt ist.*) Nicht allein die einfachen, sondern auch die zusammengesetzten Gase (Kohlenoxydgas, Kohlenwasserstoff, Schwefelsäure u. s. w.) besitzen ihre eigenthümlichen Spectra, die zu den Spectra ihrer einfachen Bestandtheile in keiner nachweisbaren Beziehung stehen. Tritt aber durch längere Einwirkung des elektrischen Stromes eine Zersetzung der chemischen Verbindungen ein, so erscheinen die den Elementen zugehörigen Spectra. In einem solchen Falle läßt sich eine qualitative Analyse der gasförmigen Verbindung mit Hülfe der Spectra ausführen. Das elektrische Licht, an und für sich ohne Träger, existirt nicht und ist, wie oben schon bemerkt, eine Fiction. Als Träger der Entladung fungiren in unserem Falle Gase, die jedoch nur bis zu einem gewissen Grade der Verdünnung als solche auftreten können.**)

Eine bemerkenswerthe Erscheinung tritt bei dem Verdünnen der Gase und dem dadurch allmäligen Verschwinden des Lichtes auf, nämlich die, daß die minder brechbaren Strahlen zuerst erlöschen. Das Spectrum des Wasserstoffgases enthält drei helle Linien. (Siehe Tafel II. Fig. 9.) In der Nähe der Fraunhofer'schen Linie C eine rothe, mit F zusammenfallend eine grünlichblaue u. eine violette. Wenn eine Spectralröhre mit Wasserstoffgas gefüllt ist und eine allmälige Verdünnung eintritt, so bleibt das Spectrum nicht unverändert. Es verblaßt in ein verwaschenes Violett, indem zuerst der rothe und dann der grüne Streifen erlischt. Ein Beweis also, daß, wenn aus Mangel an ponderabler Materie der Strom allmälig aufhört, zuerst die minder brechbaren Strahlen erlöschen. In der Luft beginnt das Licht zu verschwinden, wenn der Barometerstand auf $0,^{mm}3$ sinkt und bei $0,^{mm}1$ ist dasselbe vollständig verschwunden.

Wie wichtig diese Versuche im Kleinen für die Erklärung gewisser elektrischen Erscheinungen in der atmosphärischen Luft sind, ist auf den ersten Blick ersichtlich. Plücker zeigte, daß, wie für jedes Gas, besonders für die Luft, eine Grenze der Verdünnung existire, wo die Entladung (zunächst zwischen Elektroden) keine blitzartige mehr sei. Statt der scharf begrenzten, blitzartigen Entladungen treten bei einer hinreichenden Verdünnung der Gase solche ein, die mit einer Lichthülle umgeben sind. Der minder scharf begrenzte Lichtmantel vergrößert sich bei zunehmender Verdünnung der Gase und tritt zuletzt als fadenförmige Lichtströmungen an die Stelle solcher Entladungen. Ebenso werden die

---

*) Pogg. Ann. Bd. 113. S. 274. — **) Pogg. Ann. Bd. 116. S. 51.

elektrischen Entladungen in der Atmosphäre in einer gewissen Höhe oder bei einem bestimmten Grade der Verdünnung der Luft von einer Lichthülle umgeben sein und in noch höheren Regionen als fadenförmige Lichtströmungen auftreten. Wir erkennen in ihnen sofort das Nordlicht, welches aus derartigen Lichterscheinungen besteht, die anfänglich mehr concentrirt, bei zunehmender Höhe jedoch sich immer mehr ausbreiten. Aus den oben angegebenen Versuchen folgt, daß es auch für die Höhe des Nordlichtes eine Grenze gibt, da über einen gewissen Grad der Verdünnung der atm. Luft solche diffuse Lichtströmungen nicht mehr stattfinden können. Nach der Angabe von Plücker können in einer Höhe von etwa neun geographischen Meilen keine elektrischen Entladungen mehr stattfinden.

Ehe wir die Betrachtungen über das Spectrum schließen, müssen wir uns nochmals das durch die vielfachsten Beobachtungen bestätigte Fundamentalgesetz ins Gedächtniß zurückrufen, nämlich, daß jede glühende gasförmige Substanz ein eigenthümliches prismatisches Farbenbild liefert, so daß wir umgekehrt schließen dürfen, so oft ein solches Spectrum erscheint, dasselbe ist von einer bestimmten Substanz, die im gasförmigen Zustande in der Lichtquelle vorhanden, hervorgerufen. Wir haben also in dem Spectrum ein Mittel, gasförmige Substanzen zu analysiren, „die Spectralanalyse."

B. Geschichtliches.

Die Gründer der heutigen Spectralanalyse sind unstreitig Kirchhoff und Bunsen, die durch ihre Abhandlung: „Chemische Analyse durch Spectralbeobachtungen" das Fundament zu diesem neuen, fruchtbaren Zweige der chemischen Analyse gelegt haben. Gleichzeitig schlangen sie ein Band mehr um die beiden Wissenschaften, Physik und Chemie, die bereits in so vielen Ausläufern innig miteinander verkettet sind. Auch in Bezug auf die Lehre der Spectralanalyse kann man zweifelhaft sein, ob sie der einen oder anderen Wissenschaft angehört; ohne Zweifel hat sie für beide zahlreiche Früchte geliefert. *)

Die Beobachtung der farbigen Streifen in den Spectra der verschiedenen Substanzen wurde schon früher angegeben, wenn auch nur vereinzelt und ohne richtige Erkenntniß ihrer Bedeutung für die Wissenschaft. Zuerst war es die gelbe Natriumlinie, welche sich bei der prismatischen Analyse der künstlichen Flamme, z. B. des Weingeistes, der

---

*) W. A. Miller: Geschichte der Spectralanalyse. Pharm. Journal und Transactions Vol. III. Nr. VIII. p. 399, — chem. Centralblatt 1862. S. 321.

verschiedene Stoffe gelöst enthält, zeigte. Wir werden später sehen, wie die kleinste Spur von Natron diesen Streifen hervorruft; da die gänzliche Entfernung desselben aus anderen chemischen Verbindungen mit vielen Schwierigkeiten verbunden ist, so war es natürlich, daß in Folge der Verunreinigungen von Natron die gelbe Färbung den Beobachtern zunächst auffiel. Melville,*) der sich zuerst mit diesem Gegenstande beschäftigte, fand schon in der zweiten Hälfte des vorigen Jahrhunderts das Gelb in dem prismatischen Bilde; jedoch blieb diese Beobachtung ohne Erfolg. Eine bestimmtere Gestalt nahmen diese Erscheinungen durch die Untersuchungen von Brewster, Talbot und J. Herschel an, die ebenfalls ihre Aufmerksamkeit auf die gefärbten Flammen und deren prismatische Zerlegung gerichtet hatten. Während Brewster noch im Jahre 1824 glaubte, daß der Weingeist an und für sich allein eine gleichartige gelbe Flamme erzeuge und somit die prismatischen Farben gleichsam verhülle, erkannte Herschel 1831 bereits den richtigen Grund dieser Erscheinung, indem er ein starkes und reines Gelb dem Natrium und ein Blaßviolett dem Kalium zuschrieb. Letzterer dehnte seine Untersuchungen auch über Kalksalze, Strontianverbindungen, Baryt, Kupfer, Magnesia und Eisen aus; die beiden letzteren erzeugen nach ihm keine eigenthümlichen Flammenfarben. Die Kalksalze liefern nach Herschel eine ziegelrothe Flamme, deren prismatische Zerlegung eine gelbe und eine glänzend grüne Linie hervorrief. Das Spectrum der Strontianverbindungen, die eine carmoisinrothe Färbung der Flamme geben, enthält nach ihm zwei gelbe Streifen, von denen der eine stark in Orange übergeht.

Auf diesem Stadium der Entwicklung unserer Spectralanalyse war es für die weitere Ausbildung derselben von der größten Wichtigkeit, die bereits erhaltenen Resultate zu fixiren und sie so zum Gemeingute der übrigen Forscher zu machen. Alsdann erst war die Grundlage gelegt zu weiteren vergleichenden Untersuchungen und zum ferneren Ausbau derselben. Das Verdienst, zuerst Abbildungen von Flammenspectren veröffentlicht zu haben, kommt nach Valentin**) unstreitig Brewster zu. Er bildete die hellen rothen und einige der gelben und der grünen Strontiumlinien ab, wie sie sich bei der Verbrennung von salpetersaurem Strontian in der Weingeistflamme darstellen. Kirchhoff dagegen***) nennt A. Miller als denjenigen, der zuerst derartige Abbildungen lieferte.

Durch die Arbeiten von Herschel und Talbot über die Spectra farbiger Flammen trat schon mit Bestimmtheit der Nutzen hervor, den der-

---

*) G. Valentin. Der Gebrauch des Spectroscopes. S. 7. — **) G. Valentin. Der Gebrauch des Spectroscopes. — ***) Pogg. Ann. Bd. 118. S. 100.

artige Beobachtungen dem Chemiker gewähren können. Ueber die Entstehung der farbigen Streifen scheint Talbot noch zu keiner richtigen Anschauung damals gelangt zu sein, da er angibt, daß ein Stück Chlorcalcium durch seine bloße Gegenwart auf dem Dochte einer Flamme, und ohne eine Verminderung zu erleiden, die farbigen Linien hervorrufe. Dagegen können wir in Bezug auf Herschel dem Urtheil Kirchhoff's nicht zustimmen, daß auch dieser Forscher den wirklichen Zusammenhang zwischen den farbigen Streifen und ihrem Ursprunge noch nicht erkannt habe. Wenn Kirchhoff sagt*): „Im Gegentheile führen die so mannigfaltigen, von diesen (Herschel und Talbot) erwähnten Entstehungsarten der Linie viel eher zu dem Schlusse, daß dieselbe überhaupt nicht durch einen gewissen chemischen Bestandtheil der Flamme bedingt ist, sondern durch einen Prozeß von unbekannter Natur, der bei den verschiedensten chemischen Elementen, bald leichter, bald schwerer vor sich gehen kann", so widerspricht diesem ganz und gar der Satz, mit welchem Herschel seine Mittheilung schließt. Herschel hatte nämlich schon erkannt, daß die Chlorverbindungen als die verhältnißmäßig flüchtigsten zu Flammenuntersuchungen sich am Besten eignen, die er in gasförmigen Zustand überführte. Um Erdarten in diesen Zustand zu bringen, leitete Drummond mehrere Weingeistflammen auf kleine Kugeln derselben. „Untersucht man", so lautet jener Satz, „dieses Licht durch das Prisma, so findet man, daß dasselbe diejenigen Farben in Ueberfluß besitzt, welche die durch sie gefärbten Flammen charakterisiren, so daß auf jeden Fall diese Farben aus den Theilchen der in Dunst verwandelten färbenden Substanz entstehen, welche in heftiger Verbrennung erhalten werden."

A. Miller (1845) wandte bei seinen Untersuchungen der Spectra eine Lösung der verschiedenen Stoffe in Weingeist an. Dadurch waren selbstverständlich alle in Weingeist nicht löslichen Bestandtheile von der Untersuchung ausgeschlossen. Dieselbe erstreckte sich auf Kupferchlorid, Borsäure, salpetersauren Strontian, Kochsalz, Chlorbarium, Mangan-Eisen-, Zink-, Kobalt-, Nickel-, Quecksilber- und Magnesiumchlorid. Die Abbildungen der Flammenspectren, welche Miller veröffentlicht hat, sind wenig gelungen. Die Unvollkommenheit seines Verfahrens ließ eine größere Correctheit nicht zu. Bei der Temperatur, welche mit der Weingeistflamme erzielt wird, gehen einzelne Stoffe gar nicht, andere nur unvollkommen in den gasförmigen Zustand über, und somit erhält man von ersteren in dieser Flamme kein Spectrum, von den letzteren nur ein unvollkommenes. Zu diesem kommt noch der Uebelstand, daß die Weingeistflamme schon an und für sich etwas leuchtet, was gleichfalls störend

---

*) Pogg. Ann. Bd. 118. S. 98.

bei diesen Beobachtungen auftrat. Sollten die farbigen prismatischen Bilder ohne jegliche andere Färbung hergestellt werden, so war zu diesem Zwecke eine Flamme nothwendig, die selbst nicht leuchtet, dagegen eine Temperatur besitzt, in welcher die zu untersuchenden Substanzen sich vollständig verflüchtigen.

Eine solche Flamme wurde von Swan in der Bunsen'schen Gasflamme eingeführt, die sich zu diesen Versuchen vorzüglich eignet. Swan veröffentlichte 1857 eine Arbeit über das Spectrum der Bunsen'schen Gasflamme und anderer verbrennenden Kohlenwasserstoffe, in welcher er die Spectra der Kohlenwasserstoffflammen sorgfältig studirt und mit einander vergleicht. Er gelangte zu dem Resultate, daß in allen Spectren, hervorgerufen durch die Verbindungen von der Form $C_r H_s$, z. B. leichtes Kohlenwasserstoffgas, ölbildendes Gas, Paraffin, Terpentinöl, oder von der Form $C_r H_s O_t$, z. B. Weingeist, Aether, Glycerin, Wallrath, die hellen Linien identisch sind mit denen in der Leuchtgasflamme. Der innerste Theil der Flamme des Steinkohlengases gibt zehn Linien im Gelbgrün und Grün, und eine im Blau. (Siehe Tafel I. Fig. 12.) Nach späteren Untersuchungen von van der Willigen 1859 stammen die charakteristischen Linien von den Kohlentheilchen und von dem Kohlenwasserstoff her. Swan hatte bei seinen gediegenen Arbeiten auch dem Auftreten der hellgelben D-Linie in der äußersten Flamme eines Bunsen'schen Brenners größere Aufmerksamkeit geschenkt und gefunden, daß dieselbe nur von Kochsalztheilchen, die in der Luft schweben und in der Flamme in Gasform übergeführt werden, herrühren. Auch zeigte er schon, wie die Menge Kochsalz, welche diese Linie noch deutlich zeigt, über alle Vorstellung klein ist. $1/1000000$ Gran Kochsalz, entsprechend $1/2500000$ Gran Natrium genügt, um diese Wirkung hervorzubringen.

Die Arbeit Swan's war der letzte vorbereitende Schritt zur vollständigen Ausbildung der Spectralanalyse. Wenn er auch nur im Vorübergehen der gelben Natriumlinie eine nähere Berücksichtigung geschenkt hatte, da sie sich bei seinen Untersuchungen über die Spectra der Kohlenwasserstoffflammen stets aufdrängte, so hat er die Frage über ihre Entstehung richtig gelöst. Es fehlte nur noch, daß er sich die Frage in ihrer Allgemeinheit stellte, ob auch dasselbe Verhältniß bei den übrigen farbigen prismatischen Streifen obwalte. *)

Kirchhoff und Bunsen gebührt das Verdienst, sich zuerst die Frage, ob die hellen Linien eines glühenden Gases ausschließlich von den einzelnen Bestandtheilen desselben abhängen, in ihrer Allgemeinheit gestellt

---

*) H. C. Dibbits: Akademisch Proefschrift, Rotterdam 1863 bei C. H. Taffemeijer.

und auf eine überraschende Weise mit Bestimmtheit beantwortet zu haben und somit gelangte die schon längst angestrebte, auch schon unbestimmt ausgesprochene Idee, die Analyse gasförmiger Substanzen mit Hülfe von Spectralbeobachtungen auszuführen, zur Verwirklichung. Zur Vorbereitung und Erleichterung der Beantwortung jener Frage diente ohne Zweifel auch die prismatische Analyse des elektrischen Lichtes, die schon von Wollaston und Fraunhofer versucht, und später von Weatstone, Masson, Angström, van der Willigen, Dove, Foucault und Plücker fortgesetzt wurde. Wir werden später Gelegenheit haben, auf die Beobachtungen dieser Forscher zurückzukommen.

Kirchhoff und Bunsen veröffentlichten die Resultate ihrer Untersuchungen zuerst in einer Abhandlung „Chemische Analyse durch Spectralbeobachtungen"*) im Jahre 1860. Sie bedienten sich zur Verflüchtigung der Stoffe des Bunsen'schen Brenners, bei welchem man die atmosphärische Luft in beliebiger Menge zur Flamme treten lassen kann, in Folge dessen die Leuchtkraft sich vermindert, dagegen die Heizkraft sich vermehrt. Zur Verflüchtigung der schweren Metalle genügt auch die Temperatur des Bunsen'schen Brenners nicht und man muß zu dem elektrischen Funken seine Zuflucht nehmen. Die genannten Forscher verwandten die größte Sorgfalt auf die Darstellung möglichst reiner Verbindungen, die sie nicht allein in der Leuchtgasflamme, sondern auch in der Flamme des Schwefels, Schwefelkohlenstoffs, Kohlenoxydgases, Wasserstoffes und des Knallgases verflüchtigten. Letztere Flamme hat eine Temperatur von ungefähr 8000° C. Sie fanden, daß der ungeheure Temperaturunterschied der verschiedenen Flammen keinen Einfluß auf die Lage der den einzelnen Metallen entsprechenden Spectrallinien ausübt; daß aber, je höher die Temperatur der Flammen, um so intensiver das Spectrum derselben Metallverbindung wird.

Auch der Vervollkommnung der Spectralapparate wandten die beiden Gelehrten ihre Aufmerksamkeit zu. Der von ihnen construirte Apparat wird auch jetzt noch, vielleicht mit einigen untergeordneten Veränderungen allgemein angewandt.

Ferner verdanken wir Kirchhoff und Bunsen sehr vollständige Zeichnungen der Spectrallinien einer großen Reihe von Elementen, sowie die Bereicherung der Wissenschaft um zwei neue Grundstoffe, Rubidium und Cäsium. Besonders aber ist hervorzuheben der wichtige Aufschluß über die physische Beschaffenheit der Sonne, welche Kirchhoff mittelst der Spectralanalyse geliefert hat.

Das große Aufsehen, welches die Beobachtungen von Kirchhoff und Bunsen in allen wissenschaftlichen Kreisen erregte, lenkte die Aufmerksam-

---

*) Pogg. Ann. Bd. 110. S. 161.

keit anderer Forscher auf diesen Gegenstand, so daß wir in den letzten Jahren die mannigfaltigsten Errungenschaften auf diesem Gebiete zu verzeichnen haben. W. Crookes entdeckte bei der Untersuchung eines selenhaltigen Präparates eine neue fremdartige grüne Linie, welche zur Auffindung eines neuen Metalls, des Thalliums, führte. F. Reich und Th. Richter fanden das vierte neue Metall, welches sie, weil es in dem Spectroscope eine indigoblaue Linie zeigt, Indium nannten.

Unter denjenigen, die sich vor Kirchhoff mit spektralanalytischen Untersuchungen beschäftigt und auf diesem Gebiete schon Bedeutendes geleistet haben, wird in neuerer Zeit von Dr. E. Stieren ein Amerikaner Dr. David Alter aus Freeport genannt. Dr. Stieren sagt hierüber Folgendes: *)

Von einem Bekannten, dem praktischen Arzte Dr. David Alter, in dem etwa sieben englische Meilen von hier entferntliegenden Städtchen Freeport wohnhaft, erhielt ich vor einiger Zeit einen Brief, in welchem sich derselbe in der Kürze über Spektral=Analyse ausspricht, wie folgt.

Erst vor Kurzem erhielt ich Professor Kirchhoff's Werke über Spektral=Analyse, in welchem derselbe eine kurze Zusammenstellung derjenigen Fortschritte liefert, durch welche jene Methode zur Entdeckung des Vorhandenseins von Elementar=Körpern zu der gegenwärtigen Vollkommenheit gebracht worden ist. Aber in jenem Auszuge vergißt Herr Kirchhoff jenes gewiß nicht unwichtigen Umstandes Erwähnung zu thun, welcher eine meiner eigenen Entdeckungen betrifft und die, wie ich glaube, ihm schwerlich unbekannt geblieben sein dürfte, da dieselbe schon im November 1854 in Silliman's amerikanischem Journale, 2. Reihe, Bd. 18. S. 55 bis 57 erschienen ist, und wovon auch ein eine halbe Seite langer Auszug im chemischen Jahresberichte von Liebig und Kopp für 1854, S. 118 sich befindet.

In dieser meiner Abhandlung wurde die Thatsache geliefert, daß alle metallischen Grundstoffe (element) durch die Lage von deutlichen Bändern in ihren Bildern (spectra) hervorgebracht durch den Funken eines unterbrochenen galvanischen Stromes, erkannt werden, wenn das Licht durch ein Prisma gesehen wird.

Ein anderer Artikel von mir befindet sich ebenfalls in demselben Journale, Bd. 19, S. 213 u. 214, Mai 1855, und ist unverkürzt in das Pariser Journal „L'Institut" Jahrgang 1856, S. 156, und in das Genfer Journal „Archives des sciences physiques et naturelles" T. 29. p. 151 übergegangen, so wie ferner auch ein eine Seite langer Auszug in dem chemischen Jahresberichte von Kopp und

---

*) Poggendorff. Annl. Bd. 132. 1867. Seite 469. „Zur Spektral=Analyse von Dr. Eduard Stieren, Tarentum, A. Meghany County, Pennsylvanien."

Witt (ehemals Liebig und Kopp) für 1859, S. 107 abgedruckt worden ist.

In diesem zweiten Aufsatze — vom Mai 1855 — habe ich festgestellt (stated), daß die Gase durch das Licht des gewöhnlichen electrischen Funkens ebenso deutlich charakterisirt werden, als es bei den Metallen durch das galvanische Licht der Fall ist, und ich habe auch angegeben, daß auf diese Weise alle Elemente mittelst des Prismas unterschieden werden dürften.

Da diese Beiträge hier sehr bekannt und gebührend anerkannt worden und auch in Europa nicht unbekannt geblieben sind, so dürfte es, bei Aufstellung einer historischen Skizze über einen für die Wissenschaft so wichtigen Gegenstand, wie es eben die Spektral-Analyse ist, ganz in der Ordnung sein, auch die Entdeckungen amerikanischer Experimentatoren nicht gänzlich unberücksichtigt zu lassen, zumal die erste Arbeit von Bunsen und Kirchhoff über Spektral-Analyse zuerst in den Berichten der Berliner Akademie von 1859, S. 662 erschienen ist, dann in Poggendorff's Annalen (Bd. 109. S. 148 u. Bd. 118. S. 94), Dingler's polytechn. Journale, im chemischen Jahresberichte von Kopp u. Witt für 1859, Nr. 643, und in verschiedenen anderen Zeitschriften."

Die interessanten Anwendungen, welche die Spectralanalyse in den letzten Jahren auf den verschiedenen Gebieten des menschlichen Wissens bereits gefunden hat, werden wir später in einem besonderen Artikel besprechen.

C. Der Spectralapparat.

Die ersten Spectralbeobachtungen wurden in der Weise angestellt, daß man einen Sonnenstrahl durch einen Spalt des Fensterladens in ein dunkles Zimmer fallen ließ. Das Prisma, welches den Sonnenstrahl zerlegte, stellte man nach Angabe Newton's so auf, daß der auffallende Lichtstrahl mit seinem Einfallsloth denselben Winkel, wie der austretende mit dem seinigen bildete. Man sagt in diesem Falle, das Prisma ist auf den Winkel der kleinsten Ablenkung eingestellt. Bei der angegebenen Vorrichtung veränderte das Spectrum in Folge der Axendrehung der Erde fortwährend seine Stellung. Um diese Unbequemlichkeit in der Beobachtung des Sonnenspectrums zu vermeiden, hat man einen Apparat ersonnen, der den Namen Heliostat führt. Durch eine mechanische Vorrichtung wird ein Spiegel, der sich vor dem Spalt befindet und der den Sonnenstrahl durch die Oeffnung in das dunkle Zimmer wirft, nach einer der Drehung der Erde entgegengesetzten Richtung so gedreht, daß der vom Spiegel reflectirte Strahl durch die Oeffnung unverändert nach einer und derselben Stelle geworfen wird

Statt der runden Oeffnung, die Newton noch anwandte und welche die Auffindung der dunklen Linien nicht zuließ, wurde später ein Spalt angewandt. Den Schirm, auf welchem das Spectrum aufgefangen wurde, ersetzte Fraunhofer durch das mit einem Fernrohre bewaffnete Auge.

Die Vervollkommnung des Spectralapparates verdanken wir gleichfalls den schon oft genannten Forschern Kirchhoff und Bunsen, die durch eine neue, sinnreiche Construktion des Apparates die dunkle Kammer überflüssig machten. In ihrer ersten Abhandlung 1860 *) über die chemische Analyse durch Spectralbeobachtungen beschrieben sie einen einfachen Apparat, dessen sie sich meistens zur Beobachtung der Spectren bedient hatten. Einen vervollkommneten Apparat lieferten sie im Jahre 1863 **), der bequemer zu handhaben ist, als der erstere, die Vergleichung der Spectra zweier Lichtquellen erlaubt und gleichzeitig mit den Spectra eine leicht übersichtliche, mit Ziffern versehene Scala zeigt. Da er die Norm für alle später construirte abgegeben hat, so müssen wir eine ausführliche Beschreibung desselben liefern, um so mehr, weil er allen bis jetzt gestellten Anforderungen vollkommen entspricht.

Ein massiver gußeiserner Fuß F. (Fig. 8, siehe unten) trägt eine Messingplatte, auf welcher sich ein Flintglasprisma mit einem brechenden Winkel von 60 Grad befindet. Ferner bemerken wir noch drei Rohre, die mit dem Prisma in einer Ebene liegen. Beschäftigen wir uns zuerst mit dem Rohre A. Dasselbe ist an der Messingplatte be-

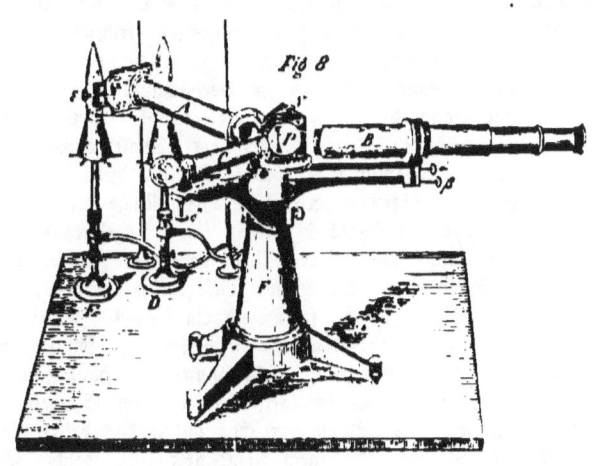

---

*) Pogg. Ann. Bd. 110. S. 162. — **) Pogg. Ann. Bd. 113. S. 374

festigt und befindet sich in unveränderlicher Lage zu dem Prisma P. An dem vom Prisma abgewendeten Ende ist das Rohr A durch eine Platte geschlossen, die mit einem verticalen Spalt versehen ist. An dem anderen, dem Prisma zugewendeten Ende ist eine Sammellinse angebracht, in deren Hauptbrennpuncte der Spalt steht, so daß die durch den Spalt einfallenden Strahlen parallel austreten. Von der Platte, welche mit dem Spalte versehen ist, haben wir in Fig 9 eine Abbil=

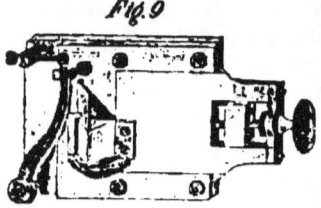

dung in vergrößertem Maßstabe. Die untere Hälfte des Spaltes ist durch ein kleines, gleichseitiges Glasprisma gedeckt und nur die obere Hälfte des= selben ist frei. Das kleine Glasprisma ermöglicht durch totale Reflexion Licht= strahlen, die von einer seitlich vom Apparat aufgestellten Lichtquelle auf= fallen, den Durchgang durch den Spalt. Als Lichtquelle benutzt man in der Regel, wie in Fig. 8 D, die Flamme eines Bunsen'schen Gas= brenners oder, wenn man nur ein continuirliches Spectrum haben will, eine gewöhnliche Kerzenflamme. Ein kleiner Schirm über dem Glas= prisma hält die Strahlen der seitlich aufgestellten Lichtquelle D von der oberen Hälfte des Spaltes ab. Wird eine zweite Lichtquelle, z. B. ein Bunsen'scher Brenner, Fig. 8 E, vor den Spalt gestellt, so treten die Strahlen derselben frei durch die obere Hälfte des Spaltes in das Rohr A ein. Wir sind also im Stande mit der eben beschrie= benen Vorrichtung die Spectra zweier Lichtquellen gleichzeitig betrachten und vergleichen zu können. Die beiden Spectra werden sich unmittel= bar über einander befinden, so daß die Beobachtung sofort die Ueber= einstimmung oder Verschiedenheit ihrer Linien ergibt. Der Spalt kann durch die Stellschraube *s* beliebig breiter oder schmaler gemacht werden.

Zur genaueren Beobachtung der beiden Spectra dient das Fernrohr B von achtfacher Vergrößerung, welches in einem Ringe auf einem Arme, der sich um die Axe des Fußes F drehen kann, eingeschraubt ist.

Die bis jetzt beschriebenen Theile des Apparates genügen vollkom= men, um die Spectra der verschiedenen Lichtquellen hervorzurufen und bequem zu beobachten. Jedoch fehlt noch ein Mittel, die Lage der farbigen Streifen in dem Spectrum genau angeben zu können, da die dunklen Linien des Sonnenspectrums nicht immer zur Hand sind. Auf eine höchst einfache und sinnreiche Weise hat man die Eintheilung des Spectrums durch eine Vorrichtung erreicht, welche das dritte Rohr C enthält. Auch dieses wird von einem Arme getragen, welcher sich um die Axe des Fußes F bewegen kann. An dem Ende des Rohres C, welches dem Prisma zugewendet ist, befindet sich eine Sammellinse, an dem anderen eine Glasplatte, welche eine Scala trägt und die mit Ausnahme des schmalen Streifens, auf dem die Theilstriche und die Zahlen sich befinden, mit Stanniol belegt ist. Stellt man vor die Scala eine Lichtquelle auf, so entsteht auf der Fläche des Prismas ein Spiegelbild der Scala, welches bei geeigneter Stellung des Rohres C durch Reflexion in das Rohr B geworfen werden kann. Der Beobachter, der durch das Rohr B blickt, sieht gleichzeitig mit dem zu beobachtenden Spectrum die Scala und kann die Lage des farbigen Streifens leicht bestimmen. In Ermangelung einer Scala kann man sich bei chemischen Untersuchungen in der Weise helfen, daß man in die Lichtquelle D die Substanz bringt, die man in einem Mineral oder in einer anderen unbekannten Verbindung aufsuchen will und in die andere E die zu untersuchende Substanz. Die Coincidenz der Linien würde mit Sicherheit die Gegenwart des betreffenden Elementes in der untersuchten Substanz ergeben, da die Lage der farbigen Streifen eines Spectrums immer und unveränderlich dieselbe ist.

Will man den Apparat zusammensetzen und einstellen, so wird das Fernrohr B außerhalb des Apparates so weit ausgezogen, daß man einen sehr weit entfernten Gegenstand deutlich erkennen kann, und in den Ring, der es tragen soll, eingeschraubt. Nach Entfernung des Prismas verschiebt man das Rohr B so lange, bis seine Axe in die Verlängerung der Axe des Rohres A fällt. Alsdann wird das Rohr A soweit ausgezogen, bis der Spalt dem durch das Fernrohr Blickenden deutlich und scharf sichtbar ist. Durch die Schrauben α und β, von denen die eine als Druckschraube, die andere als Zugschraube dient, kann man dem Rohre B eine solche Lage geben, daß die Mitte des Spaltes in die Mitte des Gesichtsfeldes zu liegen kommt. Nach Einstellung der Rohre bringt man das Prisma wieder an seine Stelle, dessen Stellung auf der Messingplatte marquirt ist und das mittelst der Feder γ festgehalten wird. Die letzte Einstellung auf den Winkel der kleinsten Ablenkung wird dadurch erreicht, daß man vor dem Spalte eine Lichtquelle z. B. eine Kerzenflamme anbringt und das Fernrohr B so lange dreht, bis in seiner unteren Hälfte das Spectrum dieser Flamme erscheint.

Will man sich der in dem Rohre C befindlichen Meßvorrichtung bedienen, so beleuchtet man die Scala und läßt durch eine passende Stellung des Rohres C das Spiegelbild dieser Scala in das Rohr B einfallen. Durch Ein- oder Ausschieben der Scala in der Richtung des Rohres C kann man das Spiegelbild vollkommen deutlich und klar erscheinen lassen. Mittelst der Schraube δ und durch Drehung des Rohres C um seine eigene Axe wird endlich die Linie, in der die einen

Enden der Theilung liegen, mit der Gränzlinie des Spectrums zur Deckung gebracht.

Es erübrigt uns nur noch, die passendste Stellung der Flammen E und D aufzusuchen. Zu diesem Zwecke verschiebt man die Lampe E vor dem Spalte vorbei, bis man die Stellung findet, bei welcher die hellen Linien*), welche in dem Spectrum des inneren Kegels der nicht leuchtenden Gasflamme vorkommen, sichtbar sind.

Aus dieser Stellung wird die Lampe langsam nach einer Seite hin so weit verschoben, bis diese Linien fast ganz verschwunden sind und der Saum der anderen Seite der Flamme vor dem Spalte sich befindet, in welchem die zu untersuchende Substanz geglüht wird. Auf ähnliche Weise wird die Lampe D eingestellt.

Zur Beobachtung des Sonnenspectrums bediente sich Kirchhoff eines Apparates, der vier Flintglasprismen enthielt (Fig. 10.). Das Spectrum wird bekanntlich um so deutlicher, je größer der brechende Winkel und die zerstreuende Kraft des Prismas und je stärker die Vergrößerung des Fernrohrs ist, durch welches man dasselbe beobachtet. In demselben Grade vermehren sich die dunklen Linien des Sonnenspectrums, und um so schärfer lassen sich die breiten, mitunter nebelartigen Bänder in einzelne dunkle Linien auflösen. Dasselbe ist auch bei den farbigen, hellen Streifen der Spectra von Flammen und des electrischen Funkens der Fall. So kann man z. B. mit Spectroscopen von größerer Leistungsfähigkeit, als das oben beschriebene die gelbe Natriumlinie in zwei auflösen.

Durch eine Combination von mehreren Prismen ist man im Stande, die Leistungsfähigkeit eines Spectroscops bedeutend zu erhöhen. Zu diesem Zwecke läßt man die aus dem Prisma austretenden Strahlen auf ein zweites fallen, welches den Winkel noch mehr vergrößert, unter welchem die ungleich brechbaren Strahlen nach ihrem Austritt aus dem ersten Prisma divergiren. Dieser Winkel wird durch Anwendung von einer größeren Anzahl von Prismen noch mehr vergrößert.

Der Apparat von Kirchhoff bestand zunächst aus einer kreisförmigen, eisernen Platte (siehe nachstehende Fig. 10.), auf deren oberer Fläche, die sehr genau eben gedreht ist, das Fernrohr A sich befindet, welches statt Okular einen Spalt, wie in Fig. 9 abgebildet, trägt. Der Spalt kann mit Hülfe eines Triebes genau in den Brennpunkt des achromatischen Objektivs gestellt werden, welches eine Brennweite von 18 Par. Zoll und eine freie Oeffnung von 18 Par. Linien hat**); gleichzeitig

---

*) Die hellen Linien der Bunsen'schen Gasflammen wurden zuerst von Swan (Pogg. Annalen 1857. Bd. 100. S. 306) und später von Simmler (1862. Bd. 115. S. 242) sorgfältig untersucht.

**) G. Kirchhoff: Untersuchungen über das Sonnenspectrum und die Spektren der chemischen Elemente. Dritter Abdruck. 1866. S. 1.

Fig. 10.

wird durch eine Mikrometerschraube die Breite des Spaltes beliebig hergestellt. Ein Messingarm, der um den Mittelpunkt der eisernen Platte drehbar ist, trägt das Fernrohr B, dessen Objektiv dieselbe Brennweite und Oeffnung besitzt, wie das oben beschriebene. Die Einstellung des Messingarmes und somit des Fernrohres B geschieht durch die Mikrometerschraube R. Die Fig. 10 zeigt ferner, daß das Fernrohr B auch um eine horizontale Axe drehbar ist. Seine Vergrößerung war eine ungefähr 40fache. Zwischen den beiden Objektiven befinden sich 4 Flintglasprismen, deren brechende Flächen Kreise von 18 Par. Linien Durchmesser sind, und von denen drei brechende Winkel von 45° haben, das vierte einen von 60° hat. Die horizontale Stellung der Prismen kann mit Hülfe dreier Schrauben, auf denen ein jedes derselben ruht, erzielt werden.

Rutherfurd beschreibt ein Spectroscop*), bei welchem er 6 Schwefelkohlenstoffprismen anwendete. J. P. Coole jun.**) hat ein Spectroscop mit neun Schwefelkohlenstoffprismen construirt, von dem er annimmt, daß es das größte und stärkste sei, welches man je angewandt habe.

Die ersten Spectralapparate wurden nach Angabe von Kirchhoff und Bunsen in der berühmten optischen Werkstätte von Steinheil in München angefertigt und ließen in Bezug auf Eleganz und Vollkommenheit sehr

---

*) Pogg. Ann. Band 126. Seite 363. 1865.
**) Chem. News. 1863. Nr. 187. S. 8.

wenig zu wünschen übrig. Ihr hoher Preis gab Veranlassung, eine größere Vereinfachung derselben und damit eine Preisermäßigung zu erzielen. Den ersten und auch wohl den einfachsten derartiger Apparate lieferte Professor Mousson in Zürich *), welcher dem Spectralapparat gleichzeitig eine Form gab, die ihm den großen Vortheil der leichten Tragbarkeit und Verwendung verlieh. Er nannte ihn „Spectroscop", welchen Namen man seitdem auf sämmtliche Spectralapparate der verschiedensten Form übertrug. Das Spectroscop von Mousson besteht aus einem Messingrohr von 12 Zoll Länge, an dessen einem Ende der Spalt, am andern das Flintglasprisma sich befindet, so daß das Spectrum ohne Weiteres von dem Auge aufgenommen wird. Mit Hülfe einer Baumschraube läßt es sich an jedem Holzstativ befestigen und kann alsdann nach jeder Lichtquelle gerichtet werden. Bei dieser einfachen Construction ist es möglich, ein solches Instrument für 40 Francs herzustellen. Da man in dem Mousson'schen Spectroscop die stärkern der Fraunhofer'schen Linien noch deutlich erkennen kann, so reicht es für die gewöhnlichen qualitativen Untersuchungen auf dem Laboratorium vollkommen aus.

Bei dem Apparate von Kirchhoff und Bunsen wird fremdes, seitlich einfallendes Licht vom Fernrohr durch ein schwarzes Tuch abgehalten, das mit einer kreisförmigen Oeffnung über das Rohr C (Figur 8) gesteckt und über das Prisma P und die Röhren A und B gelegt wird. Besser scheint uns die Einrichtung zu sein, bei welcher das Tuch durch einen Kasten ersetzt ist, in welchem der Apparat sich befindet und aus welchem die Röhren hervorragen. Nach der Angabe von Lielegg **) wird ein solcher Apparat in der mathematischen Werkstätte des k. k. polytechnischen Institutes in Wien angefertigt, der sich zu Spectralbeobachtungen ganz vorzüglich eignen soll.

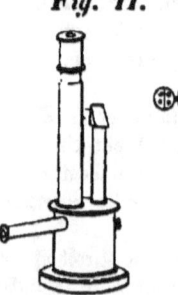

Fig. 11.

Von den übrigen Constructionen der Spectroscope, die auf dem von Kirchhoff und Bunsen angegebenen Prinzipe beruhen, sei hier nur noch die von H. Rexroth in Wetzlar eingeführte ***) mitgetheilt. Der von ihm construirte Apparat (Fig. 11) gleicht einem Mikroscope und wie bei dem letzteren, so muß man auch bei diesem von oben herab sehen. Eine zweite Art von Spectroscopen hat Rexroth so eingerichtet (s. nachstehende Fig. 12), daß man, wie bei dem Kirchhoff'schen Apparate, durch ein horizontal liegendes Rohr das Spectrum

---

*) Pogg. Ann. Band 112. Seite 440.
**) Lielegg. Die Spectralanalyse. S. 41.
***) Fresenius. Zeitschrift für analytische Chemie. 3. Jahrg. S. 443.

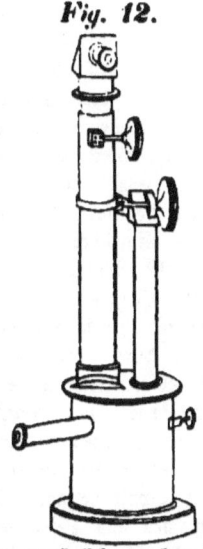

Fig. 12.

beobachten kann. Das durch einen Spalt in ein horizontal liegendes Rohr einfallende Licht gelangt durch zweimalige Reflexion zum Flintglasprisma und von diesem in ein vertikal stehendes Rohr, das in der Richtung seiner Axe das Fernrohr trägt. Durch die beiden Reflexionen, von denen die erste mittelst eines Reflexionsprismas, die zweite mittelst eines Planspiegels erzielt wurde, wird allerdings das Licht etwas geschwächt; jedoch sollen die Leistungen dieser Instrumente hinter denen der älteren Construktion nicht zurückbleiben. Bei der compentiösen Form dieser Apparate können dieselben für den niedrigen Preis von 20 Thlr. angefertigt werden, so daß sie auch dem einzelnen Forscher zugänglich sind, was für die weitere Verbreitung und Anwendung der Spectralanalyse nur förderlich sein wird. Um auch denjenigen Forschern, denen kein Leuchtgas zu Gebote steht, den Gebrauch der Spectroscope zu ermöglichen, hat Rexroth*) eine Lampe construirt, bei welcher das Leuchtgas durch Alkoholdampf ersetzt wird, und die bei einer fast farblosen Flamme beinahe denselben Wärmegrad, der bei der Bunsen'schen Gaslampe erreicht wird, liefert; der Preis dieser Lampe beträgt 4 Thaler.

Die Anwendung, welche die Spectralanalyse in den verschiedenen Zweigen der Wissenschaft fand, erforderte einige Abänderungen, durch welche der Apparat für bestimmte Zwecke geeigneter wurde. So hat Valentin **) ein sehr zweckmäßiges Spectroscop für physiologische Zwecke construirt, in welchem er sich statt des Flintglasprismas eines Schwefelkohlenstoffprismas mit Vortheil bedient.

Die Anwendung der Spectralanalyse in der Astronomie hat mit vielen Schwierigkeiten zu kämpfen. Nur selten gibt es in unserem Klima Nächte, in welchen die Luft ruhig genug ist, um solche feinen und schwierigen Beobachtungen anzustellen, wenn auch der Himmel vollständig wolkenlos ist; zudem ist das Licht der Sterne schwach. Letzteres Hinderniß kann man mit starken Fernröhren überwinden, indem ein Objektiv das Licht eines Sternes in seinem Brennpunkte als einen zwar kleinen, aber stark leuchtenden Punkt concentrirt. Noch eine andere Unbequemlichkeit bei der Beobachtung resultirt aus der scheinbaren Bewegung der Sterne, die durch die Rotation der Erde, welche den Astronomen mit

---

*) Fresenius. Zeitschrift für analytische Chemie. 3. Jahrg. S. 445.
**) G. Valentin. Der Gebrauch des Spectroscops zu physiologischen und ärztlichen Zwecken. S. 22.

seinen Instrumenten fortführt, hervorgerufen wird. Man neutralisirt diese Ortsveränderung durch die Bewegung, welche man dem Fernrohr mittelst eines Uhrwerks in entgegengesetzter Richtung gibt. Trotz dieser Vorrichtung ist es in der Praxis nicht so leicht, als es den Anschein hat, das Bild eines Sternes, wenn auch auf kurze Zeit, genau in unveränderter Richtung durch einen Spalt von $1/300$ Zoll Breite einfallen zu lassen. Jedoch alle diese Hindernisse sind durch Geduld und Ausdauer überwunden worden, wie die staunenerregenden Resultate, die wir später mittheilen werden, zur Genüge beweisen. Die Einrichtung eines Spectroscops zu astronomischen Zwecken, wie sie von M. William Huggins, F. R. S. angegeben*), ist kurz folgende: Das Instrument wird mittelst eines Rohres an dem Ocular des Fernrohres durch Aufschieben befestigt und mit diesem in gleicher Weise durch das Uhrwerk in Bewegung gesetzt. Zu dieser Röhre befindet sich eine kleinere in der Richtung der Axe des Fernrohres, die eine cylindrische, plancouvexe Linse trägt. Letztere hat den Zweck, das Bild des Sternes in eine kurze Lichtlinie auszuziehen und durch einen sehr engen Spalt auf eine zweite achromatische convexe Linse aufzuwerfen. Der Spalt befindet sich im Brennpunkte der zweiten Linse, so daß die Strahlen aus dieser parallel austreten. Dieselben müssen zwei Prismen durchlaufen und ihr Spectrum wird mit einem kleineren Fernrohre beobachtet. Um die Spectra der, durch den elektrischen Funken gasförmigen, terrestrischen Substanzen mit den Spectra der Himmelskörper vergleichen zu können, ist an der äußern Röhre des Apparates ein Spiegel so angebracht, daß er die Lichtstrahlen der glühenden gasförmigen Körper durch eine Oeffnung in der Wandung der Röhren auf ein kleines Prisma wirft, welches die eine Hälfte des Spaltes bedeckt. Durch totale Reflexion gelangen die Strahlen gleichfalls zu den Prismen und von diesen durch das kleine Fernrohr zu dem Auge des Beobachters. Die Juxtaposition der beiden Spectren erlaubt, die Coincidenz oder Nichtcoincidenz der farbigen Streifen des Funkenspectrums mit den dunklen Linien des Sternspectrums genau zu constatiren.

Die oben beschriebenen Spectroscope reichen vollkommen aus, wenn die zu untersuchende Lichtquelle stationär ist; jedoch sehr mühsam wird es, mit solchen Apparaten zu arbeiten, wenn man verschiedene Lichtquellen einvisiren will; da, wie eben angegeben, Auge, Spalt und Lichtquellen nicht in einer und derselben Richtung liegen. Letztere Aufgabe, das Spectrum in die Axe des Instrumentes zurückzubringen, mußte noch gelöst werden. Als erstes Mittel, einen Lichtstrahl von seiner Bahn abzulenken, bietet die Optik in dem Prinzip der Reflexion oder Spiegelung,

---

*) M. L'Abbé Moigno. Analyse spectrale des corps célestes p. 16.

welches Simmler *) zuerst anwandte. Er construirte einen Apparat, den er Hand- und Reisespectroscop nannte und der sich durch Bequemlichkeit, Tragbarkeit und niedrigen Preis (40 Francs) sehr empfiehlt. In seiner äußeren Form gleicht er einem kleineren Handfernrohre mit einem Auszuge und kann auf weniger als 5 Zoll zusammen gestoßen werden. Wie mit einem Fernrohre, so kann man nach einer beliebigen Lichtquelle unmittelbar visiren und auch sofort das Spectrum derselben mit einer für gewöhnliche Zwecke hinreichenden Deutlichkeit erkennen.

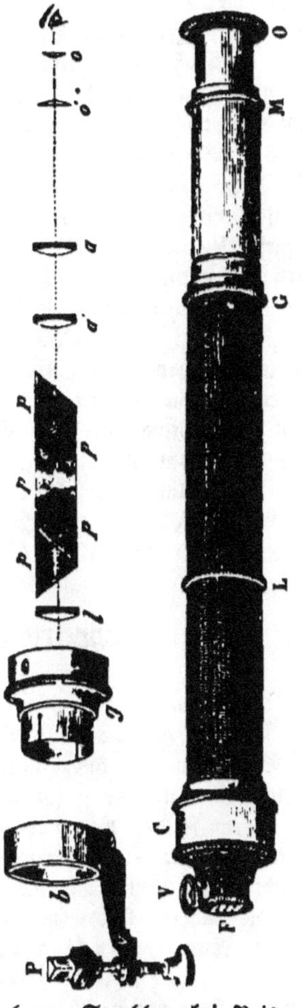

Das zweite Mittel, welches die Optik zur Erreichung des eben genannten Zweckes, einen zerstreuten Lichtbündel ohne Aufhebung der Zerstreuung in die Richtung des unzerstreuten Lichtstrahles abzulenken, bietet, besteht in dem Prinzip der Refraktion oder Brechung. — Diese Aufgabe wurde mit achromatischen, d. i. solchen Prismen, welche die Eigenschaft haben, die Lichtstrahlen abzulenken, ohne sie zugleich in Farben zu zerlegen, gelöst. Die erste Idee, die achromatischen Prismen zur Construktion von direkten Spectroscopen zu benutzen, rührt von Amici her, deren Theorie Radeau in einem Art. „Bemerkungen über Prismen" **) vollständig entwickelt. Nach Radeau läßt sich durch eine einfache geometrische Construktion die Richtung der gebrochenen Strahlen bei Prismen finden, wenn deren brechender Winkel und Brechungsindex gegeben sind und umgekehrt die brechenden Winkel der Prismen, wenn der austretende Strahl eine bestimmte Richtung haben soll. Auf die mathematische Entwicklung dieses Theorems können wir hier nicht näher einge-

Fig. 14. 13.

---

*) Pogg. Ann. Bd. 120. S. 623. — **) Pogg. Ann. Bd. 118. S. 452.

hen und verweisen auf die oben angegebene Abhandlung. Es ist somit leicht eine Combination von Crown = und Flintglasprismen herzustellen, welche den zerstreuten Strahlenbündel in derselben Richtung austreten läßt, in welcher der unzerstreute Strahl auf fällt. Ein Spectroscop nach diesem Prinzip, welches auf Reisen sehr bequem ist, hat der Optiker Hofmann construirt, welches er „Spectroscope à vision directo" *) nennt. Vorstehende Zeichnungen Fig. 13 und 14 stellen dasselbe vor. Die durch den Spalt F einfallenden Strahlen werden durch die achromatische Linse I, die bei L angebracht ist, parallel auf die Prismen aufgeworfen und von diesen in die Richtung der Axe des Spectroscops zurückgebrochen. Fig. 11 stellt einen Durchschnitt des Spectroscopes dar, in welchem a' a die beiden Objectivlinsen des Fernrohrs G M O und O' O die beiden Ocularlinsen desselben sind. g ist ein bewegliches Mittelstück, das beliebig eingeschaltet werden kann. Der Ring b trägt an einem Arme ein kleines bewegliches Prisma P von Flintglas. Schiebt man diesen Ring über den Spalt, so bedeckt das kleine Prisma eine Hälfte desselben und erlaubt, wie beim Bunsen'schen Apparate, die Strahlen einer seitlich aufgestellten Lichtquelle in den Spalt zu werfen. Ueber die Leistungsfähigkeit des Hofmann'schen Spectroscops spricht sich Prof. Fresenius sehr günstig aus.

D. Spectra der glühenden Körper.
1) Allgemeines.

Nachdem wir die Hülfsmittel kennen gelernt haben, mit denen wir die Spectralanalyse auszuführen im Stande sind, können wir nun den Versuch machen, eine Zusammenstellung der bis jetzt erlangten Resultate auf diesem Felde, die zum größten Theil in den verschiedenen wissenschaftlichen Zeitschriften zerstreut liegen, vorzulegen. Der leichteren Uebersicht wegen wollen wir die Ergebnisse in zehn Sätze gruppiren und an diese die näheren Erörterungen anknüpfen.

1) Nur im gasförmigen, glühenden Zustande liefern die verschiedenen Substanzen ein charakteristisches Spectrum. Wir haben früher schon erwähnt, daß alle glühende Körper ein Spectrum liefern und zwar die festen und flüssigen ein continuirliches; dagegen die gas- oder dampfförmigen ein discontinuirliches. Die zuerst genannten Spectra der Körper, die continuirlichen, sind vollständig einander gleich und können somit nicht zu spectralanalytischen Untersuchungen benutzt werden. Zu diesem Zwecke eignen sich nur die discontinuirlichen

---
*) Fresenius. Zeitschrift für analytische Chemie. Jahrg. 5. S. 330.

Spectra. Um letztere zu erhalten, muß mithin der Körper, wenn er noch nicht in dem gasförmigen Zustande sich befindet, in diesen übergeführt werden. Von den Grundstoffen sind Sauerstoff, Wasserstoff, Stickstoff, Chlor und Fluor bei gewöhnlicher Temperatur gasförmig, Brom und Quecksilber flüssig und die übrigen fest. Die beiden flüssigen und die meisten der festen gehen bei einer hinreichend hohen Temperatur in den gas- oder dampfförmigen Zustand über. Alle feste Elemente mit Ausnahme des Kohlenstoffs lassen sich in den flüssigen Aggregatzustand überführen; ebenso wenig kann man den Kohlenstoff in den gasförmigen Zustand bringen, nur in Verbindungen, wie in der Kohlensäure und in den Kohlenwasserstoffverbindungen, erhalten wir ihn gasförmig und nur in diesen ist er bis jetzt spectralanalytisch zu erkennen.

Eine Ausnahme von dieser Regel machen Didymoxyd und Erbiumoxyd, welche, wie Bahr, Bunsen *) und Delafontaine **) beobachtet haben, sich von allen bisher untersuchten Stoffen durch eine eigenthümliche Umkehrungserscheinung auszeichnen. Die feste Substanz derselben giebt nämlich beim Glühen in der Flamme der nicht leuchtenden Lampe ein Spectrum mit hellen Linien, welche genau an die Stellen der dunkelen Streifen ihrer Absorptionsspectra fallen. S. Fig. 7 u. 8. Tafel II.

2) Jedem Element kommt ein besonderes Spectrum zu. Die Richtigkeit des vorstehenden Satzes ist durch alle bis jetzt angestellte Beobachtungen bestätigt worden und noch nirgends das Gegentheil nachgewiesen. Schon im Jahre 1861 hat Plücker dieses Theorem für Gasspectra ausgesprochen ***), indem er sagt: „Durch meine Spectral-Röhren erhalten wir das reine Gasspectrum. Es folgt dieses unmittelbar aus der Thatsache, daß keine der Lichtlinien, aus welchen das Spectrum eines reinen Gases besteht, sich in dem Spectrum eines andern reinen Gases wiederfindet, wonach jedes Gas durch eine der Lichtlinien seines Spectrums vollkommen charakterisirt ist." Für die übrigen Elemente finden wir die Bestätigung in allen Mittheilungen, die in den verschiedenen Journalen über Spectralanalyse sich vorfinden. Gleichzeitig liefert die Spectralanalyse einen neuen Beweis von der Verschiedenartigkeit der innern Natur der einzelnen Elemente. Bei der Empfindlichkeit dieser Reaktionen, bei welcher noch die Gegenwart der kleinsten, nicht mehr wägbaren Theilchen eines Elementes angezeigt wird, übertrifft die Spectralanalyse alle bis jetzt bekannten qualitativ analytischen Untersuchungsmethoden und es ließ sich erwarten, wenn überhaupt noch unbekannte Elemente vorhanden, dieselben durch die neuen Hülfsmittel nach-

---

*) Annal. d. Chemie u. Pharmacie; 1864 u. 1865, Januarheft 1866.
**) Arch. des sciences phys. et nat.: Erbium, Terbium, Didyme, t. XXI, XXII, XXIV u. XXV.
***) Pogg. Ann. Bd. 113. S. 274.

weisen zu können. Die Hoffnungen und Bestrebungen, noch unbekannte Grundstoffe zu entdecken, waren nicht vergeblich, da in den letzten Jahren bereits vier neue Elemente, das Caesium, Rubidium, Thallium und Judium, durch die Spectralanalyse in die Wissenschaft eingeführt worden sind.

Stellt man das Spectrum eines Gemenges von mehreren leuchtenden Gasen oder einer Flamme, in welcher sich mehrere Salze befinden, dar, so überzeugt man sich bald, daß das so erhaltene Gesammtspectrum an denen der einzelnenen Substanzen participirt und durch Superposition der den einzelnen Stoffen eigenthümlichen Spectra gebildet ist. Ueberhaupt entwickeln bei Gegenwart aller Substanzen die verschiedenen Elemente der Flamme, sowie die Bestandtheile der Salze in ihrer Verbindung, jedes für sich ihre Spectra, nur diejenigen der Metalle verdunkeln wegen ihrer Intensität die der Metalloïde.

Gleichzeitig ist diese Methode der spectralanalytischen Untersuchung von einer solchen Empfindlichkeit, daß sie die Gegenwart mehrerer Metalle in solchen Mengen zu erkennen gestattet, die sich der Bestimmung auch mit den feinsten chemischen Wagen entziehen; so empfängt zum Beispiel das Auge mit der größten Klarheit schon in einer Sekunde die glänzenden Linien, hervorgerufen durch $\frac{3}{1000000}$ Milligramm von Kochsalz, von $\frac{9}{1000000}$ Milligramm von kohlensaurem Lithion und von $\frac{1}{1000}$ Milligramm von Chlorkalium. Fig. 10. Taf. II. zeigt eine Zusammenstellung der Spectrallinien des Lithiums, des Natriums, des Thaliums und des Judiums.

Obgleich nun jedes Metall sein eigenes Spectrum hat, so wird man doch bei einer aufmerksamen Vergleichung der Spectra der einen mit denen der andern bemerken, daß mehrere ihrer Linien zu coincidiren scheinen. Kirchhoff giebt in dem Verzeichniß der auf seinen Spectraltafeln dargestellten dunkeln Linien des Sonnenspectrums mehrere solcher Coincidenzen an, z. B. bei 1029,3 nach der von ihm eingeführten Skala scheinen eine Calcium- und Nickellinie zusammenzufallen, bei 1217,8 Eisen und Calcium, bei 1522,7 wiederum Eisen und Calcium, bei 1527,7 Eisen und Kobalt, bei 1655,6 Eisen und Magnesium.

Kirchhoff bemerkt hierzu *): „Es scheint mir eine Frage von großem Interesse, ob diese und ähnliche Coincidenzen wahre oder nur scheinbare sind, ob die betreffenden Linien genau auf einander fallen, oder nur

---

*) Untersuchungen über das Sonnenspectrum und die Spectren der chemischen Elemente. 1866. Seite 7.

sehr nahe an einander liegen. Ich schreibe meinen Beobachtungen nicht die erforderliche Genauigkeit zu, um diese Frage mit einiger Wahrscheinlichkeit zu entscheiden, und glaube, daß hierzu noch eine Vergrößerung der Zahl der Prismen und eine Vermehrung der Lichtstärke nöthig wäre. Die letztere würde man am Besten wohl erhalten, wenn man statt der inducirten Ströme des Ruhmkorff'schen Apparates den continuirlichen Strom einer vielpaarigen Kette benutzte."

Die vorstehende von Kirchhoff gestellte Frage hat bereits ihre auf Experimente gegründete Beantwortung erhalten. Angström, der sehr eingehende Studien über das Sonnenspectrum angestellt hat [*], ist zu dem Urtheil gelangt, daß die in Rede stehenden Coincidenzen nur scheinbare seien. Als Beispiel führt er eine starke Eisenlinie zwischen F und b an, deren Wellenlänge 0,0005226 Millimeter ist und die sowohl auf den Tafeln von Kirchhoff als auch auf den seinigen als eine einfache Linie dargestellt wurde. In neuerer Zeit ist es Thalén gelungen, diese Linie in drei zu zerlegen, indem er die Dispersion durch Anwendung von 6 Flintglasprismen von 60° stark vergrößerte, und nachzuweisen, daß eine von diesen dem Eisen selbst, eine andere dem Titan angehört.

3) **Die Verbindungen der Metalle erster Ordnung haben ihr eignes Spectrum, während bei den übrigen Verbindungen der Metalle ein besonderes Spectrum nicht zu erkennen ist.** Bei den Spectraluntersuchungen wendet man in der Regel die Metalle nicht rein an, sondern in Verbindung mit anderen Elementen und zwar diejenigen Verbindungen am häufigsten, die sich am leichtesten verflüchtigen. Bei der Untersuchung der Verbindungen der Alkalien und alkalischen Erden waren Kirchhoff und Bunsen zur Ansicht gelangt [**], daß die Verschiedenheit der Verbindungen, in denen die Metalle angewandt würden, keinen Einfluß auf die Lage der den einzelnen Metallen entsprechenden Spectrallinien ausübte. Man glaubte daher [***], daß die Metallverbindungen überhaupt nur das Spectrum des Metalles, welches sie enthalten, geben. Mitscherlich, der sich ebenfalls eingehend mit der Frage beschäftigte, ob die Spectra der Metallverbindungen nur von dem Metall herrührten, oder ob den Verbindungen eigene Spectra zukommen, gelangte zu dem Schlusse, daß die Verbindungen erster Ordnung besondere Spectren besitzen [†], vorausgesetzt, daß die Verbindungen nicht zersetzt und bis zu einer für eine Lichtentwickelung hinreichenden Temperatur erhitzt werden. Die Zersetzung kann sowohl durch Einwirkung der Gase der Flamme, als auch schon allein durch die hohe Temperatur unabhängig von den Gasen eintreten. Letz-

---

[*] Angström, Recherches sur le spectre solaire.
[**] Pogg. Ann. Bd. 110. S. 164. — [***] Lielegg. Die Spectralanalyse. S. 47. —
[†] Pogg. Ann. Bd. 116. S. 504.

teres ist bei einer großen Anzahl von Metallen der Fall, deren Verbindungen also schon unter der Temperatur zerlegt werden, bei welcher eine Lichterscheinung beobachtet werden kann, so daß es bis jetzt unmöglich ist, ein direktes Spectrum dieser Verbindungen herzustellen. Zu den Metallen, deren Verbindungen schon bei einer so niedrigen Temperatur zerlegt werden und daher nur das Spectrum des Metalles selbst geben, gehören nach Mitscherlich *) Kalium, Natrium, Lithium, Magnesium, Zink, Cadmium, Silber und Quecksilber. Das von Plücker **) und von Mitscherlich, zuerst ausgesprochene Gesetz wurde durch die Untersuchungen von Morren ***), von Gladstone, von Diacon und von Dibbits †) bestätigt. Neben den Spectra der Metalle erscheinen die Linien der nicht metallischen Substanzen sehr selten, da die Linien der Metallspectra sich durch eine bedeutende Lichtintensität auszeichnen, so daß die lichtschwächeren Linien der Metalloide neben den farbigen, grellen Streifen der Metalle nicht wahrgenommen werden können. Dagegen erscheinen die Linien verschiedener Metalle zu gleicher Zeit recht deutlich und erlauben, mit einem Blick die Gegenwart derselben in einem zusammengesetzten Körper zu erkennen. Befeuchtet man z. B. Cigarrenasche mit etwas Salzsäure und bringt sie in die Bunsen'sche Gasflamme, so erscheinen sofort die charakteristischen Linien des Natriums, Kaliums, Lithiums und Calciums. Man sieht, wie in ein Paar Minuten eine qualitative Untersuchung mittelst der Spectralanalyse angestellt werden kann, zu deren Ausführung früher fast ebenso viele Tage nothwendig waren.

In Betreff der Beschaffenheit des Spectrums in Gegenwart mehrerer Substanzen ist noch zum Theil im Gegensatze zu dem oben Gesagten zu bemerken, daß die Spectrallinien der einen Substanz durch einen stärkeren Glanz und größere Lichtintensität der Spectrallinien einer anderen vollständig verschwinden. So hat Niclès ††) angegeben, daß die Gegenwart einer großen Menge von Natriumdampf in einer Flamme die spectroscopische Reaktion des Thalliums verhindert. Nach Stolba verhält sich das Kochsalz in gleicher Weise zu dem Chlorkupfer. Heintz †††) erkannte, daß die Spectrallinie des Rubidiums sich nicht zeigt bei Gegenwart einer bedeutenden Menge von kohlensaurem Cäsiumoxyd. Mitscherlich brachte in eine Flamme, welche das Kaliumspectrum lieferte, einen Büschel aus feinem Platindraht, der mit einer Lösung von Ammoniak und mit Salzsäure getränkt war, und bemerkte hierbei, daß das Kaliumspectrum sofort verschwand. Mulder machte eine ähnliche Beobachtung, bei welcher er erkannte, daß das Spectrum des Phosphors,

---

*) Pogg. Ann. Bd. 121. S. 470. — **) Pogg. Ann. Bd. 107. S. 641. — ***) Compt. rend. T. 55. p. 51. — Erdmann. Journal. Bd. 87. S. 49. — †) Pogg. Ann. Bd. 122. S. 497. — ††) Niclés, Journ. de Pharm. et de Chim. (4), T. 2.
†††) Journ. de Pharm. et de Chim. (4), T. 2.

welches durch die Flamme eines Gemenges von Wasserstoff und Phosphorwasserstoff hervorgebracht wird, durch eine Aetherflamme vollständig vernichtet wird.

Auch können nach Beobachtungen von Mitscherlich einzelne Linien eines Spectrums durch die Gegenwart mehrerer Substanzen in derselben Flamme gelöscht werden; so wird die blaue Linie in dem Spectrum von Chlorstrontium sofort verschwinden, wenn man in die Flamme Chlortupfer und Salmiak bringt.

4) **Die Beschaffenheit des Spectrums (Anzahl und Intensität der Linien) hängt von der Menge der Substanz, der Breite des Spaltes und der Temperatur ab.** In dem von uns als zweiten Grundsatz aufgestellten Gesetze, daß jedem Elemente ein besonderes Spectrum zukomme, haben wir gleichzeitig ausgesprochen, daß die Linien eines Spectrums einzig und allein von der chemischen Beschaffenheit des glühenden Dampfes abhängen und die relative Lage derselben bei derselben Substanz unter keinen Umständen sich ändert; dagegen können auf Lichtintensität und Anzahl derselben andere Umstände einen nicht unerheblichen Einfluß ausüben. Zu diesen gehört zuerst die Menge der angewandten Substanz. Im Allgemeinen sind nur äußerst geringe Spuren zur Hervorrufung der Linien nothwendig, wie wir schon von dem Natrium dieses oben erfahren haben; jedoch treten die Linien um so deutlicher hervor, je größer die Menge des Dampfes unter sonst gleichen Umständen ist; zudem erscheinen die lichtschwachen Linien des Spectrums um so kräftiger, die bei geringen Mengen mitunter ausbleiben. Besonders ist die Menge der dampfförmigen Substanz von großem Einfluß, wenn die Linien in Farben erscheinen, für welche das Auge nicht so sehr empfindlich ist. Auch die Breite des Spaltes, durch welchen das Licht auf das Prisma auffällt, ist von erheblichem Einfluß auf die Beschaffenheit des Spectrums. Für gewöhnliche spectralanalytische Untersuchungen öffnet man den Spalt so weit, daß von den dunklen Linien des Sonnenspectrums nur die deutlichsten wahrnehmbar sind. Mit der Breite des Spaltes ändert sich auch in gleichem Verhältnisse die Breite der Spectrallinien, während die Lichtintensität derselben unverändert bleibt. Die Linien des Spectrums sind nie schmaler, als der Spalt; dagegen werden breitere Linien häufiger beobachtet. Wahrscheinlich werden letztere dadurch entstehen, daß zwei oder mehrere Linien sich nebeneinander lagern oder zum Theil überdecken. — Vor Allem ist in dieser Beziehung die Temperatur, welche die Dämpfe angenommen haben, zu berücksichtigen. Wie wir oben mitgetheilt haben, bediente man sich zuerst der Spirituslampe zur Verflüchtigung der zu untersuchenden Substanzen. Nun sind aber die wenigsten Körper bei der Temperatur, welche die Spirituslampe liefert, in den

gasförmigen Zustand überzuführen, weßhalb die ersten Versuche in dieser Beziehung so unbefriedigende Resultate lieferten. Durch Einführung des Bunsen'schen Brenners in die Spectralanalyse erweiterten Kirchhoff und Bunsen das Gebiet derselben sehr bedeutend. In dem Bunsen'schen Brenner kann man der Gasflamme den Sauerstoff der Luft nach Belieben sparsamer und reichlicher zuführen und somit eine Leuchtflamme oder Heizflamme herstellen, bei welch' letzterer die Leuchtkraft in demselben Verhältnisse abnimmt, als die Heizkraft zunimmt und zuletzt eine nicht leuchtende, aber sehr heiße Flamme resultirt. Mit Hülfe dieses Gasbrenners konnte eine bei weitem größere Anzahl von Spectra hergestellt werden, als dieses mit der Spirituslampe möglich war, und ebenso unvergleichlich schärfer und deutlicher, da die Spiritusflamme selbst etwas leuchtet und lichtschwache Linien des Spectrums unsichtbar macht. Jedoch auch die Temperatur der Bunsen'schen Gasflamme genügte nicht, um sämmtliche Metalle zu verflüchtigen, was nur mittelst des elektrischen Funkens zu erreichen ist. In neuerer Zeit hat W. Huggins *) Tafeln einer Reihe von Spectra veröffentlicht, die er mit Anwendung des Funkens eines Inductions-Apparates erhielt. Ein Vergleich dieser Tafeln mit denjenigen, welche Bunsen und Kirchhoff veröffentlichten, die nur die mittelst der Gasflamme erhaltenen Spectra darstellen, zeigt sofort, daß bei dem Verdampfen der Metalle in einer höhern Temperatur eine größere Anzahl von Linien erscheint, als bei einer niederen, wobei die relative Lage der gemeinsamen stets dieselbe ist. Es ist daher nicht gleichgültig, bei welcher Temperatur die Körper in den gasförmigen Zustand übergeführt werden und bei Spectralbeobachtungen ist die Angabe, welcher Flamme man sich bedient hat, unbedingt erforderlich.

Miller hat dasselbe für das Thalliumspectrum experimental festgestellt, Wolff und Diacon für die Spectra der alkalischen Erden. **) Auch Plücker hat ähnliche Resultate mit dem Stickstoff und Schwefel erhalten.

Die Linien eines und desselben Spectrums erscheinen nicht alle gleichzeitig und mit verschiedener Lichtstärke, welche im Allgemeinen mit der Zunahme der Temperatur wächst. Die empfindlichste und charakteristische Linie eines Spectrums bezeichnen Kirchhoff und Bunsen mit α, die übrigen, welche die genannten Eigenschaften in absteigendem Grade besitzen, mit β, γ und δ.

5) Mit Anwendung der Bunsen'schen Gasflamme können die Spectra nur von zwölf Metallen dargestellt werden. Bei der Anwendung der Spectralanalyse zu den qualitativen che-

---

*) Pogg. Ann. 1865. Bd. 124. S. 275.
**) Wolff et Diacon, Complication des spectres par la chaleur, Répert. de Chim. pure, 1862, p. 389.

mischen Untersuchungen wird man sich, wie dieses jetzt auch schon allgemein üblich ist, nur des Bunsen'schen Brenners bedienen. Es ist daher von Interesse, diejenigen Metalle, welche im Bereiche dieser Untersuchungsmethode, der Spectralanalyse im engeren Sinne, liegen, zusammenzustellen. Es gehören hierhin: 1) Kalium, 2) Natrium, 3 Lithium, 4) Strontium, 5) Calcium, 6) Barium *), 7) Cäsium, 8) Rubidium **), 9) Kupfer ***), 10) Mangan †), 11) Thallium ††), 12) Indium. †††)

6) Die Spectra der übrigen Metalle werden mittelst des elektrischen Funkens erhalten. Es gibt zwar noch verschiedene andere Hülfsmittel, die Metalle zu verflüchtigen, so wandten z. B. Kirchhoff und Bunsen die Schwefelflamme, Schwefelkohlenstoffflamme, Kohlenoxydflamme, Wasserstoffflamme in Luft und Knallgasflamme an, jedoch wird man dem Funken des Inductionsapparates unstreitig den Vorzug geben, wenn man nicht den Bunsen'schen Brenner gebrauchen will. Wir haben deßhalb an dieser Stelle die angegebene Wärmequelle nochmals hervorgehoben. Will man Metalle durch den Funken verflüchtigen, so stellt man sich aus den Lösungen ihrer Salze galvanoplastische Niederschläge auf Platin dar und bringt diese auf passende Weise zwischen den Elektroden an.

Fig. 13.

7) Zur Untersuchung der Gasspectra bedient man sich der Geisler'schen Röhren und des elektrischen Funkens. Die schon mehrmals genannte Geisler'sche Röhre (Fig. 13) besteht aus einer Glasröhre, die an einem Ende a eine kugelförmige Erweiterung hat und an dem andern b in einen etwa einen Zoll weiten Cylinder ausläuft; beide Theile sind durch eine enge Glasröhre, wie sie zu Thermometern gebraucht werden, verbunden. An beiden Enden sind Drähte aus Platin oder Aluminium als Elektroden eingeschmolzen. Durch einen sinnreichen einfachen Apparat ††††), ebenfalls von Geisler zuerst angegeben, kann die Röhre fast absolut luftleer gemacht und mit Gasen von beliebiger Expansivkraft gefüllt werden.

Fig. 14 (s. umstehende Seite) giebt uns ein Bild der Geisler'schen Quecksilber-Luftpumpe. Das Glasrohr A, Fig. 14, dessen Länge mehr als 760 mm, also der Höhe der

---

*) Pogg. Ann. 1860. Bd. 110. S. 161. — **) Pogg. Ann. Bd. 113. S. 162. — ***) Pogg. Ann. Bd. 115. S. 259. — †) Pogg. Ann. Bd. 115. S. 428. — ††) Pogg. Ann. Bd. 116. S. 495. — †††) Journal für prakt. Chemie von Erdmann und Werther. Bd. 90. S. 172. — ††††) Nat. und Offenb. Bd. 5. 1859. S. 349.

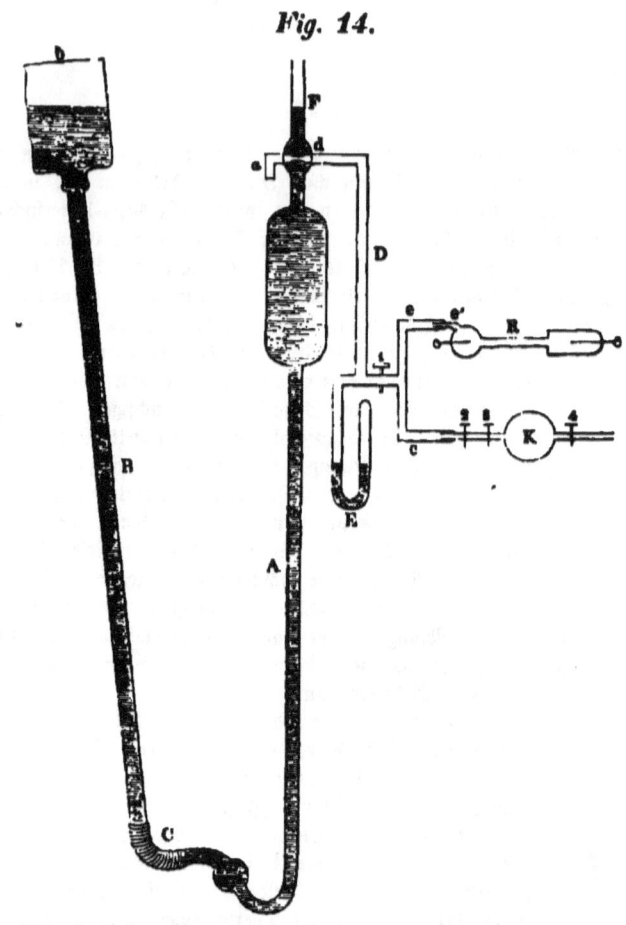

Fig. 14.

Quecksilbersäule des Barometers gleich ist, erweitert sich oben zu einem Cylinder, über welchem ein Hahn a angebracht ist. Der untere Theil der Röhre A biegt sich um und steht mittelst eines starkwandigen Gummischlauches mit einem Glasrohr B in Verbindung, welches an seinem oberen Ende eine kleine Oeffnung b hat. Der Hahn a ist zwei Mal durchbohrt und zwar so, daß man die Verbindung zwischen A und F herstellen oder bei unterbrochener Verbindung zwischen A und F die sich an d anschließende Röhre D mit der Röhre A in Kommunication setzen kann. Die Röhre D spaltet sich gabelförmig in e und c. Bei c kann die zur Aufnahme des Gases bestimmte Röhre R mittelst eines sorgfältig eingeschliffenen Zweigröhrchens e' und bei c in gleicher Weise die Kugel K angefügt werden, welche das zur Füllung der Röhre R dienende Gas enthält.

Will man die Röhre R mit dem Gase, welches die Kugel K enthält, füllen, so verfährt man in folgender Weise:

Man stellt den Hahn a so, daß A mit F in Verbindung steht und hebt die mit Quecksilber gefüllte Röhre B langsam so hoch, daß das Quecksilber etwas über d zu stehen kommt. Wenn man alsdann dem Hahn a eine solche Stellung giebt, daß D mit A in Verbindung tritt, so wird beim langsamen Senken der Röhre B ein luftverdünnter Raum in D und R entstehen.

Man bringt ihn wiederum in seine erste Stellung, so daß der innere Raum von D bei d abgeschlossen ist, und wiederholt dieselbe Operation noch ein Mal. Das Manometer E giebt an, wie sehr die Luft in D verdünnt ist. Durch Wiederholung der genannten Operation kann man die Luft so weit verdünnen, als man will. Die mit dem zu untersuchenden Gase gefüllte Kugel K ist an dem äußern Ende mit dem Hahne 4 nach der anderen Seite mit den Hähnen 2 u. 3 geschlossen. Nachdem man die Luft in R hinlänglich verdünnt hat, öffnet man ein wenig die Hähne 2 u. 3, um etwas Gas in R eintreten zu lassen und verdünnt von Neuem. Zuletzt läßt man in R so viel Gas eintreten, als man für nöthig hält.

Um sich zu überzeugen, ob das Gas in hinreichender Menge in R vorhanden ist, läßt man die Electricität durch R durchgehen. Der Lichteffect giebt uns ein Mittel an die Hand zu beurtheilen, ob dieses der Fall sei oder nicht. In dem ersteren Falle wird die Zweigröhre e' in der Gebläseflamme zu- und abgeschmolzen.

Neuere Verbesserungen der Geisler'schen Luftpumpe sind von Babo vorgeschlagen; er ersetzt den Hahn a durch Ventile. *) Ferner hat Poggendorff **) das mühsame und in ungeschickten Händen heikliche Heben und Senken der durch ihren Quecksilbergehalt schweren Röhre B durch Anwendung einer gewöhnlichen Luftpumpe vermieden. Statt der gewöhnlichen Spectralröhren kann man sich auch der Inductions-Spectralröhren bedienen, die nach demselben Prinzipe hergestellt sind. ***)

8) **Nicht nur die einfachen, sondern auch die zusammengesetzten Gase haben ihre eigenthümlichen Spectra.**

Die ersten und genauesten Untersuchungen über Gasspectra verdanken wir Plücker, der auch zuerst auf die Brauchbarkeit derselben zu chemischen

---

*) Müller-Pouillet's Lehrbuch der Physik. I. Bd. S. 212. 1868.
**) Pogg. Ann. Bd. 125. S. 151. Ueber eine neue Einrichtung der Quecksilber-Luftpumpe von J. C. Poggendorff.
***) Pogg. Ann. Bd. 116. S. 50.

Analysen der Gase und Dämpfe aufmerksam machte. Derselbe gelangte auch durch seine vielfachen, mannigfach abgeänderten Versuche zu dem Resultate *), daß den zusammengesetzten Gasen andere Spectra zukommen, als ihren einfachen Bestandtheilen. Bei diesen Untersuchungen fand er gleichzeitig, daß die durchströmende Entladung in den zusammengesetzten Gasen einerseits Zersetzungen hervorruft, andererseits wiederum andere Verbindungen der einfachen Gase vermittelt. So z. B. wird Selenwasserstoff durch den elektrischen Strom allmälig zersetzt und an die Stelle des Spectrums des Selenwasserstoffs tritt nach Ausscheidung des Selens das Spectrum des reinen Wasserstoffs. Nach Unterbrechung des Stromes vereinigt sich das Wasserstoffgas langsam wieder mit dem Selen zu Selenwasserstoffgas. Bei der Untersuchung des Schwefelsäuredampfes entstand schweflige Säure, die ein anderes Spectrum lieferte, als die wasserfreie Schwefelsäure. Die genannten Zersetzungen treten leichter in verdünntem Zustande der Gase ein, wobei die ganze Masse gleichmäßig von der Entladung durchströmt wird und erglüht, als in concentrirtem. Die Gasspectra bieten uns mithin nicht allein ein Mittel zur Analyse, sondern sie gestatten uns auch, den Verlauf von chemischen Wirkungen auf Gase und Dämpfe genau zu beobachten.

9) **Bei zunehmender Verdünnung der Gase verschwinden zuerst die weniger brechbaren Strahlen und dann erst die brechbareren aus dem Spectrum.** Vorstehendes Gesetz wurde zuerst von Plücker aufgestellt und später von v. Waltenhofen bestätigt **), der noch folgendes Resultat aus seinen Versuchen hinzufügt: Wenn mehrere Spectra gleichzeitig auftreten, so ist die Reihenfolge, in welcher sie bei zunehmender Verdünnung angegriffen oder wohl gar ausgelöscht werden, von den relativen Intensitäten der vorhandenen Spectra und insofern von dem Mischungsverhältnisse des glühenden Gemenges abhängig. Unter Voraussetzung dieser beiden Sätze glaubt v. Waltenhofen über die „Zusammengesetztheit" eines gasförmigen Körpers entscheiden zu können. Zeigt sich z. B. bei der Beobachtung eines Spectrums bei zunehmender Verdünnung des Gases, daß eine Spectrallinie von größerer Brechbarkeit, selbst bei gleicher oder größerer Helligkeit im Vergleich mit einer andern, weniger brechbaren, doch früher verschwindet als diese, so muß man gemäß den obigen Gesetzen den Schluß ziehen, daß das Spectrum eine Uebereinanderlagerung zweier, verschiedenen materiellen Trägern angehörigen Spectra sei; was eine Schlußfolgerung auf die Beschaffenheit des untersuchten Gases zuläßt. Aus der Untersuchung des Spectrums des Stickstoffs, in welchem die violetten Streifen früher erlöschen als manche weniger brechbare (blaue und auch grüne) von kaum größerer Helligkeit

---

*) Pogg. Ann. 1861. Bd. 113. S. 276. — **) Pogg. Ann. Bd. 126. S. 635.

zieht v. Waltenhofen den überraschenden sehr kühnen Schluß: „Dieser Umstand läßt, nach dem so eben Gesagten, die Einfachheit des Stickstoffs zweifelhaft erscheinen.

10) In den Spectra gewisser Verbindungen verhalten sich die Entfernungen zweier scharf hervortretenden Linien zu einander, gerade oder umgekehrt wie die Atomgewichte dieser Verbindungen, so daß sich auch die Atomgewichte dieser Verbindungen aus den Spectra berechnen lassen. Die Spectra der reinen Metalle bestehen aus einzelnen scharfen, hellen Linien; die der Verbindungen mit Metalloiden, mit Ausnahme der Haloïdsalze des Calciums, Strontiums und Bariums, bestehen aus breiten Helligkeiten mit schmalen, dunklen Linien. Da die Spectra der genannten Haloïdsalze nur aus einzelnen Linien bestehen, so lassen sie eine Vergleichung zu, die ergiebt, daß einzelne charakteristische Linien in den Spectren eines und desselben Metalls wiederkehren, durch die man leicht das Metall in den Spectra seiner Verbindungen erkennen kann. Die Entfernungen gerade dieser scharf hervortretenden Linien stehen mit den Atomgewichten dieser Verbindung in einem gewissen Verhältnisse, so daß sich aus einer gegebenen Entfernung dieser Linien und der Atomgewichte, die Entfernung der Linien in einer andern Verbindung berechnen läßt. Ist z. B. die Entfernung der Hauptlinien des Chlorbariumspectrums $= 3,9$, so verhält sich die Entfernung der Hauptlinien im Spectrum des Jodbariums $x : 3,9 = 195,5 : 104$, wenn $195,5$ das Molekulargewicht des Jodbariums und 104 das Molekulargewicht des Chlorbariums ist. Aus der Proportion folgt $x = 7,3$, was der Beobachtung vollkommen entspricht. Die angegebenen Verhältnisse sind von Mitscherlich*) für mehrere Verbindungen schon untersucht und geben zu weiteren interessanten Folgerungen Veranlassung, die wir aber, um nicht zu weit von unserem Ziele abzuschweifen, übergehen müssen.

2) Spectra der Metalle.

Bei der Aufzählung und Beschreibung der Spectra der glühenden Körper müssen wir uns zunächst nur auf diejenigen beschränken, welche mittelst des Bunsen'schen Brenners erhalten werden oder mit anderen Worten, auf diejenige Spectra, welche die Spectralanalyse im engeren Sinne des Wortes liefert. Wir haben bereits oben unter 5) die 12 Metalle angegeben, die sich als solche oder in Verbindungen mit Anwendung der Bunsen'schen Gasflamme verflüchtigen lassen. Die beigefügte farbige Tafel I. gibt außer den Spectra der zehn ersten in der unten an-

---

*) Pogg. Ann. Bd. 121. S. 478.

gegebenen Reihenfolge zur bessern Uebersicht das Sonnenspectrum Fig. 1 und über diesem die Grade der Steinheil'schen Scala, deren fünfzigster mit der D Linie des Sonnenspectrums und der α Linie des Natriumspectrums zusammenfällt. Denkt man sich die Theilstriche der Scala über die übrigen Spectra verlängert, so läßt sich die Lage der einzelnen Linien derselben sehr leicht in Bezug auf die Scala bestimmen. Die Linien der einzelnen Spectra sind ihrer Wichtigkeit nach mit α, β, γ und δ bezeichnet.

Von den Spectra der mittelst des elektrischen Funkens in Dampfform übergeführten Körper werden wir später gelegentlich einige näher beschreiben. In den Tafeln von Kirchhoff *) und den mit großer Sorgfalt ausgeführten Tafeln von William Huggins, F. R. S. **) und Ångström liegen die Spectra fast sämmtlicher Metalle vor.

Cäsium, Cs.

Bunsen und Kirchhoff hatten schon in ihrer ersten Abhandlung über die Spectralanalyse ***) die Hoffnung ausgesprochen, daß die spectralanalytische Untersuchungsmethode für die Entdeckung bis dahin noch nicht aufgefundener Elemente eine wichtige Bedeutung gewinnen würde. Ihre Hoffnung ist seitdem bestätigt worden. Die genannten Forscher selbst konnten bereits 1861 †) die Entdeckung zweier neuen Elemente mittheilen. Bei der Untersuchung der Mutterlauge des Dürkheimer Mineralwassers zeigten sich nach Entfernung der alkalischen Erden in dem Spectrum außer den Linien des Natriums, Kaliums und Lithiums noch zwei ausgezeichnete, nahe bei einander liegende, blaue Linien (siehe farbige Tafel I, 2, Cs. α und β), von denen die eine fast mit der Linie Sr δ zusammenfällt. Da dieselben noch bei keinem der bekannten Grundstoffe beobachtet worden waren, so lag die Vermuthung nahe, daß diese Linien von einem noch unbekannt gebliebenen Elemente herrühren, welche Vermuthung im weiteren Verfolg der Untersuchungen sich als richtig bewies. Das neu entdeckte Element erhielt den Namen Cäsium mit dem Symbol Cs, von dem lateinischen Worte caesius, welches bei den Alten vom Blau des Himmels gebraucht wird.

Die charakteristischen Linien des Cäsiumspectrums sind die genannten zwei blauen α und β in der Nähe von 110 der Scala, die mit einer bedeutenden Intensität und Schärfe der Begrenzung auftreten. Etwas schwächer ist die rothe Linie γ, während die übrigen gelben und grünen Linien nur unter besonders günstigen Bedingungen (großer Menge und

---

*) Kirchhoff, Untersuchungen über das Sonnenspectrum und die Spectren der chemischen Elemente. — **) Pogg. Ann. 1865. Bd. 124. S. 275. — ***) Pogg. Ann. 1860. Bd. 110. S. 186. †) Pogg. Ann. 1861. Bd. 113. S. 337.

Lichtintensität) erscheinen und zur Erkennung kleiner Mengen von Cäsiumverbindungen nicht geeignet sind. Die Chlorverbindung des Cäsiums zeigt die Linien am deutlichsten auch noch in sehr geringer Menge. Ein 4 Milligramm schwerer Wassertropfen, der nur 0,00005 Milligramm Chlorcäsium enthält, läßt die Linien Cs α und Cs β deutlich erkennen. Auch bei den phosphorsauren und kieselsauren Verbindungen treten dieselben Reactionen zum Vorschein, wie bei den Chlorverbindungen, nur nicht mit demselben Grade der Empfindlichkeit. Die Gegenwart der Alkalien vermindert die Empfindlichkeit der Reactionen bedeutend, weßhalb dieselben bei genauen Untersuchungen sorgfältig von den Cäsiumverbindungen getrennt werden müssen. Man fällt das Kalium und Cäsium mit Platinchlorid und entfernt das Chlorplatinkalium, indem man den Niederschlag ungefähr zwanzig mal hintereinander jedesmal mit wenig Wasser auskocht, wodurch die leichtlösliche Kaliverbindung zum größten Theile ausgezogen wird.

Das Cäsium ist in der Natur ziemlich verbreitet [*]), aber immer nur in höchst geringer Menge vorhanden. Seine Gegenwart ist schon nachgewiesen in vielen Quellen, in mehreren Mineralien (Lepidolith), in Pflanzenaschen u. s. w. Kirchhoff und Bunsen verarbeiteten 44200 Kilogramm (1 Kilogramm = 2 Zollpfund) Dürkheimer Soolwasser, aus welchem sie nur 7,272 Gramm Chlorcäsium erhielten.

Rubidium, Rb.

Gleichzeitig mit dem Cäsium entdeckten Kirchhoff und Bunsen ein zweites bis dahin unbekanntes Element, welches sie Rubidium, Rb., nannten, welche Benennung sie von dem lateinischen Worte rubidus, das von den Alten für das dunkelste Roth gebraucht wurde, ableiteten. Das Spectrum des Rubidiums enthält nämlich im äußersten Roth des Sonnenspectrums noch jenseits der Kaliumlinie α (s. die farbige Taf. I. 3) und jenseits der Fraunhofer'schen Linie A zwei rothe Rb γ und Rb δ. Außer diesen beiden finden wir noch 8 andere Linien auf dem Rubidiumspectrum, von denen sich zwei prachtvolle violette α und β besonders auszeichnen und zur Erkennung des Metalls sich am Besten eignen. Die übrigen, rothen, gelben und grünen Linien erscheinen nur dann, wenn die Substanz sehr rein und die Lichtintensität eine erhebliche ist. In Bezug auf Deutlichkeit der Reactionen verhalten sich die Rubidiumverbindungen fast ebenso wie Cäsiumverbindungen, nur an Empfindlichkeit stehen sie ihnen etwas nach. Ein 4 Milligramm schwerer Wassertropfen, der

---

[*]) L. Grandeau. — Annales de Chimie et de Physique, 3e serie, t. LXVII. Recherches sur la présence du rubidium et du caesium dans les eaux naturelles, les minéraux et les végétaux. 1863.

0,0002 Milligramm Chlorrubidium enthält, zeigt die Linien Rb α und Rb β noch deutlich. Vergleichen wir die Spectra des Kaliums, Rubidiums und Cäsiums (s. farb. Taf. I.), so finden wir darin eine Uebereinstimmung, daß alle drei, ungefähr in der Mitte, ein continuirliches, nach beiden Seiten allmälig sich abschwächendes Spectrum besitzen. Dasselbe ist am lichtstärksten beim Kalium, am schwächsten beim Cäsium. Auch zeigt sich eine gewisse Symmetrie der Linien. Beim Kaliumspectrum sind die mittleren Linien nicht angegeben, weil sie wegen der Intensität des continuirlichen Spectrums unter gewöhnlichen Umständen nicht wahrgenommen werden können.

Sowohl das Cäsium, als auch das Rubidium gehören zu den Metallen der Alkalien.

Kalium, K.

Die flüchtigen Kaliumverbindungen geben nach Kirchhoff und Bunsen *) ein sehr ausgedehntes, continuirliches Spectrum, welches nur drei Linien zeigt, von denen die eine α (s. die farb. Taf. I. 4) in dem äußersten Theile des Roths, genau mit der dunklen Linie A des Sonnenspectrums zusammenfallend, liegt. Die zweite β, indigoblau gefärbt, fällt nach dem anderen Ende des Spectrums und entspricht ebenfalls einer dunklen Linie des Sonnenspectrums. Man hat bis jetzt noch keine Linie in dem Spectrum eines anderen Metalls beobachtet, die der violetten Grenze näher liegt. Die dritte Linie, mit B zusammenfallend, ist sehr schwach und nur bei der intensivsten Flamme sichtbar. Die geringste Menge, bei welcher die α Linie noch erscheint, beträgt $1/1000$ Milligr. chlorsaures Kali.

Natrium, Na.

Obgleich die Natriumdämpfe nur eine gelbe Linie im Spectrum (Tafel I. 5) liefern, die mit der Fraunhofer'schen D Linie zusammenfällt, so ist die Erkennung des Natriums auf spectralanalytischem Wege so leicht und sicher, daß die Chemie keine einzige Reaktion aufzuweisen hat, die sich mit dieser nur irgendwie vergleichen ließe. Derjenige, welcher mit dem Spectralapparate arbeitet, wird schon die Erfahrung machen, daß die Empfindlichkeit mitunter lästig wird, indem die gelbe Natriumlinie sich stets aufdrängt, wenn nur die geringsten Spuren von den Verbindungen desselben sich in der Luft befinden. Wir verpufften, sagen Kirchhoff und Bunsen **) in einer vom Standorte unseres Apparates möglichst entlegenen Ecke des Beobachtungszimmers, welches unge-

---

*) Pogg. Ann. 1860. Bd. 110. S. 173. — **) Pogg. Ann. 1860. Bd. 110. S. 168.

fähr 60 Kubikmeter Luft faßt, 3 Milligramm chlorsaures Natron mit Milchzucker, während die nicht leuchtende Lampe vor dem Spalte beobachtet wurde. Schon nach wenigen Minuten gab die allmälig sich fahlgelblich färbende Flamme eine starke Natriumlinie, welche erst nach 10 Minuten wieder völlig verschwunden war. Aus dem Gewichte des verpufften Natronsalzes und der im Zimmer enthaltenen Luft läßt sich leicht berechnen, daß in einem Gewichtstheile der letzteren nicht einmal $\frac{1}{20000000}$ Gewichtstheil Natronrauch suspendirt sein konnte. Das Auge vermag nach der Berechnung jener Forscher noch weniger als $\frac{1}{3000000}$ Milligramm des Natronsalzes mit der größten Deutlichkeit zu erkennen. Bei dieser unerhörten Empfindlichkeit der Natronreaktion ist es auch zu erklären, mit welchen Schwierigkeiten man zu kämpfen hat, wenn man Verbindungen natronfrei darstellen will, was nur bei den wenigsten gelingt.

Erwägt man, daß $^2/_3$ der Erdoberfläche mit einer Kochsalzlösung, dem Meerwasser, bedeckt ist, welches 2,7 Procent von diesem Salze enthält, und ferner, daß die Dunstbläschen des Meerwassers Spuren von Kochsalz gelöst enthalten, die beim Verdunsten des Wassers als unendlich kleine Sonnenstäubchen in der Atmosphäre schweben bleiben, so wird man zu der Ueberzeugung gedrängt, daß das Kochsalz ein nie fehlender Bestandtheil der Luft sei, wenn auch in wechselndem Verhältnisse. Die Spectralanalyse beweist auf's Schlagendste die Richtigkeit dieses Schlusses. Glüht man einen haarfeinen Platindraht, um jede Spur von Natron zu entfernen, und läßt denselben einige Stunden an der Luft liegen, so bewirkt er in die Bunsen'sche Gasflamme gehalten, die kräftigste Natriumlinie im Spectrum. Die Kochsalzatome werden den kleinen organischen Wesen zu ihrer Nahrung zugeführt und können wegen ihrer antiseptischen Natur zu Zeiten ihren Einfluß auf die in der Atmosphäre schwebenden miasmatischen Organismen ausüben.

Lithium, Li.

Das Lithiumspectrum (Tafel I. 6) enthält zwei scharf begrenzte Linien, von denen die eine, Li α, in schönem, glänzendem rothem Lichte erscheint, auch dann noch, wenn verhältnißmäßig bedeutende Mengen von Natron vorhanden sind. Die zweite Linie, Li β, ist schwächer und hat eine gelbe Farbe. Sie erscheint nur bei Verpuffung einer größeren Menge von Substanz und bei Abwesenheit der Natriumlinie. Die Lithiumreaktion ist nicht so empfindlich, als die Natriumreaktion, übertrifft aber an Sicherheit und Empfindlichkeit alle in der analytischen Chemie bisher bekannten. Das Auge kann mit Hülfe der Spectralanalyse noch weniger als $\frac{9}{1000000}$ eines Milligramms kohlensauren Lithions mit der größten Schärfe erkennen. Bringt man gleichzeitig ein Lithion= und Natronsalz in die Flamme, so verschwindet die Lithiumlinie in Folge der größeren Flüchtigkeit der Lithionsalze sehr schnell, während die Natronreaktion län= ger andauert. Man muß daher die Probeperle erst dann in die Flamme schieben, wenn der Beobachter schon durch das Fernrohr blickt, da bei geringen Spuren eines Lithionsalzes nur im ersten Momente ein Auf= blitzen der rothen Linie wahrzunehmen ist.

Strontium, Sr.

Von den acht Linien des Strontiumspectrums (Tafel I. 7) sind vier besonders bemerkenswerth. Die orangefarbige Sr α, welche links von der Natriumlinie nach dem Roth hin auftritt. (Die Spectra sind so dar= gestellt, wie sie in den mit astronomischen Fernröhren versehenen Appa= raten erscheinen.) Die beiden rothen Linien Sr β und Sr γ liegen in der Nähe der Fraunhofer'schen C Linie, die vierte Linie Sr δ hat eine blaue Farbe und liegt ganz vereinzelt nach rechts hin. Zur Hervor= rufung der Linien eignet sich von den Strontianverbindungen vorzüglich das Chlorstrontium, das noch in einer Menge von $\frac{6}{1000000}$ Milligr. nachweisbar ist.*) Strontian und kohlensaurer Strontian zeigen die Reaktion viel schwächer; schwefelsaurer noch schwächer; die Verbindungen mit feuerbeständigen Säuren fast gar nicht. Hat man solche zu unter= suchen, so bringt man die Probeperle zunächst für sich und dann nach Befeuchtung mit Salzsäure in die Flamme. Sind in der zu untersu= chenden Substanz außer Strontium noch Kalium und Natrium, so tre= ten deren Linien neben den Strontiumlinien recht deutlich hervor. Ebenso kann man bei einer geringen Lithiummenge die Li α Linie neben der Sr β in voller Deutlichkeit erkennen. Es ist noch hervorzuheben, daß das Strontiumspectrum sich besonders durch die Abwesenheit grüner Li= nien charakterisirt.

Calcium, Ca.

Das Calciumspectrum läßt sich, wie die farbige Tafel I. 8 zeigt, von den Spectren des Kaliums, Natriums, Lithiums und Strontiums auf den ersten Blick durch die höchst charakteristische und intensive grüne

---

*) Pogg. Ann. 1860. Bd. 110. S. 175.

Linie Ca β unterscheiden. Außerdem enthält es noch eine kräftige Orangelinie Ca α, welche links von der Orangelinie des Strontiums Sr α liegt. Von den übrigen 5 Calciumlinien, die verhältnißmäßig lichtschwächer sind, ist noch die isolirt liegende indigoblaue Linie, rechts von G im Sonnenspectrum zu bemerken, die jedoch nur bei sehr guten Apparaten sichtbar ist. An Empfindlichkeit steht die Calciumreaktion der Strontiumreaktion gleich. Es können noch $\frac{6}{1000000}$ Milligr. Chlorcalcium leicht und mit völliger Sicherheit erkannt werden.*) Nur die flüchtigsten Calciumverbindungen zeigen die Reaktion; die Verbindungen des Calciums mit feuerbeständigen Säuren verhalten sich in der Flamme indifferent.

Barium, Ba.

In dem Bariumspectrum Tafel I. 9 erkennen wir 15 Linien, von denen jedoch nur 3 charakteristisch sind, nämlich die beiden grünen Ba α und Ba β, welche ihrer Lage und Intensität nach die wichtigsten sind, und die Ba γ Linie, die schon weniger empfindlich ist und, wie Ca β, zwischen E und D liegt. Durch diese Reaktion wird noch weniger als ungefähr $^1/_{1000}$ Milligramm chlorsaurer Baryt angezeigt. Die Halogenverbindungen des Bariums geben die Reaktion am deutlichsten; auch noch Baryterdehydrat, kohlensaurer und schwefelsaurer Baryt. Die Verbindungen des Baryts mit feuerbeständigen Säuren verhalten sich indifferent.

Thallium, Tl.

Das Thalliumspectrum (Tafel I. 10) enthält nur eine einzige, höchst charakteristische, prachtvolle smaragdgrüne Linie. Dieselbe wurde zuerst von dem englischen Chemiker Crookes**) und später von Lamy***) beobachtet. Letzterer, dem die Entdeckung Crookes's nicht bekannt war, untersuchte spectralanalytisch eine Probe Selen, die aus dem Schlamm von Bleikammern, in denen man Schwefelsäure aus Schwefelkies bereitet, genommen war und fand bei dieser Untersuchung zur größten Ueberraschung die genannte intensive grüne Linie, die bis dahin noch bei keinem Elemente nachgewiesen worden war. Bei der weiteren Verfolgung dieser Beobachtung gelang es Lamy die Substanz, welche das Spectrum hervorrief, zu isoliren und ihre wahre Natur zu erkennen.†) Das Thal-

---

*) Pogg. Ann. 1860. Bd. 110. S. 177.
**) W. Crookes. — Chemical News. Jahrg. 1861, 1862, 1863. Thallium. Seine Entdeckung, Verbindungen und Eigenschaften.
***) Lamy. — Annales de Chimie et de Physique, 3e série, t. LXVII. p. 385. Sur le Thallium. Propriétés du metal, methode d'extraction.
†) Pogg. Ann. 1862. Bd. 116. S. 495.

lium nähert sich in den meisten seiner physikalischen Eigenschaften sehr dem Blei. Es ist etwas weniger weiß als das Silber und hat auf dem frischen Bruch einen lebhaften Metallglanz. Crookes hatte diesem neuen Elemente den Namen Thallium gegeben, hergeleitet vom Griechischen ϑαλλος, das häufig zur Bezeichnung der reichen Farbe einer jungen und kräftigen Vegetation angewandt worden ist. Das Thallium ist nicht so sehr selten in der Natur, nur erscheint es stets in sehr geringer Menge, wie die eben genannten Forscher und Professor Böttger *) nachgewiesen haben.

Das Thallium wurde zuerst in der Freiberger Zinkblende entdeckt. Später zeigte Böttger sein Vorkommen in dem sogenannten Ofenrauche der Zink-Röstöfen auf der Juliushütte bei Goßlar am Harz.**) Hoppe-Seyler hat es auch im Wolframerz nachgewiesen. ***)

Indium, In.

Das Indium (Tafel I. 11) ist der vierte neue Grundstoff, dessen Erkennung wir ebenfalls der Spectralanalyse zu verdanken haben. F. Reich und Th. Richter †) in Freiberg untersuchten auf dem dortigen Hüttenlaboratorium zwei Erzsorten mit dem Spectroscop auf Thallium. Statt der Thalliumlinie erschienen zwei blaue, bisher unbekannte Linien. Nachdem es ihnen gelungen war, den vermutheten Stoff, wenn auch nur in äußerst geringen Mengen, darzustellen, erhielten sie im Spectroscope die blauen Linien so glänzend, scharf und ausbauernd, daß sie kein Bedenken trugen, auf ein bisher unbekanntes Metall, das sie Indium nannten, zu schließen. ††) Die eine der blauen Linien $In \alpha$ liegt zwischen F und G des Sonnenspectrums in der Nähe von $Cs \alpha$, die zweite $In \beta$ zwischen G und H in der Nähe von $Rb \alpha$.

Zu der vorstehenden Beschreibung der Spectra haben wir die Bemerkung zu machen, daß man nur diese, die Spectra der Metalle, erhält, wenn man auch ihre Verbindungen in die Flamme bringt, da letztere so leicht durch die Flamme reducirt werden. Bei Anwendung besonderer Vorsichtsmaßregeln, durch welche die Reduction der Verbindungen verhindert wird, treten die den Verbindungen erster Ordnung eigenen Spectra zum Vorschein, welche sich so sehr von den Metallspectren unterscheiden, daß sie die Gegenwart anderer Substanzen vermuthen lassen und leicht zu Irrthum Veranlassung geben können. Die Verhältnisse, unter denen sie auftreten, sind von Mitscherlich genauer untersucht worden. †††)

---

*) Polytechnisches Notizblatt. 1863. Jahrg. 18. S. 129 u. 123.
**) Polytechnisches Notizblatt. Jahrg. 1866. S. 177.
***) Annal. der Chemie und Pharm. 140. 127;
†) Journal für praktische Chemie. Bd. 89. S. 441.
††) Polytechnisches Notizblatt. 1863. Jahrg. 18. S. 302.
†††) Pogg. Ann. 1862. Bd. 116. S. 499 und Pogg. Ann. 1864. Bd. 121. S. 459.

Wir haben bereits oben erwähnt, daß die Spectra eines und desselben Metalls bei einer hohen Temperatur mehr Linien zeigen, als bei einer niedrigeren. Die Untersuchungen in dieser Richtung in Bezug auf die vorhin genannten Metalle haben folgende Ergebnisse geliefert. *)

Wolf und Diacon **) haben darauf aufmerksam gemacht, daß das Licht, welches Natrium bei einer hohen Temperatur aussendet, nicht einfarbig sei, sondern ein aus mehreren bestimmten Linien bestehendes Spectrum liefere. Sie wandten bei ihren Versuchen das folgende Verfahren an, welches ihnen von Foucault angegeben worden war.

Durch eine in der Mitte etwas nach unten gebogene Röhre wurde Wasserstoffgas geleitet, während ein an der tiefsten Stelle der Biegung befindlicher Körper durch schwächeres oder stärkeres Erhitzen langsamer oder rascher in einem Wasserstoffstrom verflüchtigt wurde. Entzündet man das damit beladene Wasserstoffgas, so erhält man eine gefärbte Flamme, welche — wenn man den Verbrennungsproceß durch einen Strom reinen Sauerstoffgases steigert — in manchen Fällen blendend wird. Viele metallische Chlorüre, vor Allem aber die Alkalimetalle und ihre in hoher Temperatur flüchtigen Verbindungen geben unter diesen Umständen, sofern die Röhre eine genügende Menge des Stoffes enthält, Spectra von vollkommener Reinheit und langer Dauer.

Ein Natriumkügelchen auf genannte Art in einer eisernen Röhre in Wasserstoff verflüchtigt, gibt dessen Flamme unvergleichlichen Glanz, und in dem Spectrum derselben unterscheidet man 6 ganz bestimmte Linien. Die Lage und Intensität derselben bezeichnen die Verfasser auf folgende Weise:

δ	α	β	ϵ	γ	δ
105,7	100	95	80	74	60,7

Die wichtigsten Fraunhofer'schen Linien haben nach ihnen die Lage:

A	a	B	C	D	E	b	F	G
125,5	120,3	116,8	112,3	100	84,3	81	69,7	41,7

Die Reihenfolge der griechischen Buchstaben bezeichnet die relative Intensität der Linien, welche sich alle in voller Reinheit auf einem leichtgefärbten Grunde zeigten, der sich ungefähr von 110 bis 35 erstreckte.

Kalium unter gleichen Bedingungen gelinde erhitzt, liefert eine prachtvolle Flamme. Die Linien ihres Spectrums sind großentheils schon von Grandeau und Debray bezeichnet worden. Es sind ihrer 11.

Bringt man Kalium und Natrium zu gleicher Zeit in die Röhre, so erscheint erst das Kaliumspectrum allein, erst später auch das des Natriums. Ju dem Maße als jenes schwächer wird, steigert sich die

---
*) R. Fresenius. Zeitschrift für analytische Chemie. Erster Jahrg. 1862. S. 455.
**) Compt. rend. 55. 334.

Intensität der Natriumlinien. Fallen beide übereinander, so kann man leicht beobachten, daß die blaue Linie $\delta = 60{,}7$ des Natriums mit der $\eta = 59{,}7$ des Kaliums nicht zusammenfällt. Nimmt man das Verflüchtigen des Kaliums oder Natriums in einer Glasröhre vor, so erhält man das Spectrum des betreffenden Metalls, aber gleichzeitig auch die Hauptlinien des anderen, wenn solches in dem Glase enthalten ist.

Da den Verfassern metallisches Lithium nicht zu Gebot stand, verflüchtigten sie im Wasserstoffstrom Chlorlithium, welches in einer aus Platinblech gebildeten Röhre enthalten war. Sie erhielten sofort vier charakteristische, sehr glänzende Linien:

$$\begin{array}{cccc} \alpha & \beta & \delta & \gamma \\ 114{,}3 & 104{,}3 & 73{,}2 & 57{,}2. \end{array}$$

Die blaue Linie γ fällt fast genau zusammen mit der schwächsten von den beiden blauen Cäsium-Linien.

Die Methode, flüchtige Körper zum Behufe spectralanalytischer Prüfung im Wasserstrom zu verflüchtigen, scheint den Verfassern allgemeiner Anwendung fähig. Sie eignet sich auch für Chlorcalium sehr gut, bei Chlorstrontium und Chlorbarium dagegen bietet sie dem gewöhnlichen Verfahren gegenüber keine Vortheile, vorzüglich aber bewährt sie sich bei Chlorkupfer, Chlorzink u. s. w.

Die blaue Linie im Lithiumspectrum, welche eben erwähnt wurde, ist schon früher von J. Tyndall [*]), sowie von E. Frankland [**]) beobachtet worden. Letzterer macht darauf aufmerksam, daß ihr Auftreten gänzlich von der Temperatur abhängig ist. Chlorlithium in der Flamme eines Bunsen'schen Gasbrenners liefert keine Spur derselben, in einer Wasserstoffflamme erscheint die blaue Linie matt, in einer Knallgasflamme intensiv.

Roscoe und Clifton [***]) brachten zum genaueren Studium der Spectra verschiedener Elemente Stückchen der Chloride oder anderer Salze an Platindraht zwischen die zwei Platinelectroden eines starken, in seiner Wirkung durch Einschaltung einer Leydner Flasche verstärkten Inductionsapparates. Sie sahen alsdann zwei getrennte Natriumlinien, — erkannten, daß die blaue Lithiumlinie etwas brechbarer ist als die blaue Strontiumlinie, — fanden die Beobachtung Kirchhoff's bestätigt, daß im Kalkspectrum bei der hohen Temperatur intensiver electrischer Funken helle Linien sichtbar werden, welche sich bei der Temperatur der Steinkohlengasflamme nicht erkennen lassen, und sahen, daß $Ca\beta$ durch 5 feine, grüne Linien und $Ca\alpha$ durch 3 feine orangefarbene bis rothe

---

[*]) Phil. Mag. 22. 154. — [**]) Phil. Mag. 22. 472. — [***]) Chem. News. 1862. Nr. 125. p. 233.

Linien erseßt wurde, von welchen jene weniger brechbar waren als irgend ein Theil von Ca β, diese dagegen brechbarer als Ca α. Aehnliche Veränderungen brachte die erhöhete Temperatur im Strontium- und Barium-Spectrum hervor. Sr δ zeigte sich in hoher Temperatur unverändert, aber begleitet von 4 neuen violetten Linien.

In einer dem Analytiker zugänglicheren und sehr einfachen Weise gelang es W. Crookes*) die Intensität der Spectren der Metalle zu steigern, und zwar dadurch, daß er die chlorsauren Salze in die nicht leuchtende Gasflamme brachte. Auch bei diesem Verfahren traten in Folge gesteigerter Temperatur Linien auf, welche man bei Anwendung anderer Salze nicht beobachtet, z. B. die blaue Lithiumlinie, die blaue Kalklinie, mehrere neue violette Strontiumlinien u. s. w. Auch Kupfer, Blei und Cadmium liefern unter diesen Umständen ausgezeichnet schöne Spectra; das des ersteren zeigt dabei das Bemerkenswerthe, daß das anfangs entstehende Spectrum nicht identisch ist mit dem später auftretenden.

Die Chlorate bereitet der Verfasser durch Zersetzung der Sulfate mittelst chlorsauren Baryts, oder indem er die Lösung des letzteren mit der äquivalenten Menge Schwefelsäure zersetzt, durch Asbest oder Schießbaumwolle filtrirt und das Filtrat mit dem betreffenden Oxyd oder Carbonat neutralisirt.

Kupfer, Cu.

Bringt man auf einen Platindraht etwas krystallisirtes Kupferchlorid und führt denselben in die Flamme, während man gleichzeitig ins Prisma sieht, so wird man von einem außerordentlich glanzvollen Spectrum überrascht, welches nach Simmler**) 16 helle Linien enthält nach folgender Anordnung:

```
    2 Linien in Roth    ⎫
    2   "    " Orange   ⎬ 4
   (1   "    " Gelb) Na ⎭
   Ein breiter, braungelber Zwischenraum.
    2 Linien in Gelbgrün ⎫
    2   "    " Lichtgrün ⎬ 7
    3   "    " Blaugrün  ⎭
   Ein breiter, blauer Zwischenraum mit
       einer unklaren Linie.
    3 Linien in Blau    ⎫
    1   "    " Violett  ⎬ 4
```
Summe: 15 helle Kupferlinien.

---

*) Chem. News. 1862. Nr. 125. p. 234. — **) Pogg. Ann. 1862. Bd. 115. S. 256.

Die Kupferreaktion gehört jedoch zu den relativ unempfindlichsten auf dem Gebiete der chemischen Spectralanalyse, indem nur größere Mengen beim ersten Aufblitzen die Linien zeigen und zwar auch nicht in allen Fällen, da bisweilen nur der charakteristische, braungelbe Streifen zwischen Gelb und Grün zu erkennen ist. Spätere Untersuchungen von Mitscherlich haben gezeigt, daß das oben beschriebene Spectrum nur dem Chlorkupfer zukommt und nicht dem metallischen Kupfer, welches nur 4 Linien zeigt, die bei einer höheren Temperatur, als die Gasflamme sie liefert, zum Vorschein kommen.

J. H. Gladstone *) macht darauf aufmerksam, daß die meisten Linien, welche Al. Mitscherlich **) im Spectrum des Chlorkupfers beobachtete, einer großen Anzahl von Chlorverbindungen zukommen, sobald diese stark genug erhitzt werden. — Die violette Flamme, welche man beim Verbrennen alten Schiffbauholzes oder beim Aufstreuen von Kochsalz auf glühende Kohlen beobachtet, liefert im Spectrum 3 Gruppen von Linien, eine grüne, sich ausdehnend bis b, eine blaugrüne und blaue, auf beiden Seiten von F liegend, und eine violette, sich ausdehnend von der Mitte zwischen F und G bis etwas über G hinaus.

Ein schwaches Spectroscop zeigt jede Gruppe bestehend aus 4 Linien, welche etwa gleichweit von einander entfernt stehen, und von denen die zwei mittleren heller sind als die zwei äußeren. Prüft man sie aber sehr sorgfältig bei engem Spalte, so erscheinen die Linien der zweiten und dritten Gruppe als Bänder von einer gewissen Breite und lösen sich selbst in zwei Linien auf, von denen die schmaleren und schwächeren die brechbarsten sind. Bei genauer Messung fielen diese Linien mit denen des Chlorkupfers genau zusammen.

Die Flamme der Weingeistlampe genügt, um das Spectrum bei Chlorkupfer, Goldchlorid und Platinchlorid hervorzubringen, — Quecksilberchlorid liefert es in der Gasflamme des Bunsen'schen Brenners — Chlornickel und Chlorkobalt geben es in der Wasserstoffflamme, — Chlornatrium, Chlorkalium und Chlorbaryum auf rothglühenden Kohlen, letzteres erfordert besonders intensive Hitze; auch Chlorzink und Eisenchlorid liefern es dann, letzteres weniger deutlich; doch gesteht der Verfasser den Versuchen mit Kohlenfeuer nur untergeordnete Bedeutung zu, da angenommen werden kann, daß sich durch Einwirkung der Chloride auf die Aschenbestandtheile der Kohle Chlorverbindungen ihrer Metalle bilden.

Chlorsilber liefert ein zweifelhaftes Resultat, und die violette Flammenfärbung mit Chlorcalcium, Chlorblei und Chlormangan hervorzurufen gelang nicht. — Die grünen Linien, welche Al. Mitscherlich im

---

*) Philosoph. Magaz. Vol. 2. p. 417.
**) Journal für praktische Chemie. 86. 17.

Chlorbariumspectrum beobachtete, wenn solches mit Chlorammonium stark erhitzt wurde, fallen nicht zusammen mit den oben genannten grünen Linien der violetten Flamme. — Ob letztere den dampfförmigen Chlorverbindungen, dem Chlor als solchem, oder der Verbindung des Chlors mit Wasserstoff oder Kohlenstoff angehöre, darüber gestattet sich der Verfasser noch keine Entscheidung, doch neigt er sich zur Annahme der ersten Voraussetzung.

Mangan, Mn.

Das Spectrum des Manganchlorürs besteht nach Simmler aus 5 Linien, von denen zwei gelbgrün, eine lichtgrün, eine blau und eine violett sind. *)

Borsäure, B_2O_3.

Von den übrigen Substanzen erhält man mit Hülfe des Bunsen'schen Brenners nur noch von der Borsäure ein Spectrum, in welchem 4 kräftige, gleich breite und in gleichen Abständen befindliche helle Linien erscheinen, von denen drei auf den grünen und eine auf den blauen Farbenton fallen.**) In Bezug auf Empfindlichkeit steht die spectralanalytische Probe auf Borsäure der auf Barium nicht nach, indem man noch weniger als $\frac{13}{10000}$ Milligramm Borsäure erkennen kann.

3) Spectra der Gase.

In Betreff der Herstellung der Gasspectra haben wir schon oben angegeben, daß man sich zur Erzeugung derselben der Geisler'schen Röhren und des elektrischen Funkens bedient. Es wird daher von Interesse sein, an dieser Stelle gleichzeitig etwas Näheres über das Spectrum des elektrischen Funkens mitzutheilen.

Das Spectrum des elektrischen Funkens wurde zuerst (1835) von Fraunhofer und Wollaston studirt, der bereits die Existenz mehrerer glänzenden Linien in demselben constatirt hatte. Später haben Wheatstone ***), Masson ****), Ångström *****), van der Willigen †), Plücker ††), v. Waltenhofen †††), Schinkow ††††), Hittorf †††††),

---

*) Pogg. Ann. 1862. Bd. 115. S. 429. — **) Pogg. Ann. 1862. Bd. 115. S. 251. — ***) Wheatstone, Pogg. Ann. Bd. XXXVI. 1836. S. 148—150.— ****) Masson, Ann. de Chimie. Troisièm. Serie 1851. T. XXXI. p. 295—326. — *****) Pogg. Ann. Bd. XCIV. S. 145. 146. — †) van der Willigen, Pogg. Ann. Bd. XCIII. 1854. S. 293. Bd CVI. S. 610—18. Bd. CVII. 1859. S. 473—79. — ††) Plücker, Pogg. Ann. Bd. CIII. S. 88; CIV. S. 113; CV. S. 65; CVII. S. 77, 497; CXIII. S. 249; CXVI. S. 27; Phil. Mag. Vol. XVIII. 1859. p. 7—20. — †††) A. v. Waltenhofen, Pogg. Ann. Bd. 126. S. 527. — ††††) Pogg. Ann. Bd. 129. S. 508. — †††††) Phil. Mag. Vol. XVIII. 1859.

Dove *), Foucault **) und A. Wüllner ***) wichtige Untersuchungen über die elektrischen Spectra veröffentlicht.

Wollaston machte zuerst darauf aufmerksam, daß das Spectrum des elektrischen Funkens kein continuirliches sei, sondern daß es aus einzelnen hellen, durch dunkle Zwischenräume getrennten Linien bestehe. Wheatstone entdeckte, daß das Spectrum von der Natur der Elektroden bedingt sei. Er beobachtete z. B. daß der elektrische Funken von Quecksilber abspringend 7 bestimmte, helle Linien gebe, nämlich 2 im Orange, 1 glänzend grüne, 2 bläulich grüne und 2 violette, von denen besonders eine sehr ausgezeichnet ist. Er zeigte ferner, daß jedes der Metalle, Zink, Cadmium, Zinn, Wismuth und Blei ein Spectrum mit eigenthümlichen Linien liefert, und daß man auf diesem Wege leicht die genannten Metalle von einander unterscheiden könne. Masson hat die Spectra einer großen Anzahl Metalle studirt und gezeichnet. Er beobachtete, daß in den Spectra für jedes Metall, die er dadurch erhielt, daß er den Funken bei der Entladung der Leydener Flasche zwischen verschiedenen Metallelektroden überspringen ließ, außer denselben hellen Linien, welche Wheatstone schon nachgewiesen hatte, eine Reihe von anderen regelmäßig wiederkehrten. Nach den Untersuchungen von Angström gehören die glänzenden Linien des elektrischen Funkens zwei Klassen an, die einen hängen von der Natur des Gases ab, welches der Funken durchdringt, die anderen von den Metallen, welche die Elektroden bilden. Bei den Versuchen, die Masson anstellte, rührte das eine Spectrum von der durch den hohen Hitzgrad der Funken glühenden Atmosphäre her. Wenn man Elektroden von verschiedenen Metallen anwendet und nur in dem gleichen Gase die Funken überspringen läßt, so erhält man gleichsam das Gasspectrum als Hintergrund, auf dem die intensiveren Metallspectra kräftig hervortreten. Angström bediente sich zur Untersuchung der Gasspectra des Entladungsfunkens einer Leydener Flasche, der in Glasröhren abwechselnd durch atm. Luft, Sauerstoff, Stickstoff, Wasserstoff und Kohlensäure zwischen Messingkugeln übersprang. Je nachdem die Elektroden näher oder weiter von einander gestellt wurden, trat mehr das Metall- oder Gasspectrum hervor, welches in der Mitte zwischen den Elektroden am deutlichsten wahrzunehmen war.

Plücker bediente sich bei seinen Untersuchungen der oben beschriebenen Geisler'schen Röhren, durch welche er den Entladungsfunken des Ruhmkorff'schen Induktionsapparates schlagen ließ. Mit Hülfe der oben angegebenen Luftpumpe füllt man die Röhre mit dem zu untersuchenden Gase

---

*) Dove. Pogg. Ann. Bd. CIV. 1860. S. 184—188.
**) Bibliothéque universelle. Arch. des sciences phys. et nat. Tome X. Genève 1849. p. 223. De la Rive: Traité d'Electricité. Tome II. Paris 1856. p. 263.
***) A. Wüllner. Pogg. Ann. Bd. CXXXV. S. 174 u. 497.

in der Weise, daß der Druck auf die innern Wände derselben nur den sechs- bis siebenhundertsten Theil des normalen Luftdruckes beträgt. In diesem Zustande bringt das Gas nur einen sehr geringen Widerstand der Leitung des elektrischen Stromes entgegen, so daß die Röhre schon eine bedeutende Länge haben kann, ohne daß die Leitungsfähigkeit aufhört. Gleichzeitig werden die Elektroden nicht so stark erhitzt, daß sie sich verflüchtigen und ein zweites störendes Spectrum geben könnten, während die Gasmoleküle so stark glühend, daß sie ein kräftiges Spectrum liefern. Die glühenden Gastheilchen erscheinen schon durch ihr Glühen in einem prachtvollen Lichte, dessen Farbe im engeren Theile der Röhre eine andere ist, als in dem weiteren. Schon diese auffallenden Farbenerscheinungen, die für gewisse Gase so eigenthümlich sind, daß sie daran erkannt werden können, gewähren dem Experimentirenden einen stets neuen Reiz. Außer der Farbe gewahrt man auch eine mehr oder weniger regelmäßige Schichtung des Lichtes, die zu sehr interessanten Untersuchungen Veranlassung gegeben hat. Wir geben in folgender Tabelle, welche von A. Lielegg aufgestellt worden ist, eine Uebersicht über die in den verschiedenen Theilen der Röhre auftretenden Farbenerscheinungen.

Benennung des Gases.	Farbe des Lichtes	
	im engen Theile der Röhre.	im weiten Theile der Röhre.
Wasserstoff	karminroth	röthlich.
Stickstoff	röthlichviolett	röthlichviolett (schwächer).
Chlor	grün	röthlichviolett.
Brom	grünlich blau	violett.
Jod	grün	rehfarbig.
Zinnchlorid	goldgelb	tiefblau.
Kieselchlorid	weißlich	rehfarbig.
Kohlensäure	grünlich weiß	grünlich weiß.
Einfach Kohlenwasserstoff	rosa	grünlich.
Doppelt Kohlenwasserstoff	glänzend weiß	—
Acetylen	glänzend weiß	glänzend weiß.

Außer den Gasspectra hat man bereits auch die durch die Elektricität glühend gemachten Dämpfe von verschiedenen Flüssigkeiten und festen

Körpern der Untersuchung unterworfen, deren wichtigste Resultate wir im Nachstehenden mittheilen wollen.

1) **Wasserstoff.**

Auf dem dunklen Hintergrunde des Wasserstoffspectrums — der Hintergrund tritt um so mehr zurück, je reiner das Gas ist — treten drei helle Streifen auf (siehe Tafel II. 9), die mit α, β und γ bezeichnet sind. Hα ist ein blendend rother, Hβ ein fast ebenso glänzender grünlich blauer Streifen, Hγ ist violett und schwächer. Hβ fällt mit der Fraunhofer'schen Linie F genau zusammen, ebenso Hα mit C und Hγ in die Nähe von G. Da diese drei Streifen des Spectrums in dem Fernrohre unter demselben Winkel erscheinen, als das Bild des Spaltes, so zerfällt das elektrische Wasserstoffgas-Licht in Licht von einer dreifachen absoluten Brechbarkeit.*)

Angström und Thalen haben gefunden**), daß das Spectrum des Wasserstoffs außer den drei bereits genannten Linien, noch eine vierte enthält, welche beinahe in der Mitte des Zwischenraumes zwischen G und H liegt und einer sehr intensiven Fraunhofer'schen, auch in den Spectra mehrerer Sterne angetroffenen Linie entspricht, welche die Verfasser mit h bezeichnet haben.

Außer dem genannten Spectrum kommen dem Wasserstoff noch zwei Spectra zu, nämlich ein continuirliches und ein aus 6 Liniengruppen bestehendes, deren Entstehung von der verschiedenen Temperatur des glühenden Gases abhängt. Wir verdanken diese interessanten Aufschlüsse A. Wüllner, der unter Anderen bemerkt: „Diese Verschiedenheit der Temperatur muß beim Wasserstoff als die einzige Ursache dieser Erscheinung angesehen werden, denn an eine etwaige Zerfällung desselben in weitere Bestandtheile kann bei diesem Elemente wohl nicht gedacht werden. Dann folgt aber aus diesen Beobachtungen, daß das Emissionsvermögen einer Substanz mit der Temperatur sich wesentlich ändern kann. ***)

2) **Sauerstoff.**

Das Sauerstoffgas-Spectrum kann nur mittelst Röhren, die mit Aluminium-Elektroden versehen sind, dargestellt werden. Es besteht nach Plücker aus 9 farbigen Streifen, von denen besonders 4 stark hervortreten, die mit α, β, γ und δ bezeichnet werden. Zunächst erkennt man einen dunkelrothen Streifen an Hα nach der violetten Seite hin

---

*) Pogg. Ann. Band CVII. Seite 507.
**) Compt. rend. LXIII. p. 649.
***) Pogg. Ann. Bd. CXXXV. S. 514.

sich anlehnend, auf welchen der schöne rothe Streifen $O\alpha$ folgt, sodann zwei schwache, grünlich gelbe, zwei grüne $O\beta$ und $O\gamma$, einen blauen und zuletzt den schön violetten Streifen $O\delta$. Der Streifen $O\alpha$ ist nach der rothen Gränze hin durch einen breiten, nach der violetten Gränze durch einen schmalen schwarzen Raum begränzt.

Van der Willingen*), Ångström**) haben später eine noch größere Anzahl Linien im Sauerstoffspectrum entdeckt.

Nach Wüllner lassen sich bei dem Sauerstoff, ebenso wie bei dem Wasserstoff, drei verschiedene Spectra mit dem Induktionsstrome erzeugen, je nachdem man dem Gase in der Röhre eine größere oder geringere Dichtigkeit gibt. Daß aber auch diese Verschiedenheit der Spectra lediglich Folge verschiedener Temperatur des Gases ist, das folgt aus den Versuchen mit der Holtz'schen Maschine. Das continuirliche Spectrum des Sauerstoffs gehört der niedrigsten Temperatur an, obwohl es bei großer Dichte des Gases sich nicht zeigt, weil es durch die continuirliche Entladung der Holtz'schen Maschine sich ausbildet; das von Plücker beschriebene Spectrum, welches in seinen wesentlichen Theilen bei passender Dichte des Gases sich auch mit dem kleinen Ruhmkorff'schen Apparate herstellen läßt, gehört einer höheren Temperatur an. Legt man den Condensator auf die Holtz'sche Maschine, so geht das continuirliche Spectrum mit einem Schlage in das Linienspectrum über. Das zuletzt von Wüllner gefundene, welches aus prachtvollen Gruppen scharf begrenzter heller Linien auf dunklem Grunde vorzugsweise in Grün und Blau besteht, und welches mit dem Ruhmkorff'schen Apparate bei der minimalsten Gasdichte und mit den Entladungen der Leydener Flasche erzeugt wird, gehört deßhalb der höchsten Temperatur an.

3) Stickstoff.

Der Stickstoff besitzt bei verschiedener Erhitzung zwei ganz verschiedene Spectra***). Bei der Herstellung der Stickstoffspectra muß die Geisler'sche Röhre weit kürzer genommen werden als gewöhnlich, das Gas nur bis zu einem Druck von 30 bis 40 Millim. evacuirt und ein kräftiger Ruhmkorff'scher Apparat in Anwendung gebracht werden, um das Licht des glühenden Gases möglichst intensiv zu erhalten. Ein starkes Spectroscop mit 2 bis 4 Prismen ist ebenfalls zur Beobachtung der Spectra erforderlich.

Das bei der niedrigsten Temperatur erzeugte Spectrum nennt man Spectrum erster Ordnung. Figur 5. Taf. II. stellt dasselbe dar. Es

---

*) Pogg. Ann. Bd. 106. S. 622. — **) Pogg. Ann. Bd. 94. S. 156.
***) Phil. Trans. for 1865. Pogg. Ann. Band 126. Seite 535. Pogg. Ann. Band 129. S. 516.

wird erhalten durch die direkte Entladung eines großen Ruhmkorff'schen Apparates ohne Anwendung einer Leydener Flasche oder durch Anwendung einer Holtz'schen Maschine ohne aufgelegten Condensator.

Das Spectrum erster Ordnung zeichnet sich sofort durch die eigenthümliche Beschaffenheit der Bänder nach der violetten Seite, wo die mehr brechbaren Strahlen liegen, aus. Die schwarzen Bänder sind nach der Lage unserer Figur rechts scharf begrenzt, während sie nach links allmälig sich abschwächen. Wir unterscheiden 15 ungleich breite Bänder und zwar links von F drei schmale und rechts von F 12 breitere. Das Aussehen der rechten Seite des Stickstoffspectrums wird nicht unpassend mit der Cannelirung einer dorischen Säule (sp. of channelled spaces, Sp. der gestreiften Felder) verglichen. Die übrigen Streifen nach dem rothen Ende hin haben ein anderes Ansehen als die oben genannten und sind unter sich nahezu gleich breit.

Das Spectrum, das man bei Anwendung der höchsten Temperatur erhält, dadurch, daß man eine, wenn auch kleine, Leydener Flasche oder bei der Holtz'schen Maschine den Condensator einschaltet, zeigt sehr helle Linien in allen seinen Theilen auf dunklem Grunde, die hellsten im Grün und Gelb. Fig. 4. Taf. II. gibt uns ein Bild von demselben. Schon ein flüchtiger Vergleich der beiden Spectra lehrt, daß dieselben nicht die entfernteste Aehnlichkeit mit einander haben.

Bei dem Verhalten des Stickstoffs in dieser Beziehung findet ein großer Unterschied statt in Vergleich mit dem des Wasserstoffs und des Sauerstoffs. Bei den ersten Gasen kann dieselbe Art der Entladung je nach der Dichtigkeit der in die Röhre eingeschlossenen Gase ganz verschiedene Spectra hervorrufen, während bei dem Stickstoff nur der plötzliche Durchtritt größerer Elektricitätsmengen denselben in den Zustand überzuführen vermag, in welchem er das Spectrum zweiter Ordnung liefert. „Man wird deßhalb beim Stickstoff, bemerkt hierzu Wüllner, in der That von einer allotropen Modification sprechen können, welche das zweite Spectrum liefert, und welche durch die plötzliche Entladung großer Elektricitätsmengen gebildet wird, die aber wieder in die gewöhnliche zurückkehrt, sobald die Temperatur des Gases sich erniedrigt."

5) **Chlor.**

Das Spectrum des Chlorgases besteht aus 6 farbigen und 11 dunklen Linien. Von den farbigen zeichnen sich besonders 3 aus, $Cl\,\alpha$ ein gelblich grüner, $Cl\,\beta$ ein grüner und $Cl\,\gamma$ ein blauer. Der erste $Cl\,\alpha$ ist vierfach, durch zwei dunkle Linien begränzt und durch drei solcher Linien in vier Streifen von einfacher Breite getheilt.

5) Brom.

Man erkennt in dem Bromspectrum 19 helle einfache Streifen und zwar 2 rothe, 1 orangefarbige, 8 grüne, 4 blaue und 4 violette.

6) Jod.

Das Jodspectrum besteht aus einigen 20 Linien, unter welchen sich 4 rothe, 1 orangegelbe, 4 gelblichgrüne, 2 grüne, 2 blaue und 2 violette durch besondere Deutlichkeit auszeichnen. Die 2 grünen Linien sind am hellsten, sodann folgen an Helligkeit die orangegelbe und eine blaue, dann die 4 rothen und eine violette.

Auch das Jod hat, wie Wüllner nachgewiesen *), zwei verschiedene Spectra.

7) Phosphor.

Fig. 6. Taf. II. giebt ein Bild des Phosphorspectrums. P. Christofle und J. Beilstein **) entwickelten in einem Ballon von 1 Liter Inhalt Wasserstoffgas und ließen dasselbe durch ein mit einer Platinspitze versehenes Rohr austreten. Nachdem man sich überzeugt hatte, daß die Wasserstoffflamme keine Linien im Spectroscop gab, brachten sie ungefähr so viel Phosphor, als in dem Kopfe eines Zündhölzchen enthalten, in die Entwicklungsflasche, und augenblicklich trat im Innern der Flamme die schöne smaragdgrüne Färbung ein. Die gefärbte Flamme wurde nun mit dem Spectroscop von Bunsen und Kirchhoff untersucht. Neben der Natriumlinie zeigten sich zwei prächtig grüne Linien $P\alpha$ und $P\beta$ und zwischen der gelben Natriumlinie und diesen beiden grünen eine dritte grüne, aber weniger deutliche Linie γ. Auch bei öfterer Wiederholung der Versuche mit gewöhnlichem oder mit rothem Phosphor waren die Resultate immer dieselben. Auch die phosphorige Säure und unterphosphorige Säure zeigten dieselben Erscheinungen, so daß diese Reaktion sehr gut zur Auffindung von Phosphor in Vergiftungsfällen angewandt werden kann.

8) Kohlensäure.

Das Spectrum der Kohlensäure ändert sich während der Strom hindurchgeht. Namentlich erblaßt der ursprünglich glänzend rothe Streifen im Anfange des Spectrums, bis er zuletzt, wo das Spectrum sich nicht mehr ändert, fast ganz verschwunden ist. Das constante Spectrum gehört nach Plücker's Angabe dem Kohlenoxydgas an.

---

*) Pogg. Ann. Bd. 120. 1863. S. 158. — **) Compt. rend. Bd. 56. p. 399.

Angström *) und Brasack **) haben die fast völlige Identität des Kohlensäure- und Sauerstoffspectrums nachgewiesen.

9) Kohlenoxyd.

Verbrennt man Kohlenoxyd an der Luft oder mit Sauerstoff, so erhält man ein continuirliches Spectrum ohne helle oder dunkle Linien, in welchem vorzugsweise der grüne und blaue Theil gut entwickelt ist. ***) Eine Kohlenoxydflamme jedoch, welche durch Verbrennen von Holzkohlen in einem Gebläseofen hervorgebracht wird, bei der also Kohlenoxyd von ziemlich hoher Temperatur zur Verbrennung gelangt, zeigt in dem continuirlichen Spectrum einige helle Linien; je höher die Temperatur des Gases steigt, desto mehr Linien erscheinen.

Das Linienspectrum einer Kohlenoxydflamme erscheint auf einem continuirlichen Spectrum und enthält mehrere Gruppen heller Linien und einige dunkle Absorptionsstreifen, welche vom rothen bis zum violetten Ende unregelmäßig vertheilt sind.

Das Spectrum, welches eine mit Kohlenoxydgas gefüllte Geislersche Röhre zeigt †), stimmt mit dem der Kohlenoxydflamme nicht überein, da sowohl Lage als Vertheilung der Bänder und Linien andere sind.

10) Essigsäureanhydrid, Alkohol, Aether.

In den Spectra der Essigsäure sowohl als des Alkohols und des Aethers finden wir nach Plücker eine Uebereinanderlagerung der beiden Spectra des Wasserstoffs und der Kohlensäure resp. des Kohlenoxydgas mit geringen Abweichungen.

11). Schwefelkohlenstoff.

Auch in dem Spectrum des Schwefelkohlenstoffs fand Plücker eine Combination des Wasserstoffspectrums mit dem der Kohlensäure (Kohlenoxydgases).

12) Chlor-Silicium.

Nach der Angabe von Plücker besteht das Spectrum des Chlor-Siliciums aus einem schönen rothen Streifen, einem etwas schwächeren Orangestreifen, einem gleich hellen, grünen Doppelstreifen mit einer hellen Linie in der Mitte und wahrscheinlich zwei dunkelvioletten Streifen.

---

*) Pogg. Ann. Bd. 94. S. 156. — **) F. Brasack. Das Luftspectrum. S. 22.
***) Andreas Lielegg. Beiträge zur Kenntniß der Flammenspectra kohlenstoffhaltiger Gase. Aus dem LVII. Bd. d. Sitzb. d. k. Ak. d. Wissensch. II. Abth. April-Heft. Jahrg. 1868. — †) Plücker. Pogg. Ann. Bd. 107. S. 534.

13) Zinnchlorid.

Das Spectrum desselben enthält 5 Linien. In Betreff der Färbung des glühenden Dampfes bemerkt Plücker: „In dem weitern Theile der Röhre war die Färbung des elektrischen Lichtes ein saftiges tiefes Blau, das beim Eintritt in den engen Theil derselben plötzlich in das schönste reine Goldgelb sich verwandelte. Die negative Elektrode war von rehfarbigem Lichte umgeben. Als die Röhre mit ihrem weitern Theile auf die einander genäherten Halbauer des großen Elektromagnets gelegt wurden, zuckten, nach Erregung des Magnetismus, die schönsten goldgelben Blitze, nach der Lage der Röhre bald angezogen, bald abgestoßen, bald seitwärts abgelenkt, durch das ruhige blaue Licht."

14) Quecksilber.

Eine mit Quecksilberdampf gefüllte Röhre, in welcher der Druck so gering war, daß das Quecksilber, welches die Elektroden bedeckte, beim Erwärmen auf $40-50^0$ zu sieden begann, zeigte die oben genannten Linien, unter welchen nach Plücker sich besonders drei auszeichnen, eine gelbe, eine grüne und eine violette.

15) Schwefelsäure (Anhydrid).

Der möglichst verdünnte Dampf der Schwefelsäure, SO_3, giebt unter Anwendung eines stärkern Induktionsapparates in den gewöhnlichen Spectralröhren eines der schönsten und farbenreichsten, aus hellen Lichtstreifen auf meist schwarzem Grunde bestehendes Spectrum, welches wesentlich aus 3 rothen, 1 Orangestreifen, 1 gelben, 4 grünen und 9 blauen und violetten Streifen besteht. *)

16) Kohlenwasserstoffe.

Die Untersuchungen über die Spectra der Kohlenwasserstoffe sind noch nicht zum Abschluß gelangt. Swan, der sich bereits 1855 mit der spectralanalytischen Beobachtung der Kohlenwasserstoffverbindungen **) beschäftigt hat, gelangte zu den Schlußfolgerungen, 1) daß die Lage der hellen Linien in den Spectra der verschiedenen Kohlenwasserstoffe von dem quantitativen Verhältnisse zwischen Kohlenstoff und Wasserstoff unabhängig und in allen Fällen dieselbe ist, und 2) daß Verbindungen, welche außer Kohlenstoff und Wasserstoff auch noch Sauerstoff enthalten, Spectra geben, die mit denen der Kohlenwasserstoffe identisch sind. Dib-

---

*) Plücker. Pogg. Ann. Bd. 113. S. 278.
**) Transactions of the Royal Society of Edingburgh. Vol. XXI. Part. III. p. 411.

bits hat dieses ebenfalls bestätigt. *) Dagegen haben Plücker und Morren verdünnte Kohlenwasserstoffe in Röhren eingeschlossen und durch Electricität leuchtend gemacht, wodurch sich verschiedene Spectra ergaben. Ebensowenig wie die Frage, ob jedem kohlenstoffhaltigen Gase ein eigenes Spectrum zukommt, beantwortet ist, sind die Fragen erledigt, ob die lichtgebenden Theilchen des ausgeschiedenen Kohlenstoffs in dampfförmigem Zustande sich befinden, wie dieses angenommen wird, oder ob die von Attfield **) zuerst ausgesprochene Ansicht sich bestätigt, daß die Spectra aller Kohlenstoffverbindungen als Spectra des Kohlenstoffs aufzufassen seien.

Das Spectrum des schweren Kohlenwasserstoffs (des Elaylgases) besteht nach Lielegg aus einer Gruppe von 5 rothen Linien, einer Gruppe von 5 gelblichgrünen Linien, einer Gruppe von 3 erbsengrünen Linien, einer Gruppe von 4 hellblauen Linien, einem breiten blauen und einem hellen dunkelvioletten Bande, zwischen welchen eine schmale halbviolette Linie liegt. Außerdem ist der ultraviolette Theil, den Brücke ***) lavendelgrau nennt, von einer großen Anzahl intensiv schwarzer Linien durchzogen.

17) Wasserdampf.

Der Wasserdampf erleidet beim Hindurchschlagen des Funkens eine Zersetzung in seine Bestandtheile. Das aus der Zersetzung hervorgegangene Sauerstoffgas verbindet sich zum Theil mit dem Platin der negativen Elektrode. Das Spectrum des Wasserdampfes ist eine Uebereinanderlagerung des Wasserstoff- und Sauerstoffspectrums, in welcher jedoch die Sauerstofflinien hinsichtlich ihrer Intensität nur eine untergeordnete Stellung einnehmen. †)

18) Atmosphärische Luft.

Das Spectrum der atm. Luft, wie man es erhält, wenn man den elektrischen Funken zwischen Graphitspitzen oder hinlänglich abgebrannten Platinaspitzen überspringen läßt, muß als eine Uebereinanderlagerung des Stickstoff-, Wasserstoff- und Sauerstoffspectrums angesehen werden. S. Fig. 13. Taf. III. Die atm. Kohlensäure übt keinen merklichen Einfluß auf das Spectrum aus. Die gegenseitige Lage der Linien bleibt unverändert dieselbe. Die Linienzahl schwankt mit der Intensität des

---

*) Pogg. Ann. Bd. 122. S. 505.
**) Edinburgh philosoph. Transactions. Vol. XXII. p. 224.
***) Pogg. Ann. Bd. 74. S. 461.
†) Plücker. Pogg. Ann. Bd. 107. S. 506. F. Brasack. Das Luftspectrum. S. 16. Halle 1866.

Lichtes. Das Intensitätsverhältniß der Sauerstoff= und Stickstofflinien bleibt, so weit die Schätzung dieses erkennen läßt, immer constant, während die Intensität der Wasserstofflinien mit dem atm. Feuchtigkeitsgehalte variirt. *)

Nachtrag. In dem Julihefte von Poggendorff's Annalen **) theilt A. Wüllner die Ergebnisse seiner fortgesetzten Untersuchungen über Gasspectra und zwar bei hohem Drucke mit. Speciell beschäftigte er sich mit den Spectra des Wasserstoffs, Sauerstoffs und Stickstoffs. Bei der Beobachtung des Wasserstoffspectrums fand er, daß dasselbe bei wachsendem Drucke an Helligkeit stetig zunahm und, sich immer mehr dem eines continuirlichen nähernd, zuletzt bei einem Drucke von 1230 vollständig in ein solches überging. Bei diesem Drucke resp. Dichtigkeit des Gases wurde das Spectrum wahrhaft blendend und zeigte die Natriumlinien als schöne dunkle Linien, „so daß also auch das Licht des Wasserstoffgases intensiv genug ist, um in einer Atmosphäre von Natriumdampf eine Fraunhofer'sche Linie zu erzeugen, ein Beweis, daß dazu nicht das Licht eines glühenden festen Körpers erforderlich ist." Nach den Beobachtungen von Wüllner ergibt sich, daß man bei dem Wasserstoff 4 verschiedene Spectra unterscheiden kann, nämlich: „das erste Wasserstoffspectrum, das Plücker'sche, welches aus den 3 Linien, $H\alpha$, $H\beta$ und $H\gamma$ besteht, das aus den 6 grünen Liniengruppen bestehende Spectrum, welches sich zeigt, wenn in der Spectralröhre nur minimale Gasmengen vorhanden sind, und wenn man dann den einfachen Induktionsstrom, oder die Entladungen einer Flasche durch dieselbe hindurchsendet, und schließlich das continuirliche Spectrum, welches sich zeigt, wenn das Gas in der Spectralröhre eine große Dichtigkeit hat, und man dasselbe durch die Entladungen der Flasche zum Glühen bringt." Auch das Sauerstoffspectrum ließ sich bei hinlänglich gesteigertem Drucke des Gases in ein continuirliches Spectrum überführen, jedoch waren die Erscheinungen, welche der Sauerstoff in dieser Beziehung zeigt, von den beim Wasserstoff beobachteten wesentlich verschieden. Der Stickstoff unterscheidet sich von den beiden genannten Elementen in Bezug auf seine Emissionsverhältnisse sehr wesentlich. Auch bei diesen Untersuchungen konnte Wüllner sich des Eindruckes nicht erwehren, als habe man es mit **zwei verschiedenen Körpern** zu thun, denen die verschiedenen Spectra entsprechen. Der erste liefert das Spectrum erster Ordnung, der zweite das Linienspectrum und bei hinreichend hoher Temperatur zwischen den Linien und Gruppen ein continuirliches Spectrum.

---

*) Masson: Ann. de chim. et de phys. Ser. III, t. 31, p. 302. Angström: Pogg. Ann. Bd. 94. Van der Willigen: Pogg. Ann. Bd. 106. S. 619. F. Brasad: Das Luftspectrum. Abhandlung der naturforschenden Gesellschaft zu Halle. Bd. X.
**) Pogg. Ann. Bd. CXXXVII. Nr. 7. 1869. S. 337.

Die wenigen oben gegebenen Andeutungen über die Verschiedenheit und Mannigfaltigkeit der Emissionserscheinungen der Gase zeigen zur Genüge, welches weite Feld der Thätigkeit dem Forscher noch offen steht, bis überall Licht und Klarheit über jene noch dunklen Verhältnisse erzielt worden sein wird. Jedoch auch hier erwarten wir zuversichtlich, wie in so manchen andern Fällen, das Licht vom Lichte.

E. Das Absorptionsspectrum.

1) Das Absorptionsspectrum erster Ordnung.

Umkehrung der Spectrallinien.

Die innige Verkettung von Licht und Wärme weist darauf hin, daß ihrer Entstehung eine ähnliche, wenn nicht dieselbe Ursache zu Grunde liege. Nach der Undulationstheorie rührt alles Licht von Schwingungen eines äußerst dünnen über den ganzen Weltenraum verbreiteten Stoffes, des Aethers, her. Die Aethertheilchen eines leuchtenden Körpers oscilliren in ähnlicher Weise, wie die Theilchen eines schallenden, doch folgen sich die Schwingungen viel rascher. Die Lichtschwingungen theilen sich dem Aether mit, die Schallschwingungen den Körpertheilchen, erstere werden durch Vermittlung des Gesichtssinnes, letztere durch Vermittlung des Gehörsinnes wahrgenommen. Bei dem Schalle unterscheiden sich die Töne von einander durch die Verschiedenheit der Zeit, die ein Theilchen zu einer Schwingung bedarf; bei dem Lichte beruht der Unterschied der Farben auf dem gleichen Umstande.

Die Aethertheilchen schwingen, wenigstens insoweit ihre Bewegung auf unser Auge eine Wirkung ausübt, senkrecht auf der Richtung, in welcher sich die Bewegung fortpflanzt, sie machen also, wie die Theile eines schwingenden Seils Transversalschwingungen und es entstehen Wellenbewegungen. Die Lichtwellen, welche die Empfindung der verschiedenen Farben hervorbringen, besitzen auch verschiedene Wellenlängen. Nimmt man nun an, daß die Wärmestrahlen in derselben Weise von Aetherschwingungen herrühren, wie die Lichtstrahlen, so lassen sich manche Erscheinungen, die durch die Wärme hervorgerufen werden, sehr leicht erklären. Es würden sich alsdann die Aetherschwingungen der Wärme zu denen des Lichtes ebenso verhalten, wie die tieferen Töne zu den höheren. Chlorophyll, einer der Körper, welche im Stande sind, durch Fluorescenz die Wellenlänge der ultravioleten Strahlen so zu verlängern, daß sie von dem Auge wahrgenommen werden können, ist auch im Stande, bei den für sich sichtbaren Strahlen eine solche Verlängerung der Wellen eintreten zu lassen, daß sie nicht mehr sichtbar sind und nur als Wärmestrahlen auftreten. Wie also die ultravioletten Strahlen in das optische Spectrum über die violette Gränze hineingerückt werden, so lassen sich die sichtbaren Strahlen über die rothe Gränze hinausrücken und sind dann Wärme.

Die Wärmestrahlen sind also ihrer Natur nach den Lichtstrahlen gleich*); diese bilden eine specielle Klasse jener. Die nicht sichtbaren Wärmestrahlen unterscheiden sich von den Lichtstrahlen nur durch den Werth der Schwingungsdauer oder Wellenlänge.

Alle Wärmestrahlen gehorchen bei ihrer Fortpflanzung denselben Gesetzen, die für die Lichtstrahlen erkannt worden sind.

Ein leuchtender Körper, der in einem leeren Raume sich befindet, sendet Lichtstrahlen aus, die unabhängig von den Körpern sind, auf welche sie fallen; entsprechend sind alle Wärmestrahlen, welche ein Körper aussendet, unabhängig von den Körpern, die die Umgebung jenes bilden.

Von den Wärmestrahlen, die dem Körper von seiner Umgebung zugeschickt werden, wird ein Theil absorbirt, der andere in Richtungen, die durch Reflexion und Brechung geändert sind, wieder fortgesandt. Die von ihm gebrochenen und reflektirten Strahlen bestehen neben den von ihm ausgesendeten, ohne daß eine gegenseitige Störung stattfindet.

Durch die Wärmestrahlen, welche ein Körper aussendet, wird der Regel nach die Wärmemenge, die er enthält, einen Verlust erleiden, der der lebendigen Kraft jener Strahlen äquivalent ist, und durch die Wärmestrahlen, die er absorbirt, einen Gewinn, der äquivalent ist der lebendigen Kraft der absorbirten Strahlen. In gewissen Fällen kann aber eine Ausnahme von dieser Regel stattfinden; indem die Absorption und die Ausstrahlung andere Veränderungen des Körpers bewirkt, wie z. B. bei Körpern, die vom Lichte chemisch verändert werden, und Lichtsaugern, die durch die Ausstrahlung des Lichtes, welches sie aufgenommen haben, die Eigenschaft zu leuchten verlieren. Solche Fälle sollen ausgeschlossen werden durch die Annahme, daß der Körper die Eigenschaft besitzt, weder durch die Strahlen, die er aussendet oder absorbirt, noch durch andere Einflüsse, denen er ausgesetzt ist, irgend eine Veränderung zu erleiden, wenn seine Temperatur durch Zuführung oder Entziehung von Wärme constant erhalten wird. Unter dieser Bedingung ist nach dem Satze von der Aequivalenz von Wärme und Arbeit die Wärmemenge, welche dem Körper in einer gewissen Zeit zugeführt werden muß, um die Abkühlung zu verhindern, die in Folge seiner Strahlung eintreten wird, äquivalent der lebendigen Kraft der ausgesendeten Strahlen, und die Wärmemenge, welche ihm entzogen werden muß, um die Erwär-

---

*) Kirchhoff, Untersuchungen über das Sonnenspectrum. S. 21.

mung durch Absorption von Wärmestrahlen aufzuheben, äquivalent der lebendigen Kraft der absorbirten Strahlen.

Wir haben vorstehende Erörterungen über die Analogie zwischen Wärme- und Lichtstrahlen an dieser Stelle mitgetheilt, um das Verständniß des folgenden von Kirchhoff*) aufgestellten Satzes zu erleichtern. Derselbe lautet: Für jede Gattung von (Wärme- oder Licht-) Strahlen ist das Verhältniß zwischen dem Emissionsvermögen und dem Absorptionsvermögen für alle Körper bei derselben Temperatur das gleiche. Aus diesem Satze folgt, daß ein glühender Körper, der nur Lichtstrahlen von gewissen Wellenlängen aussendet, auch nur Lichtstrahlen von denselben Wellenlängen absorbirt. Auf die mathematische Begründung dieses Satzes, die Kirchhoff gleichfalls geliefert hat, können wir nicht eingehen; bemerken nur noch, daß der Satz sich auf solche Lichtstrahlen beschränkt, deren Ursache die Wärme ist, daß also Phosphorescenz und Fluorescenz ausgeschlossen werden.

Bringen wir in die Flamme eines Bunsen'schen Brenners eine Perle von Chlorlithium, so bemerkt man im Spectrum, wie schon früher bemerkt, mit großer Deutlichkeit eine glänzende rothe Linie, nebst einer lichtschwächeren blauen. Nehmen wir für unseren Fall nur die rothe Linie in's Auge, so können wir aus ihrem kräftigen Auftreten sofort den Schluß ziehen, daß das Emissionsvermögen der Flamme für Strahlen, welche dieselbe Wellenlänge besitzen, wie genannte rothe Linie, einen großen Werth hat, während das Ausstrahlungsvermögen für die übrigen sichtbaren Linien verschwindend klein ist. Nach dem oben angegebenen Satze muß mithin auch das Absorptionsvermögen für Strahlen von derselben Wellenlänge besonders hervortreten. Lassen wir die Strahlen, die von einem festen glühenden Körper austreten, auf die genannte Flamme auffallen, so werden in dem prismatischen Farbenbild, in dem continuirlichen Spectrum, welches Strahlen von jeder Wellenlänge enthält, gerade diejenigen fehlen, welche den rothen in Bezug auf Wellenlänge entsprechen, indem diese von der Flamme absorbirt werden. In dem Drummond'schen Kalklicht haben wir eine solche Lichtquelle, die ein continuirliches Spectrum liefert. Schieben wir zwischen diese Lichtquelle und den Spalt eine Gasflamme, die Lithiumdämpfe enthält, so erscheint auf dem Spectrum an der Stelle der rothen Linie eine dunkle; man hat ein Absorptionsspectrum.

Die Aussendung des rothen Lichtes hat in einer bestimmten periodischen Bewegung der Körpermoleküle ihren Grund, welche sich dem sie umgebenden Aether mittheilt. Die Theilchen des Lithiumdampfes besitzen eine den Schwingungen des Aethers in rothem Lichte entsprechende Os-

---

*) Pogg. Ann. 1860. Bd. 109. S. 276.

cillationsdauer, für welche Schwingungen dieselben eine gewisse Disponibilität haben. Wird Lithiumdampf von rothem Licht getroffen, so wird dasselbe absorbirt oder dadurch zurückgehalten, daß die Oscillationen dieser Strahlen geschwächt werden und an Geschwindigkeit verlieren, indem die Aethertheilchen bei jeder Schwingung mit den nebenliegenden in gleicher Periode schwingenden Lithiummolekülen zusammenstoßen. Es tritt also bei der Absorption eine Abschwächung der Bewegung ein, so daß nur der Bewegungszustand modificirt wird, nämlich Schwingungen, die Licht bewirken, verändern sich in solche, welche Wärme hervorbringen, gerade so wie die Wärmeschwingungen ursprünglich zur Entstehung von Lichtschwingungen Anlaß gegeben haben.

Schon Foucault*) hatte bei seinen Untersuchungen über die Spectren des elektrischen Bogens zwischen Spitzen von Kohlen und verschiedenartigen Metallen die Beobachtung gemacht, daß die hellen Natriumlinien, welche in demselben vorhanden waren, in dunkle verwandelt wurden, wenn er das Licht, welches von einer der Kohlenspitzen ausgegangen und durch den Bogen getreten war, zum Spectrum auseinanderlegte. Sonnenstrahlen, die er durch den Bogen leitete, riefen sofort die dunkeln D Linien hervor.

Will man das Absorptionsspectrum des Natriums herstellen, so muß man sich einer Alkoholflamme bedienen, deren Temperatur sehr niedrig ist. Zu diesem Zwecke löst man Kochsalz in wässrigem Alkohol, der mit so viel Wasser verdünnt ist, als es eben angeht. Eine solche Alkoholflamme bringt man vor den glühenden Platindraht oder vor das Drummond'sche Kalklicht. Die Leuchtgasflamme eignet sich zu diesem Versuche nicht, da ihre Temperatur zu hoch ist. Sowohl der glühende Platindraht, als auch das glänzende weiße Drummond'sche Kalklicht geben ein continuirliches Spectrum ohne dunkle Linien. Sobald die Kochsalzflamme zwischen Spalt und Lichtquelle tritt, so erscheint an der Stelle des Spectrums, wo die Fraunhofer'sche D sich befindet, eine dunkle Linie, die beim Entfernen der Flamme sofort wieder verschwindet. In gleicher Weise bringt eine Kochsalzflamme auf jedes continuirliche Spectrum von jeder beliebigen Lichtquelle dieselbe Wirkung hervor, vorausgesetzt, daß die Temperatur des glühenden Natriumdampfes eine geringere sei, als die der Lichtquelle. Der Versuch wird um so besser ausfallen, je geringer die Leuchtkraft der Kochsalzflamme ist, da letztere von der Temperatur bedingt ist, so eignet sich eine Weingeistflamme besser zu diesem Experimente, als eine Leuchtgasflamme.

Unter den Versuchen, die Kirchhoff zum Beweise des oben angegebenen Satzes angeführt hat, will ich nur noch einen erwähnen, der leicht

---

*) L'Institut. 1849. p. 45.

anzustellen ist. Roscoe hat diesen sehr schönen und schlagenden, experimentellen Beweis für die Richtigkeit des Satzes, daß jedes glühende Gas Strahlen von der Brechbarkeit, welche es selbst aussendet, in einem von der Höhe der Temperatur und Lichtintensität abhängigem Grade absorbirt, angegeben. Derselbe hat in einer mit Wasserstoffgas gefüllten, senkrecht aufgehängten Gasröhre etwas Natriummetall eingeschlossen und erhitzt, so daß das Natrium verdampfte. Die entstandenen Natriumdämpfe waren in dem Lichte einer gewöhnlichen Flamme ganz unsichtbar, d. h. farblos und durchsichtig. Sobald sie vor eine Flamme, die das gelbe Natriumlicht aussendet, z. B. vor die oben beschriebene Kochsalzflamme gehalten wurde, erschien der Natriumdampf als ein schwarzer Rauch, der einen kräftigen Schatten warf. Kirchhoff und Bunsen brachten eine solche Röhre vor das Spectroscop und ließen die Strahlen einer gewöhnlichen Kerzenflamme durch die erhitzte Röhre in den Apparat eintreten. Auf diese Weise gelang es, zwei dunkle Linien in dem continuirlichen Spectrum hervorzurufen, die genau der Lage derjenigen hellen Linien entsprechen, welche der Natriumdampf beim Glühen selbst aussendet. Wir erkennen auch aus diesem Versuche die Uebereinstimmung der Schwingungsdauer des vom Natriumdampf im Glühen ausgesendeten und des von ihm absorbirten Lichtes. Alle andere Lichtstrahlen gehen ungeschwächt durch den Natriumdampf hindurch.

Als veranschaulichendes Bild der Absorption, die eine Flamme auf solche Strahlen ausübt, wie sie sie selbst aussendet, können wir nach Stokes die Resonanz, die in einem tonfähigen Körper erregt wird, durch Tonwellen von der Höhe derer, die dem Körper selbst zukommen, aufstellen. Schlagen wir auf einem Klavier einen Ton an, so tönt häufig ein anderer Körper, der sich in demselben Raume befindet, mit; für alle andere Töne ist der betreffende unempfindlich. Nur solche absorbirt und emittirt er, für welche seine Theilchen die entsprechenden Schwingungen ausführen können.

Kehren wir zur Besprechung der oben angegebenen Beispiele zurück, so haben wir also eine Methode kennen gelernt, nach welcher man die hellen Linien in dunkle umwandeln, oder, wie Kirchhoff die Erscheinung nennt, „umkehren" kann. In unserem Falle erhöht die Lithiumflamme die Helligkeit des rothen Strahles durch ihr eigenes Licht, während sie von der Lichtfülle, welche der Strahl von gleicher Wellenlänge von dem Drummond'schen Kalklicht erhält, eine gewisse Quantität absorbirt. Ein derartiges Spectrum wollen wir ein Absorptionsspectrum erster Ordnung nennen. Nehmen wir an, die Absorption betrage $1/4$; alsdann verliert der rothe Strahl $1/4$ derjenigen Helligkeit, welche derselbe an dieser Stelle haben würde, wenn das Drummond'sche Kalklicht allein vor dem Spalte aufgestellt worden wäre. Beträgt die Helligkeit des Lichtes der Lithiumflamme weniger als $1/4$ der genannten Lichtintensität, so wird in dem prismatischen Bilde die rothe Linie nicht dieselbe Lichtfülle besitzen, wie die anderen benachbarten Strahlen. Von zwei leuchtenden Körpern, die verschiedene Lichtintensität haben, erscheint uns derjenige dunkler, welcher die geringere hat, und um so dunkler, je größer die Verschiedenheit in dieser Beziehung ist. Wir sehen also bei gleichzeitiger Wirkung beider Lichtquellen unter dem angegebenen Verhältnisse die Lithiumlinie dunkel auf hellerem Grunde. Würde die Helligkeit der Lithiumlinie, während die Strahlen der hinteren Lichtquelle abgeblendet sind, gerade gleich $1/4$ von der Helligkeit sein, welche an derselben Stelle des Spectrums stattfindet, während die hintere Lichtquelle allein wirkt, so würde bei gleichzeitiger Wirkung beider Flammen keine Veränderung der Helligkeit des Spectrums an dem bezeichneten Orte eintreten. Hat die Lithiumflamme eine größere Helligkeit, so zeigt sich bei gleichzeitiger Wirkung beider Flammen die Lithiumlinie hell auf dunklerem Grunde.

Die Lichtintensität der dunklen Linien kann durch die entferntere Lichtquelle, von der das continuirliche Spectrum herrührt, nicht verringert werden, ja sie wird, da die Absorption nur eine theilweise ist, durch diese sogar noch vermehrt. Das Dunkelwerden der Lithium- oder Natriumlinie ist nur eine Contrastwirkung, welches Kirchhoff experimentell bewiesen hat.*) „Er benutzte als Lichtquelle die Sonne; durch Anwendung verschiedener Mittel war er im Stande, Sonnenspectra von verschiedener Lichtstärke herzustellen; ein mäßig helles Sonnenspectrum konnte bei einer Natriumflamme keine Umkehrung bewirken, im Gegentheil, auf demselben erschien die helle gelbe Natriumlinie in der ihr eigenthümlichen Lage. Wurde jedoch die Lichtintensität des Sonnenspectrums gesteigert, so nahm die der Natriumlinie im selben Verhältnisse ab, fiel volles Sonnenlicht auf den Spalt und auf die vor diesem befindliche Flamme, so erschien die Natriumlinie vollkommen schwarz; je näher die Flamme dem Spalte stand, um desto deutlicher war die Umkehrung der gelben Linie in eine dunkle zu beobachten, bei allmäliger Entfernung derselben erblaßte die schwarze Linie, bis sie endlich ganz verschwand."

Bunsen und Kirchhoff haben auch die Umkehrung der Linien des Kaliums, Strontiums, Calciums und Bariums nachgewiesen.

Ebenso hat Wüllner**) gezeigt, daß, wie die D Linie durch die absorbirende Wirkung des Natriumdampfes sichtbar wird, in gleicher Weise durch die absorbirende Wirkung des Joddampfes eine ganze Reihe dunkler Streifen entstehen, welche genau an der Stelle der hellen Linien

---

*) Lielegg, Spectralanalyse. S. 72.
**) Pogg. Ann. Bd. 120. S. 158.

stehen, welche man beobachtet, wenn man das Licht einer Flamme, in welcher Joddampf glüht, durch das Prisma analysirt.

Nro. 9 auf Tafel III. stellt das Absorptionsspectrum des violetten Joddampfes dar. Die Absorptionsstreifen erscheinen zwischen den Fraunhofer'schen Linien C bis fast F als beinahe gleichweit abstehende schwarze Streifen, so daß der helle Zwischenraum mit den schwarzen Streifen fast gleiche Breite hat. Jedoch dürfen die Joddämpfe nicht zu dicht sein; werden dieselben dichter, so ändert sich zwar der Charakter des Absorptionsspectrums im Rothen und Gelben bis zum Grünen nicht; die einzelnen dunklen Streifen werden nur dunkler und ein wenig breiter. Das Grüne dagegen bedeckt sich bei dichter werdendem Joddampfe mit einem dunklen Schleier, der immer dichter wird und schließlich das Grün vollständig auslöscht.

Da die Lichtintensität glühender Körper von ihrer Temperatur abhängt, so wird die hintere Lichtquelle das Spectrum der vorderen nur umkehren, wenn sie eine höhere Temperatur als diese besitzt, und die dunklen Linien werden um so deutlicher hervortreten, je größer der Temperaturunterschied beider Lichtquellen ist; denn ist die Temperatur der beiden Lichtquellen dieselbe, so läßt die vordere das Spectrum der hinteren gerade ungeändert nach dem von Kirchhoff aufgestellten Grundsatz, vorausgesetzt, daß der glühende Körper alle Strahlen, die auf ihn fallen, vollkommen absorbirt.

Dasselbe, was in Vorstehendem von den Spectra der genannten Stoffe gesagt worden ist, findet Anwendung auf die Spectra sämmtlicher Elemente, so daß wir im Stande sind, die Absorptionsspectra erster Ordnung sämmtlicher Elemente darzustellen und umgekehrt aus dem Erkennen der dunklen Linien im Absorptionsspectrum auf die Gegenwart der entsprechenden Metalle in dem absorbirenden Gase einen Schluß zu ziehen.

2) Das Absorptionsspectrum zweiter Ordnung.

Bringt man zwischen eine Lichtquelle, die ein continuirliches Spectrum liefert, und den Spalt eines Spectroscops einen farbigen, durchsichtigen Körper — mag er im festen, flüssigen oder gasförmigen Aggregatzustande sich befinden, — so erblickt man das continuirliche Spectrum mehr oder weniger verändert. Der zwischen geschaltete Körper absorbirt mehr oder weniger von den Strahlen, d. h. er übt auf die Wellenbewegung der Aethertheilchen, durch welche die betreffenden Strahlen hervorgebracht werden, eine solche Wirkung aus, daß sie nicht mehr eine Lichtwirkung hervorrufen können. Das auf diese Weise erhaltene Spectrum, bei welchem die Strahlen keinen Zuwachs von Helligkeit erhalten, nennen wir ein Absorptionsspectrum zweiter Ordnung.

Um den Unterschied zwischen den beiden Absorptionsspectra nochmals hervorzuheben, bemerken wir, daß bei dem Absorptionsspectrum erster Ordnung der absorbirende Körper glühend und selbstleuchtend ist, während bei dem zweiten der absorbirende Körper nicht glühend und nicht selbstleuchtend ist. Im ersteren Falle läßt sich das Absorptionsspectrum durch Verminderung der Temperatur der zweiten Lichtquelle in ein direktes verwandeln, was im zweiten Falle nicht möglich ist.

a. Zur Hervorrufung solcher Absorptionsspectra mittelst fester Körper eignen sich besonders die farbigen Gläser. *) Man bedient sich in der Regel der blauen, violetten, rothen und grünen Gläser. Das blaue, durch Kobaltoxydul gefärbt, liefert ein Spectrum, welches von mehreren dunklen Streifen durchbrochen ist. Das violette ist durch Manganoxyd, das rothe (Ueberfangglas) durch Kupferoxydul und das grüne durch Eisenoxyd und Kupferoxyd gefärbt. Die im Handel vorkommenden Sorten, wie sie zur Verzierung von Fenstern gebraucht werden, haben meist die richtigen Nüancen.

Figur 1. Taf. III. zeigt das Absorptionsspectrum eines durch Kobalt blau gefärbten Glases, welches dem Spectrum, das eine Lösung von Chlorkobalt in absolutem Alkohol liefert, ähnlich ist. Die blauen mit Kobaltoxydul gefärbten Gläser zeigen einen größeren oder kleineren Theil des Anfangsroth; Gelb, einen Abschnitt des Grün, Blau und Violett. Nach einer Angabe von Arago **) fand Young eine blaue Glassorte, die ein aus sieben gesonderten Stücken bestehendes Spectrum darbot. Er beobachtete zwei rothe, ein grüngelbes, ein grünes, ein blaues, ein blauviolettes und ein äußerst violettes Band. Die Tiefe der Farbe und die Dicke des Glases führen merkliche Abweichungen der Spectra herbei.

Die violetten mit Manganoxyd gefärbten Gläser lassen einen breiten zwischen C und D gelegenen Streifen heller, die unmittelbare Umgebung von D dunkler, einen hellgrünen Streifen dunkler und Dunkelgrün und Hellblau schattiger durch.

Die rothen Gläser, die sogenannten Rubingläser, deren Färbung durch Kupferoxydul hergestellt ist, werden als die verhältnißmäßig homogensten und als solche angesehen, die nur rothes Licht durchlassen. Die spectralanalytische Untersuchung zeigt jedoch, daß alle orangefarbene und manche selbst noch gelbe Strahlen außer den rothen liefern. In Fig. 3. Taf. III. ist das Absorptionsspectrum eines rothen, mit Kupferoxydul gefärbten Glases dargestellt.

*) Simmler. Pogg. Ann. Bd. 115. 1862. S. 599—603. Ferner: Valentin. Der Gebrauch des Spectroscops. S. 48. Ferner: Fresenius. Anleitung zur qualitativen chemischen Analyse. 12. Aufl. S. 32. Ferner: Lielegg. Die Spectralanalyse. S. 88.
**) F. Arago, Oeuvres complètes. Tome VII. Paris, 1858. p. 442.

Es giebt grüne Gläser, welche die Farben von dem gewöhnlichen rothen Anfange des Spectrums oder der Nachbarschaft desselben bis über G, andere von B oder C bis beinahe F oder bis G durchlassen.

Aus dem Vorstehenden ersehen wir, daß es überhaupt keine einfarbigen Gläser giebt, selbst die besten lassen eine große Reihe von Strahlen verschiedener Brechbarkeit durch, die der Beurtheilung des unbewaffneten Auges entgehen. In gleicher Weise sind die Farben, welche die verschiedenen Körper der Natur zeigen, mögen sie durchgehendes oder reflectirtes (zerstreutes) Licht in's Auge senden, niemals reine prismatische Farben, sondern mehr oder weniger aus verschiedenen einfachen Spectralfarben zusammengesetzt. Letzteres läßt sich für die Farben undurchsichtiger Körper mit Hülfe der Spectralanalyse leicht beweisen.

Ein Körper würde weiß erscheinen, wenn er das auf ihn fallende weiße Licht nach allen Seiten hin regelmäßig und gleich gut zerstreuen, oder wie man sagt, diffundiren würde. Gerade in Folge der Diffussion des Lichtes, welches auf die Oberfläche undurchsichtiger Körper fällt, sind dieselben ja sichtbar. Ist die Diffussion nicht gleichmäßig für alle Strahlen, werden also gewisse Strahlen stärker diffundirt, während andere dagegen ganz oder theilweise absorbirt werden, so erscheint der Körper farbig.

Fig. 15.

Die prismatische Untersuchung der Farben undurchsichtiger Körper, welche wir, obgleich von einem Absorptionsspectrum in dem oben angegebenen Sinne nicht die Rede sein kann, an dieser Stelle beschreiben wollen, findet in folgender Weise statt:

In einem dunklen Zimmer stellt man nach der oben Seite 32 angegebenen Weise ein Sonnenspectrum her, welches die hauptsächlichsten der Fraunhofer'schen Linien zeigt, fängt jedoch das Spectrum nicht auf einem weißen Schirme auf, sondern auf einem solchen, dessen obere Hälfte mit weißem, dessen untere Hälfte mit dem zu untersuchenden gefärbten Papiere überzogen ist.

Der Schirm, wie ihn Fig. 15 vorstellt, ist auf der oberen Hälfte mit weißem, auf der unteren mit farbigem Papier überzogen und kann mittelst eines Stativ so gestellt werden, daß die Grenzlinie des weißen und farbigen Papiers das Spectrum gerade der Länge nach halbirt.

Bringt man auf die untere Hälfte des Schirmes ein hochrothes Papier, so erhält man ein Spectrum unter den angegebenen Umständen, welches in Fig. 5. Taf. III. abgebildet ist. In der unteren Hälfte des Spectrums erkennt man die verschiedenen rothen Strahlen von der äußersten Grenze des Spectrums bis zur Gränze des Orange, vielleicht auch noch einige orangefarbenen; dagegen fehlen Gelb, Grün, Blau und Violett. Betrachtet man dieses Spectrum durch eine Lösung von Chlorkupfer, welches gar keine rothen Strahlen durchläßt, so erscheint die untere Hälfte des Schirmes vollkommen schwarz, die obere grün.

b. Die Beobachtung, daß das Sonnenspectrum eine Aenderung erleidet, wenn man die Sonnenstrahlen vor ihrer Zerlegung mittelst des Prismas durch gefärbte Lösungen gehen ließ, eröffnete der Anwendung der Spectralanalyse ein recht fruchtbares und ergiebiges Feld. Die Lösungen von Farbstoffen, Alkaloïden, die Extracte von Pflanzen= und Thierstoffen, pflanzliche und thierische Flüssigkeiten, wie Chlorophyll und Blut, geben charakteristische Absorptionsspectra. *) Wenn auch die Absorptionserscheinungen der Flüssigkeiten nicht in derselben Schärfe und Deutlichkeit auftreten, wie die hellen Spectrallinien der Metalle, so bieten sie dennoch dem Physiologen nicht blos zu optischen Beobachtungen, sondern auch zu manchen Untersuchungen über die Aufsaugung, die Lymphbewegung, den Blutlauf, die Absonderungen und die Ernährung ein schätzenswerthes Hülfsmittel. Ebenso dem Gerichtsarzt zur Erkennung von Blutflecken und zum Nachweis mancher Gifte, wie dem Chemiker zur Auffindung mancher Stoffe, wenn ihn die gewöhnlichen chemischen Untersuchungsweisen im Stiche lassen.

Valentin, der die Absorptionsspectra einer großen Reihe von farbigen Flüssigkeiten untersuchte, gelangte zu folgenden Resultaten **):

1) Daß im Allgemeinen unter den scheinbar einfarbigen Flüssigkeiten die gelben das ganze Spectrum durchzulassen pflegen. Die bald zu erwähnende Eigenthümlichkeit des Olivenöls und des Bergamottöls macht eine Ausnahme von dieser Regel.

2) Die von einzelnen Schriftstellern als vorzugsweise einfarbig hervorgehobenen Lösungen des Carmins, des Schwefelcyaneisens, des Kupferoxydammoniaks oder des Berlinerblau lassen immer noch eine verhältnißmäßig große Menge verschiedener Farben durch.

3) Manche Lösungen, z. B. die mit Weingeist verdünnte Rhabarbertinktur, die untersuchte gelbe, reine Sorte des Olivenöles und das Bergamottöl verlängerten das Spectrum jenseits A nach dem Anfange

---

*) Valentin, der Gebrauch des Spectroscopes. Ferner: J. Haerlin. Ueber das Verhalten einiger Farbstoffe im Sonnenspectrum. Pogg. Ann. Bd. 118. 1863. S. 70.
**) C. Valentin. Der Gebrauch des Spectroscopes. S. 65.

des Wärmespectrums hin. Hiermit verband sich die Eigenthümlichkeit, daß daneben ein schwarzes Band im Roth auftrat. Das reine und das minder reine Olivenöl lieferten noch zwei mattere Schattenbänder im Grün. Alle diese dunklen Streifen fehlten dagegen dem sehr reinen und fast farblosen Olivenöl. Sie rührten also von Beimengungen von Xanthophyll durch das Pressen her. Diese Auffassungsweise wird noch dadurch gestützt, daß die reinen Fette des Menschen, des Hundes, des Adlers und der Schildkröte keine Spectralbänder lieferten.

4) Manche braunrothe Flüssigkeiten, wie die aromatische Tinktur, die Pomeranzen-, die Rhabarbertinktur erzeugten breitere oder schmalere schwarze Bänder im Roth. Diese sind für uns um so merkwürdiger, als das Hämatin- und das Häminspectrum des Blutes etwas Aehnliches darbietet und wir das Gleiche in manchen giftigen Tinkturen wiederfinden.

5) Andere Flüssigkeiten, z. B. die Lösungen des Chromchlorids oder des Indigocarmins, zeigen breite, dunkle Bänder in den gelben, grünen oder blauen Theilen des Spectrums. Die Wirkung der Kobaltlösung giebt ein deutliches Beispiel, wie bisweilen das freie Auge die wahre Farbenbeschaffenheit unrichtig beurtheilt.

6) Manche an und für sich wenig gefärbte Lösungen, z. B. des Eisenchlorids und vorzugsweise des salpetersauren, des schwefelsauren und des essigsauren Kupferoxyds verlöschen den rothen Anfangstheil des Spectrums. Die letzteren Salze leisten daher bisweilen gute Dienste bei Fluorescenzuntersuchungen.

Fig. 16.

Zur Beobachtung der Absorptionsspectra gefärbter Flüssigkeiten bedient man sich des Gefäßes Fig. 16, welches mit dem zu untersuchenden Körper gefüllt, entweder dicht hinter den Spalt, durch welchen die Sonnenstrahlen in das dunkle Zimmer eintreten, oder zwischen Spalt des Spectroscopes und Lichtquelle aufgestellt wird. Dasselbe ist aus Messingblech angefertigt, in welchem die beiden breiten Seitenflächen durch Glasplatten gebildet sind. Um mit wässrigen Flüssigkeiten arbeiten zu können, müssen die Glasplatten mit Schellack, bei alkoholischen und ätherischen Lösungen mit Hausenblase aufgekittet sein.

Von den Absorptionsspectra der vielen gefärbten Flüssigkeiten, die man bereits untersucht hat, wollen wir nur einige wenige angeben.

Chlorophyll. Das Absorptionsspectrum des Chlorophylls oder Blattgrüns ist Gegenstand der Untersuchungen vieler Forscher gewesen, unter anderen haben Brewſter*), Angſtröm**), Stockes***), Harting****), Weiß†), Simmler††), Valentin†††) und Hoppe ſich mit dem Einfluß des Chlorophylls auf das Spectrum beſchäftigt.

Die Löſung des Chlorophylls in Aetheralkohol giebt (ſ. Figur 13. Tafel I.) in einer Schicht von 2,5ᵐ Dicke das äußerſte Roth von etwa A bis B, zwiſchen B und C einen Abſorptionsſtreifen, einen ſchmalen Streifen Orangeroth, einen breiteren Abſorptionsſtreifen bis zu D, von da an gelbes und grünes Licht bis zu E hin, einen Abſorptionsſtreifen über den Linien E b und endlich ein ſchmales Stück Blaugrün bei b. Die blauen und violetten Töne werden ausgelöſcht; die beiden letzteren Lichtarten werden zugleich in rothes Licht umgewandelt, eine Fluorescenzerſcheinung, welche hier nicht näher in's Auge gefaßt werden kann.

Kupferoxydammoniak. ††††) Eine Schicht von 2,5ᵐ Dicke giebt im diffuſen Sonnenlicht und mit Hülfe eines Flintglaspriſmas oder des Mouſſon'ſchen Spectroſcops alles Blau von F an und das Violett, letzteres ſehr hell. Wenn aber das Sonnenbild im Spectrum auftritt, in welchem Falle alle Farben bekanntlich faſt weiß werden, ſo kann man auch noch Grün, Gelb und ſelbſt viel Roth erkennen. Figur 11. Tafel II.

Berlinerblau. Eine Löſung von Berlinerblau in Oxalſäure läßt in einer Schicht von 0,7 Centimeter Dicke bei gutem Tageslichte das Spectrum von D $\frac{1}{10}$ E bis G $\frac{1}{8}$ H oder bei ſtärkerer Concentration bis F $\frac{3}{4}$ G durch, ſo daß alſo auch hier noch das violette Ende des Spectrums abſorbirt wird. S. Fig. 12. Taf. II.

Indigo. Fig. 13. Taf. II. giebt das Abſorptionsſpectrum einer Löſung von ſchwefelſaurem Indigo. Ein Theil des Roth tritt hervor, von ungefähr C bis D $\frac{3}{4}$ E ein dunkler Bezirk, hierauf hell bis F $\frac{3}{4}$ G oder F $\frac{5}{8}$ G. Es wird alſo das äußerſte Roth, Orange, Gelb, etwas Grün und ein Theil von Indigo und Violett abſorbirt. Wir erſehen hieraus, daß die Farbe des Indigo nicht mit der Farbe „Indigo" des Spectrums übereinſtimmt.

Chlorkupfer. Eine Löſung von Chlorkupfer läßt nur grüne

---

*) Brewster, Transactions of the Royal Society of Edinburgh. Vol. II. Edinburgh, 1834. 4. p. 133 und p. 538—545.
**) Angſtröm. Pogg. Ann. Bd. XCIII. 1854. S. 475.
***) Stockes, Philos. Transactions. 1862. p. 460. und Pogg. Ann. Ergänzungsband IV. 1853. S. 218.
****) Harting. Pogg. Ann. Bd. XCVI. 1855. S. 543—50.
†) Weiß. Sitzungsberichte der Wiener Akademie. Bd. XLIII. 1861. S. 210. 212. Pogg. Ann. Bd. CXII. 1861. S. 153—156.
††) Pogg. Ann. Bd. CXV. 1862. S. 611—614.
†††) Der Gebrauch des Spectroſcopes. S. 69.
††††) Vergl. Valentin, a. a. O. Nr. 65. Müller-Pouillet. Lehrbuch der Phyſik. 7. Aufl. 1868. S. 612. Simmler, Pogg. Ann. Bd. CXV. 1862. S. 605.

und einen Theil der gelben und der blauen Strahlen durch. Siehe Fig. 2. Taf. III.

Doppelt chromsaures Kali. Bei einer Schicht von 4 Centimeter Dicke zeigt sich im Spectrum der Theil von A bis b $^3/_4$ F hell; alles Uebrige absorbirt.

Uebermangansaures Kali. Sehr dünne Schichten lassen das Spectrum von dem Anfange desselben bis über G durch, geben aber 4 dunkle Bänder in gewöhnlichem und 5 in hellem Tageslichte. Das erste schwächste reichte ungefähr von D $^1/_6$ E bis D $^1/_3$ E, und die drei folgenden stärkeren von D $^1/_2$ E bis D $^2/_3$ E, von E bis b und von b $^3/_{10}$ F bis beinahe b $^1/_2$ F. Fig. 6. Taf. III.

Salpetersaures Didymoxyd. Gladstone*) entdeckte im Spectrum des Lichtes, welches durch verdünnte Lösungen von salpetersaurem Didymoxyd gegangen war, vier dunkle Linien. O. N. Rood**) hat diesen Versuch wiederholt. Er leitete Lampen- oder Sonnenlicht durch eine 12 Zoll lange Röhre; welche eine concentrirte Lösung des genannten Salzes enthielt, und analysirte es darauf mit dem Bunsen-Kirchhoff'schen Spectroscop. Das Spectrum zeigte sich durchschnitten von zwölf deutlichen, zum Theil sehr breiten Bändern, zum Theil so feinen Linien, daß zu ihrer Auflösung ein Prisma von starker Dispersivkraft erforderlich war. S. Fig. 7. Taf. III. Die Natriumlinie D wird gerade von einem dieser breiten Streifen fortgenommen und daraus entspringt der sonderbare Umstand, daß eine Natriumflamme, wenn man sie durch eine fußlange Schicht einer Didymlösung betrachtet, unsichtbar ist, während weiße Gegenstände, in derselben Weise untersucht, nur schwach gefärbt erscheinen.

Fig. 7. Taf. III. stellt das Absorptionsspectrum des salpetersauren Didymoxyds dar, welches eine schwache Lösung (eine fast farblose, kaum merklich rosenrothe Flüssigkeit) liefert. Bei Anwendung concentrirterer Lösungen treten noch andere Streifen auf (siehe Umkehrung der Absorptionsspectra).

c. Die durch farbige Gase erhaltenen Absorptionsspectra zweiter Ordnung unterscheiden sich sehr von den vorhin genannten, die mittelst durchsichtiger, gefärbter, fester und flüssiger Körper hervorgerufen werden. Die Farben des Spectrums erleiden zwar auch in diesem eine größere oder geringere Aenderung, was aber das Wichtigste ist, dieselben sind von vielen dunklen Linien durchzogen, die mit den Fraunhofer'schen große Aehnlichkeit haben. Mit der größten Deutlichkeit und Schärfe zeigen sich diese dunklen Linien bei den Dämpfen der Untersalpetersäure, des Jods und des Broms, sowie bei den

---

*) Gladstone: Spectres d'absorption, didyme. Soc. Chem. Q. J. t. X. p. 219.
**) Sillim. Journ. N. Ser, Vol. XXXIV. p. 189. Pogg. Ann. 117. 350.

Dämpfen der Unterchlorsäure, der chlorigen Säure, des Manganjuperchlorids u. s. w. Auch die Atmosphäre absorbirt manche Sonnenstrahlen, so daß ein Theil der im Sonnenspectrum fehlenden Farben in unserer Atmosphäre und nicht in der Sonne verloren geht. Wenn die Sonne hoch steht, so sieht man weniger Linien als bei dem Auf- und Niedergange derselben. Brewster, dem wir auch die ersten Mittheilungen über das Absorptionsspectrum durch farbige Gase verdanken, nannte sie atmosphärische Linien.

Um die Absorptionsspectra der farbigen Gase herzustellen, läßt man nach der oben angegebenen Weise das Sonnenspectrum entstehen, welches auf einem Papierschirm aufgefangen wenigstens die stärksten der Fraunhofer'schen Linien zeigt und hält alsdann unmittelbar hinter den Spalt eine mit dem Gase gefüllte Röhre von $3/4$ bis 1 Zoll Durchmesser. Nach Müller eignet sich besonders Apparat Figur 17. zu diesem Zweck.*) Er besteht aus einer innen mattgeschliffenen Glaskugel, wie solche gegenwärtig allgemein für Lampen gebraucht werden. Die beiden einander gegenüberliegenden Oeffnungen sind durch Platten von Spiegelglas verschlossen, welche durch zwei Metallplatten mittels dreier Schrauben angedrückt werden. In diese Kugel kann man leicht durch eine seitliche Oeffnung die zu untersuchenden Gase oder Dämpfe einbringen.

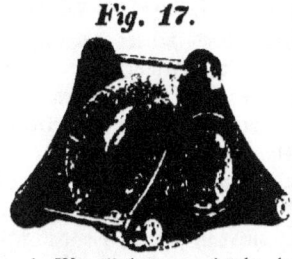

Fig. 17.

Salpetrige Säure. Brewster machte zuerst die Entdeckung, daß die Dämpfe der salpetrigen Säure, wie sie der rothen rauchenden Salpetersäure entsteigen, wenn sie auf der Bahn der Sonnenstrahlen eingeschaltet werden, in dem Spectrum eine Menge dunkler Streifen**) hervorrufen, die bei geringer Dampfdichte im Blau, bei größerer außerdem noch im Grün, bei noch beträchtlicherer auch im Roth auftreten. Fig. 8. Taf. III. stellt das Absorptionsspectrum der salpetrigen Säure dar. Weiß***) fand, daß bei einer Vergrößerung der Gasdichte sich die Distanz der Linien von einander verringert, mit anderen Worten: daß die Spectrallinien desto weiter von einander abstehen, je geringer die Dichte (also auch die Färbung) der Untersalpetersäure ist. Je mehr das Salpetergas (die salpetrige Säure) erhitzt wird, desto intensiver roth wird seine Färbung, in demselben Grade nimmt sowohl die Stärke, als auch

---

*) Müller-Pouillet. Lehrbuch der Physik. Bd. I. 1868. S. 617.
**) Brewster, Transactions of the Royal Society of Edinburgh. Tome XII, 1834. p. 522. Pogg. Ann. Bd. 33. 1834. S. 283.
***) A. J. Weiß. Sitzungsberichte der Wiener Akademie. Bd. 43. S. 208. Pogg. Ann. Bd. 112. 1861. S. 153.

die Anzahl der dunklen Linien zu, so daß die vollständige Absorption mehr und mehr gegen das rothe Ende hin fortschreitet. Man kann sogar durch fortgesetztes Erwärmen das Gas, ohne daß eine Zersetzung eintritt, vollständig schwarz machen, so daß kein Sonnenstrahl durchzudringen vermag. *) Eine oberflächliche Anschauung des Absorptionsspectrum der salpetrigen Säure erhält man, wenn man mit einem Spectroscop à vision directe die durch den oberen Theil einer Flasche, welche zur Hälfte mit rother rauchender Salpetersäure gefüllt ist, durchgehenden Sonnenstrahlen beobachtet.

Jod. Das Absorptionsspectrum der Joddämpfe **) ist im Grün und in einem Theile des Blau bis auf zwei etwas hellere Partien mit einem dunklen Schatten bedeckt (zwischen C bis ungefähr F), welcher Theil schwarze Streifen enthält, die beinahe gleich weit von einander abstehen, so daß der helle Zwischenraum mit den schwarzen Streifen fast gleiche Breite hatte. Auf unserer Fig. 9. Taf. III. sind nur einige dieser Linien angegeben. Wüllner hat gezeigt, daß das Absorptionsspectrum des Jod die Umkehrung des Flammenspectrums ist, daß also die dunklen Streifen im Flammenspectrum dort liegen, wo das Absorptionsspektrum helle Streifen hat und umgekehrt. Die Folgerungen der Absorptionstheorie zeigen sich somit an dem Spectrum des glühenden Jodgases auf das schönste bestätigt, das glühende Jod sendet in der That das Licht aus, welches die violetten Dämpfe des Jod absorbiren.

Farblose Gase und Dämpfe liefern nach den bisherigen Untersuchungen keine Absorptionsstreifen; jedoch auch nicht alle farbigen. Sie fehlen z. B. im Chlor, im rothen Dampf von Chromoxydchlorid, im purpurnen der Uebermangansäure und im prachtvoll karmoisinrothen des Indigo.

Nach den jetzt vorliegenden Beobachtungen können farblose Gase nur dann einen linienerzeugenden Einfluß auf das Spectrum ausüben ***), wenn man sie in hinlänglich langen Schichten verwendet, weßhalb die Versuche im Kleinen ein auswählendes Absorptionsvermögen stets nur negirt haben.

F. Umkehrung der Absorptionsspectra.

Wir haben oben den allgemeinen Grundsatz aufgestellt, daß die glühenden Körper nur im gasförmigen Zustande ein Spectrum liefern,

---

*) Brewster. Pogg. Ann. Bd. 38. S. 50.
**) Miller. Pogg. Ann. Bd. 69. 1846. Leroux. Compt. rend. Tome LV. 1862. p. 126. Wüllner. Pogg. Ann. Bd. 120. 1863 S. 158.
***) F. Brasack. Das Luftspectrum. S. 35.

welcher Satz bis 1864 unangefochten bastand. In jenem Jahre *) machten Bunsen und Bahr die höchst interessante Entdeckung, daß auch feste und flüssige glühende Körper Spectra mit hellen Linien liefern können. Gleichzeitig zeigten sie, wie wir gleich näher angeben werden, daß es möglich sei, bei gewissen Substanzen die Umkehrung der dunklen Absorptionsstreifen in helle Spectralstreifen auf eine einfache Weise auszuführen.

In den letzten Jahren sind die schwedischen Mineralien, der Gadolinit, Cerit und Orthit, häufig Gegenstand der Untersuchung gewesen. Dieselben enthalten unter anderen: Yttererde, Erbinerde, Ceroxydul, Didymoxyd, Lathanoxyd und Terbinerde. Die Untersuchung der Gadoliniten von Popp **) machten die Existenz der Erbin- und Terbinerde zweifelhaft. Popp hielt die beiden Körper für Cer- oder Didymoxyd oder mit solchen verunreinigte Yttererde.

Delafontaine ***), welcher diese Untersuchungen wieder aufnahm, gelangte zu entgegengesetzten Resultaten. Er hält die Existenz beider Erden aufrecht, schreibt sogar dem Terbium ein besonderes Absorptionsspectrum zu, indem er sagt: „Die Terbinsalze zeigen, wenn sie nicht in allzu verdünnter Lösung sind, im Spectroscop mindestens zwei Absorptionsstreifen von gleicher Intensität, einer tritt im Gelb mehr bei D und der andere im Grün auf; sie fallen mit zwei Streifen des Didyms zusammen, aber bei gleicher Concentration sind sie weniger breit."

Bahr und Bunsen †), welche die Gadoliniterden einer neuen und sehr eingehenden Untersuchung unterworfen haben, bestätigen die Existenz der Erbinerde als Oxyd eines besonderen Elementes, aber nicht die der Terbinerde. Die vermeintlichen Terbium-Absorptionsbänder fallen in ihren Helligkeitsminimis zusammen mit den Helligkeitsminimis des Didym- und Erbium-Spectrums, sie werden schwächer und verschwinden endlich vollständig, wenn man nach der oben angegebenen Methode das Didym und Erbium aus den Lösungen entfernt, — wie man denn auch die nach Delafontaine's Methode dargestellte vermeintliche Terbinerde ohne Schwierigkeit in Erbinerde und Didymoxyd zerlegen kann. Bei diesen Untersuchungen ††) war es auch, daß Bahr und Bunsen ein eigenthümliches Verhalten der Erbinerde entdeckten, nämlich, daß dieser feste Körper in einer nicht leuchtenden Flamme erhitzt ein Spectrum mit hellen Streifen, welche intensiv genug sind, um sie zur Erkennung dieser Erde verwerthen zu können, liefert.

---

*) Annal. der Chemie und Pharmacie. 1864 und 1865.
**) Annal. der Chemie und Pharm. 131. 179. Mosander. Journal für prakt. Chemie. 30. 288.
***) Ann. d. Chemie und Pharm. 134. 104.
†) Ann. der Chemie und Pharm. 137. 1.
††) Ann. der Chemie und Pharm. Bd. 137. S. 13.

Die Lösungen der salpetersauren oder oxalsauren Erbinerde geben ein charakteristisches Absorptions-Spectrum, in welchem man namentlich vier Absorptionsstreifen erkennt, von denen der eine sich in zwei dicht bei einander liegenden Linien darstellt. Diese Streifen sind für das Erbium ganz charakteristisch, kein einziger derselben coincidirt mit den Streifen des Absorptionsspectrums der Didymsalzlösungen.

Bringt man eine kleine Quantität der salpetersauren Erbinerde auf einem Platindraht in die nicht leuchtende Flamme eines Bunsen'schen Gasbrenners und glüht stark und anhaltend bei Luftzutritt, so verwandelt sich das Salz in eine schwammige Masse von reiner Erbinerde, die eine schwach rosenrothe Farbe hat und in der Weißglühhitze nicht schmilzt. Bei noch stärkerem Erhitzen leuchtet die Substanz mit einem intensiv grünen Lichte und zuletzt bei einer sehr hohen Temperatur tritt der grüne Schein, welcher die Erbinerde in der Flamme umgiebt, so stark hervor, daß man zu der Vermuthung gedrängt wird, die Substanz verflüchtige sich und die hellen Streifen des Spectrums seien bedingt von dem aufsteigenden grünen Dampfe. Dem ist aber nicht so, indem der grüne Schein nicht von einer Verflüchtigung der Erbinerde herrührt, sondern eine einfache Folge der Irradiation ist, bedingt durch das außerordentlich große Emissionsvermögen derselben. Da es bei dieser Untersuchung wichtig ist, zu constatiren, daß eben keine Verflüchtigung stattfindet, sondern nur der feste glühende Körper die hellen Streifen aussendet, so müssen noch die Beweise für diese Annahme näher angegeben werden.

Zunächst wäre der Umstand in Betracht zu ziehen, daß Dämpfe, welche von der Substanz in der Flamme ausströmen, nach einer Hauptrichtung nach oben hin sich bewegen würden, welches Verhalten bei der leuchtenden Erbinerde nicht eintritt, da der grüne Schein gleichmäßig nach allen Richtungen nach oben und unten sich gleich weit ausdehnt. Einen zweiten Beweis für diese Annahme liefert die Thatsache, daß, wenn man die glühende Erbinerde so nahe vor den Spalt des Spectralapparates hält, daß man ohne das brechende Prisma ein deutliches Bild derselben erhalten würde, ein schmales continuirliches Spectrum entsteht, welches von intensiv hellen Streifen durchschnitten wird, die sich weder nach oben noch nach unten über die Grenze des Spectrums fortsetzen. Untersucht man dagegen einen Körper, welcher in der Flamme flüchtig ist und dessen Dämpfe ein Spectrum geben, so bemerkt man, wenn die Untersuchung in derselben Weise ausgeführt wird, unter dem continuirlichen Spectrum der festen Probe die Fortsetzung der Spectrallinien der glühenden Dämpfe. Ein drittes Argument liefert folgender Versuch. Schiebt man langsam zwischen Auge und glühender Erbinerde einen undurchsichtigen Körper mit schwarzem Rande, so wird in dem Augenblicke in welchem man mit dem Körper die glühende Erde verdeckt, der grüne Schein sofort verschwinden.

Wir ersehen also aus diesen Versuchen mit Sicherheit den Satz bewiesen, daß das Spectrum nur der festen glühenden Erde angehört und nicht ihren Dämpfen, daß also die Erbinerde unmittelbar beim einfachen Glühen im festen Aggregatzustande ein Spectrum mit hellen Linien giebt.

Das Emissionsvermögen der Erbinerde läßt sich bedeutend erhöhen, wenn man vor dem Glühen die schwammige Masse von Erbinerde mit einer nicht zu concentrirten Lösung von Phosphorsäure tränkt. Durch öftere Wiederholung dieser Operation werden Intensität und Schärfe der hellen Spectrallinien vermehrt. Jedoch ist hierbei eine gewisse Grenze zu beobachten, da sonst die Deutlichkeit des Spectrums sich wieder vermindert und zuletzt nur ein verschwommenes, schwaches Spectrum zurückbleibt. Die bei zu öfteren Wiederholung der genannten Operation resultirende phosphorsaure Erbinerde, eine mehr oder weniger durchsichtige, geschmolzene oder gefrittete Masse hat ein bedeutend geringeres Emissionsvermögen, als die nicht geschmolzene, schwammige Erbinerde, wie auch das von Kirchhoff aufgestellte Theorem lehrt.

Die hellen Streifen des außerordentlich schönen Erbinspectrums haben die gleiche Deutlichkeit und Schärfe, wie die grünen Barytlinien und coincidiren vollständig mit den Lichtminimis der dunklen Streifen des Erbium-Absorptionsspectrums. Es ist mithin das so erhaltene Spectrum die Umkehrung des Absorptionsspectrums.

Höchst interessant ist diese von den genannten Forschern beobachtete Thatsache: „daß man bei Vergleichung der Lichtmaxima der hellen Streifen mit den Lichtminimis der dunklen, welche die Absorptionsspectren der Erbinerdelösungen zeigen, findet, daß zwischen beiden eine vollkommene Coincidenz besteht."

Die Erbinerde ist also eine Substanz, welche die Umkehrung der dunklen Absorptionsstreifen in helle Spectralstreifen auf die einfachste Weise herzustellen erlaubt. Auch finden wir hierin einen Beweis für die Unveränderlichkeit der Lage der Spectrallinien eines Körpers, möge seine Temperatur unter 0^0 C liegen oder Tausende von Graden betragen, was sich theoretisch a priori nicht voraussagen ließ.

Auch die Didymerde gehört zu denjenigen Substanzen, die ein Absorptionsspectrum liefern. Fig. 7. Taf. II. stellt das Absorptionsspectrum, welches die Didymsalze unter den günstigsten Bedingungen liefern. Dasselbe wurde zuerst von Gladstone[*]) untersucht, später von O. L. Erdmann[**]), von Delafontaine[***]) und von Bahr und Bunsen eingehender

---

[*]) Quart. Journ. of the Chem. Soc. X. Nr. 29. p. 219.
[**]) Journal für praktische Chemie. 85. 395.
[***]) Ann. der Chemie und Pharm. 135. 195.

beschrieben. Das Didymspectrum enthält drei kräftige Streifen, die auf Taf. II. Fig. 7. mit $-\alpha$, $-\beta$ und $-\gamma$ bezeichnet sind. Außerdem noch eine Reihe von schwächeren, wie sie Fig. 7. Taf. II. zeigt.

Bunsen schmolz in einer Platinspirale eine geringe Menge Didymoxyd mit phosphorsaurem Natron-Ammoniumoxyd zu einem blasenfreien, durchsichtigen und amethystfarbigen Glase zusammen und brachte dasselbe zwischen den Spalt des Spectroscopes und eine Lichtquelle, die so aufgestellt war, daß ihre Strahlen in den Apparat einfielen. Er erhielt hierdurch das charakteristische Absorptionsspectrum der Didymverbindungen. Die stärkeren Absorptionsstreifen des Didymspectrums, namentlich die bei D liegende $-\alpha$, treten recht deutlich hervor, wenn man als Lichtquelle einen haarfeinen glühenden Platindraht wählt. Man läßt dessen Licht mittelst einer kleinen Linse auf den Spalt des Apparates fallen und bringt zwischen diesen und die Lichtquelle das Didymglas. Durch allmäliges Erhitzen der Perle mit einer nicht leuchtenden Flamme treten die Hauptabsorptionsstreifen stärker hervor, sie werden breiter und dunkler, so lange noch keine Glühhitze eingetreten ist. Wird die Temperatur nach und nach bis zur Glühhitze gesteigert, so nehmen die Hauptstreifen allmälig ab. Sie verlieren an Intensität und verschwinden zuletzt vollständig. Entfernt man bei diesem Punkte angelangt den als Lichtquelle dienenden Platindraht, so erscheint das Spectrum des geschmolzenen glühenden Didymoxyds (s. Fig. 8. Taf. II.), welches genau an der Stelle der wichtigsten dunklen Streifen $-\alpha$ und $-\beta$ Figur 7., helle Streifen $+\alpha$ und $+\beta$ Figur 8. auf dunklem Grunde erkennen läßt. Wenngleich das Emissionsspectrum des Didymoxyds nicht so scharf und deutlich ist als das Erbin-Emissionsspectrum, so zeigt sich doch auch bei den Didymspectren, daß die Hauptlinien, was Lage der Maxima und relative Intensität anbelangt, vollkommen übereinstimmen.

G. Ausführung der Spectralanalyse.

Nachdem wir den Spectralapparat und die verschiedenen Arten der Spectra glühender Körper kennen gelernt haben, können wir uns zur Beschreibung der Methoden und Operationen, die bei der Ausführung der Spectralanalyse bekannt sein müssen, übergehen. Wir folgen hierbei hauptsächlich der Anleitung, die Grandeau in seiner Instruction pratique sur l'analyse spectrale gegeben hat.

1) **Arbeitszimmer.** Bei öfterer Anwendung des Spectroscops ist es am zweckmäßigsten, dasselbe mit seinem Zubehör in einem eigens für diesen Zweck bestimmten Zimmer aufzustellen. Diese Vorsicht bietet einen doppelten Vortheil, einerseits den Apparat der Einwirkung der auf

dem Laboratorium sich entwickelnden Dämpfe zu entziehen, andererseits den Verlust an Zeit zu vermeiden, der bei der Aufstellung des Spectroscops, wenn er von einer Stelle zur andern transportirt wird, nothwendig eintreten muß. Der Apparat, der, wie oben angegeben, aufgestellt ist, kann zu jeder Zeit sofort benutzt werden und seine Conservirung verlangt keine Sorge. Ein Zimmer, welches nach Süden liegt, verdient den Vorzug, damit man nach Belieben einen Sonnenstrahl mit Hülfe eines Heliostaten eintreten lassen kann. Ein Fensterladen von Holz mit einer kreisrunden Oeffnung von ungefähr 1 Decimeter Durchmesser, die mit einem Schieber leicht geschlossen werden kann, dient zu dem Zwecke, das Zimmer, wenn es nöthig ist, in eine camera obscura umzuwandeln, was bei genauen spectralanalytischen Untersuchungen unumgänglich erforderlich ist.

Als Unterlage des Spectroscops und seines Zubehörs ist anzurathen eine Tischplatte von ungefähr einem Quadratmeter Oberfläche, und 1ᵐ25 Höhe. Diese Verhältnisse erlauben, sämmtliche zur Beobachtung nothwendigen Instrumente mit Einschluß des Ruhmkorff'schen Apparates und der Geisler'schen Röhren aufzustellen. Ein nicht unwichtiges Erforderniß, welches man an das zu Spectralanalysen bestimmte Arbeitszimmer stellen muß, besteht darin, daß man dasselbe leicht lüften kann, um die bei der Untersuchung sich entwickelnden Dämpfe schnell entfernen zu können.

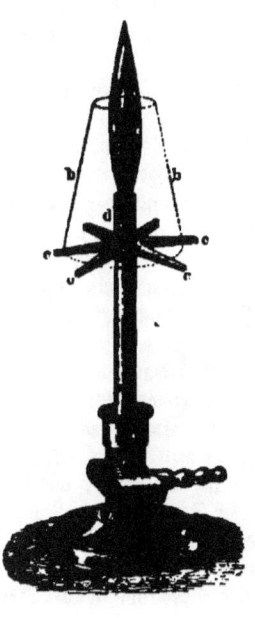

Fig. 18.

2) **Bunsen'scher Brenner.** Das beste Mittel, die Körper in gasförmigen Zustand überzuführen, ist unstreitig die Gasflamme, welche man mit dem Bunsen'schen Brenner erhält. Die Spectralanalyse im engeren Sinne des Wortes umfaßt gerade diejenigen Substanzen, welche sich in dieser Wärmequelle verflüchtigen lassen.

Fig. 18. stellt den Bunsen'schen Brenner dar. In das Messingrohr a strömt das Leuchtgas unten durch eine feine, dreispaltige Oeffnung ein. Durch die seitliche kreisrunde Oeffnung (unter a Fig. 18.) tritt atm. Luft ein, die sich innerhalb der Röhre a d mit dem Leuchtgase mischt, so daß das Gas, am oberen Ende des Rohres d angezündet, schwach leuchtend und ohne zu rußen verbrennt. Um die Hitze der Flamme zu steigern, umgiebt man sie mit einem kurzen konischen Schornstein b, welcher (in Figur 18. punktirt angedeutet) von den Messingarmen c getragen wird. Durch Drehung des Außenrohres a kann man die Größe der Oeffnung regeln, welche die Menge der sich beimischenden Atmosphäre bestimmt. Je reichlicher diese hinzutritt, um so mehr sinkt die Leuchtkraft der Flamme, während die Wärme derselben zunimmt.

Man unterscheidet an dieser Flamme deutlich vier dem Lichte nach verschiedene Theile. Der innerste Kegel enthält das aus dem Rohre des Brenners aufsteigende Gemisch von Leuchtgas und atm. Luft noch unverbrannt und ohne bemerkbares Leuchten. Ein feiner Platindraht quer durch den untern Theil der Flamme gehalten, glüht nicht, soweit er sich in diesem innersten Kegel befindet. Dieser dunkle Kern wird umgeben von einer dünnen bläulichgrünen, relativ stark leuchtenden Hülle, in welchem die chemische Verbindung des Sauerstoffs und der Bestandtheile des Leuchtgases erfolgt. In dem Mantel dieser Hülle, der nur eine sehr geringe Leuchtkraft besitzt, findet keine chemische Verbindung mehr statt, eine solche tritt erst wieder in dem äußersten Saume der Flamme ein, welcher durch schwach leuchtendes, blaues Licht ausgezeichnet ist und in dem die Verbrennung der Reste vom Leuchtgas erfolgt, die in der innern grünlichen Kegelhülle noch unverbrannt geblieben waren. In der innern grünlichen Hülle erfolgt die Verbrennung von Sauerstoff in überflüssigem Leuchtgase, im blauen äußersten Saume der Flamme die Verbrennung allein von Kohlenoxyd und etwas Wasserstoff in überflüssigem Sauerstoffe. Reicht die Menge der im Rohre des Brenners durch das Gas und die Verbrennung hinaufgesogenen atm. Luft nicht hin, um die Kohlenwasserstoffe zu einem Gemisch von Kohlenoxyd und Wasserstoff, Kohlensäure und Wasser zu verbrennen, so zeigt sich weißes Licht zwischen dem äußern Saume und der inneren grünlichen Kegelhülle, oder eigentlich als Spitze der letzteren, und eine kalte Porzellanplatte in diesen leuchtenden Theil der Flamme eingeführt, wird mit Ruß bedeckt.

Das bläulich grüne Licht*), welches in der Umgebung des dunkeln innersten Kegels der Flamme des Bunsen'schen Brenners entsteht, ist zuerst von Swan spectralanalytisch untersucht und zwar schon vor Veröffentlichung der Arbeiten von Kirchhoff und Bunsen. Fig. 12. Taf. I. giebt ein Bild dieses Spectrums. Einzelne grüne, blaue, violette Linien, eigenthümlich gruppirt, durch vollständige Dunkelheit im Roth und einer stark leuchtenden gelben Linie (die jedoch auf Anwesenheit von Natriumverbindungen in der Flamme, die kaum zu vermeiden ist, beruht) bietet dieses Spectrum dar. Man erhält dieses Spectrum in allen Fällen,

---

*) F. Hoppe-Seyler. Ueber die Spectralanalyse. S. 16.

wenn man Flammen untersucht, in welchen Kohlenwasserstoffverbindungen mit unzureichendem oder hinreichendem Sauerstoff verbrennen, und da alle Kohlenwasserstoffe bei ihrer Verbrennung dieses Licht entwickeln, während ein Gemenge von Kohlenoxyd und Wasserstoff bei ihrer Verbrennung es nicht erzeugen, so darf man wohl schließen, daß diese Lichtentwickelung bei der Trennung von Kohlenstoff und Wasserstoff entsteht. Die Flamme von leichtem Kohlenwasserstoff, Paraffin, Terpentinöl, Weingeist, Aether, Wallrath, Talg, Stearin, Oel, Holzkohle u. s. w. bedingen die gleichen Linien.*)

Die regulirte Flamme des Bunsen'schen Brenners (die Höhe der Flamme darf 8 bis 10 Centimeter nicht übersteigen) ist eine Quelle einer intensiven Wärme und gleichzeitig fast vollständig nicht leuchtend, zwei äußerst günstige Bedingungen für spectralanalytische Beobachtungen. Ueber die geeignetste Stellung der Lampe zu dem Apparate haben wir bereits oben S. 36 das Nähere angegeben. Es braucht wohl kaum bemerkt zu werden, daß sowohl Brenner wie Schornstein mit der größten Sorgfalt rein gehalten werden muß.

3) Alkohollampe. Diese Vorrichtung soll solchen Forschern, denen kein Leuchtgas zu Gebote steht, bei der Spectralanalyse die Bunsen'sche

Fig. 19.

Gaslampe ersetzen, indem der Alkoholdampf die Stelle des Leuchtgases vertritt. Der ganze Apparat besteht aus einem cylindrischen Kessel d, der auf einem Dreifuß ruht, und in welchem der Alkohol durch eine kleine Spirituslampe e, welche sich unter dem Kessel befindet, zum Kochen erwärmt wird. Der sich entwickelnde Dampf gelangt durch den in der Mitte des Deckels angebrachten Brenner a in eine vollständige Bunsen'sche Lampe h, welche sich auf dem Kessel befindet und wird am Ende des Rohres bei g angezündet. Zur Füllung des Kessels dient der Verschluß bei c. Sobald der ganze Deckel c abgeschraubt wird, erscheint eine weite Oeffnung um den Spiritus einzugießen, welche durch eine im Deckel liegende Lederscheibe dampfdicht gemacht wird, wenn letzterer zugeschraubt ist. Auf dem Deckel befindet sich ein Ventil, um bei einer zu starken Dampfentwicklung diesem den nöthigen Ausweg zu gewähren. Soll die Lampe gebraucht werden, so geht man am Besten auf folgende Weise zu Werk: zuerst füllt man durch die geöffnete Ein-

---

*) Swan. Transactions of the Royal Society of Edinburgh. Vol. XXI. Part. III. p. 417. van der Willigen. Pogg. Ann. Bd. 107. S. 373. Simmler. Pogg. Ann. Bd. 115. 1862. S. 242.

gußöffnung den Kessel bis höchstens $^2/_3$ voll Alkohol oder Spiritus und verschraubt alsdann die Oeffnung fest und es muß gerade auf den Umstand Gewicht gelegt werden, daß nie weiter als $^2/_3$ gefüllt wird, denn in diesem Fall würde, sobald der Spiritus kocht, flüssiger Spiritus mit durch den Brenner austreten und die ganze Lampe überfluthen, wodurch leicht Nachtheil entstehen könnte. Nachdem der Kessel gefüllt ist, wird die brennende Spirituslampe untergesetzt mit jedoch nur kleiner Flamme und der Drehring b, durch welchen die atm. Luft zutritt, vorläufig geschlossen. Schon ehe der Spiritus zum Kochen kommt, tritt Dampf in das Rohr, der an der Mündung des Rohres bei g angebrannt werden kann, in dem Augenblick aber, wo der Spiritus kocht, erlischt die Flamme nicht mehr, sondern sie wird sehr groß werden, worauf man den Drehring etwas öffnet und atm. Luft eintreten läßt, die Flamme wird die Leuchtkraft verlieren und kleiner werden. Mit dem Oeffnen des Drehringes fährt man noch so lange fort, bis die Flamme anfängt zu rauschen ohne zu erlöschen, tritt letzteres ein ehe die Zuglöcher ganz oder beinahe ganz geöffnet sind, so ist die Spannung des Dampfes zu groß und es muß die Flamme des Spirituslämpchens etwas verkleinert werden, während im entgegengesetzten Fall, wenn die Flamme bei offenen Zuglöchern nicht rauscht, die Flamme des Lämpchens etwas vergrößert werden muß. Ist die richtige Stellung getroffen, so ist die Flamme nicht mehr rein blau, sondern mehr grau und giebt ein ziemlich lebhaftes Spectrum von Kohlenoxydgas.

Es ist einige Uebung erforderlich, um augenblicklich die richtige Stellung des Ringes und die Größe der Spiritusflamme zu treffen, doch fällt es nicht schwer, sobald das eben Gesagte beobachtet wird. Die ganze Höhe der Lampe muß sich nach dem Spectroscope richten, bei dem sie angewandt werden soll, und so kann bei einem Spectroscop 4ter Größe ein nur kleiner Kessel gebraucht werden, während bei Spectroscopen 1ter und 2ter Größe ersterer so groß gemacht werden kann, daß die Flamme ohne Aufhören $1\frac{1}{2}$ — 2 Stunden brennt. Soll die Lampe auch noch zu anderen Zwecken verwendet werden, so ist es unter Umständen gut, die verschiedenen Theile an einer verticalen Stange verschiebbar einzurichten, was allerdings den Preis erhöht.

4) **Die Wasserstofflampe.** Die Wasserstofflampe ist von Valentin beschrieben.*) Ein äußerer Glascylinder a, b, c, d, nebenstehende Fig. 20., von 36 Centimeter Länge und 13 Centimeter Durchmesser, der oben einen umgelegten Rand hat, trägt hier einen Holzdeckel e f. Dieser besteht aus zwei durch Messinghaken verbundenen Hälften. Er besitzt zwei Oeffnungen, eine größere für den Hals des innern Glas-

---

*) G. Valentin. Der Gebrauch des Spectroscopes. S. 127.

Fig. 20.

gefäßes g h und eine kleinere neben e für einen Glastrichter, durch den man Schwefelsäure in das äußere Gefäß a, b, c, d gießen kann, den wir daher den Eingußtrichter nennen wollen. Er wurde in der Abbildung fortgelassen. Das innere Glasgefäß besteht aus einem cylindrischen Theile g h von 28 Centimetern Länge und 9 Centim. Durchmesser. Es hat einen verschmälerten Hals von 5 Centim. Länge. Der letztere wird zwischen den zwei Hälften des Holzdeckels so eingeklemmt, daß der Boden des innern frei schwebt. Die Basis dieses innern Cylinders hat eine Oeffnung von 3 Centim. im Durchmesser. Man schließt sie mit einem Zapfen, der am Rande zahnartig ausgeschnitten ist und noch eine Reihe kleiner Löcher besitzt. Ein erhärteter Gipsausguß, der bei i angedeutet worden, macht den Boden des innern Cylinders eben. Der Hals des letzteren trägt einen luftdicht eingefügten Zapfen, indem sich eine mit einer Kugelanschwellung und einer cylindrischen Erweiterung versehene, mit Baumwolle gefüllte Röhre k befindet. Dann folgt eine zweite Glasröhre, deren Mitte einen Glashahn l führt, hierauf eine dritte lange und weite vollständig mit Baumwolle gefüllte Röhre m, endlich ein Messingrohr n von 8 bis 9 Centim. Länge, dessen Ausflußöffnung 2 Millim. im Durchmesser hat. Das ganze System muß auf das Genaueste luftdicht schließen. Die in der Abbildung angegebene Verkittung ist aber zu diesem Zwecke nicht absolut nothwendig.

Man zerschlägt die im Handel vorkommenden 2 Centim. dicken Zinkplatten in Stücke von 1 bis 2 Centim. Durchmesser und bringt sie in den innern Cylinder durch die Bodenöffnung, nachdem der Kork herausgenommen worden. Ist der letztere wieder eingesetzt, so gießt man eine Mischung von 5 bis 6 Theilen Wasser mit einem Theile käuflicher Schwefelsäure in das äußere Gefäß, so daß in ihm die Flüssigkeit eine Höhe von 17 Centim. hat. Das innere Gefäß wird dann eingesetzt und bleibt vermöge des Deckels mit seinem Boden um 3 Centim. von dem äußeren entfernt. Schließt das Röhrensystem vollständig, so bringt kein Tropfen der verdünnten Schwefelsäure zu den Zinkstücken. Man kann auf diese Art die Vorrichtung Monate lang aufbewahren. Oeffnet man dagegen den Glashahn l, so treibt der hydrostatische Druck der äußeren Flüssigkeit einen Theil derselben in das innere Gefäß und die Wasserstoffentwickelung beginnt sogleich. Schließt man ihn, so erzeugt die im Anfange fortdauernde Gasentwickelung einen Ueberschußdruck in dem

7 *

innern Cylinder. Er treibt die verdünnte Schwefelsäure des innern Gefäßes durch die Oeffnung des Korkes, in das äußere, so daß nur die kleinen Zinktheilchen, die mit fortgerissen werden, nutzlos verloren gehen. Ist die Gasentwickelung irgend lebhaft, so tritt später noch Wasserstoff mit Geräusch aus.

Die in k und m vorgelegte Baumwolle macht es möglich, daß man den Gasstrom anzünden kann, unmittelbar nachdem man den Glashahn l geöffnet hat, ohne sich der Gefahr einer Explosion durch Knallgas auszusetzen. Man erhält leicht im Anfange eine Flamme von 17 bis 18 Centim. Länge und 3 bis 4 Centim. größten Durchmessers. Obgleich die Größe derselben nach kurzer Zeit abnimmt, so kann man doch mit ihr länger als eine halbe Stunde in den gewöhnlichen Fällen arbeiten. Ist sie zu klein geworden, so vermag man sie etwas zu vergrößern, indem man den Hahn l schließt, die Mischung von Schwefelsäure und schwefelsaurem Zinkoxyd in das äußere Gefäß übertreten läßt, Schwefelsäure durch den Trichter n nachgießt, das Ganze schüttelt und nun die Vorrichtung von Neuem benutzt.

Fig. 21.

Das gewöhnliche käufliche Zink ist schon unrein genug, um eine lebhafte Wasserstoffentwickelung herbeizuführen. Wäre dieses nicht der Fall, so könnte man die Gasentbindung lebhafter machen, indem man einige Tropfen einer Lösung von schwefelsaurem Kupferoxyd oder von Platinoxyd hinzugießt. Die durch das angesetzte Messingrohr auftretenden Spectrallinien des Kupfers, besonders die im Grün, machen sich nie in störender Weise geltend. Eine Platinspitze würde auch sie beseitigen.

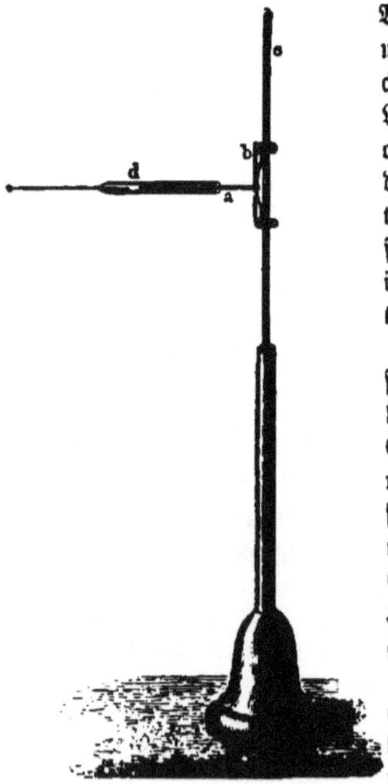

Der Gebrauch eines solchen Wasserstoffapparates leistet in den gewöhnlichen Fällen nicht so viel, als die Gasflamme eines mit einem kegelförmigen Schornsteine versehenen Bunsenschen Brenners. Man wird ihn daher nur dann benutzen, wenn kein Gas zu Gebote steht oder wenn man die große Hitze des Wasserstoffes oder des Knallgases zu Hülfe ziehen will.

5) Halter. Um die zu untersuchenden Substanzen bequem in die farblose Flamme einführen zu können, schmilzt man nach Bunsen's Angabe kleine Men-

gen derselben in das zu einem kleinen Ohr gebogene Ende eines ungefähr 0,15 Millimeter dicken Platindrahtes ein. Das andere Ende des Platindrahtes ist in ein Glasröhrchen d eingeschmolzen, mittelst dessen man ihn auf Arm a des Stativs Figur 21. aufstecken kann. Der Drahtarm a kann mittelst einer federnden Vorrichtung b auf- und niedergeschoben werden, so daß man das Ohr des Platindrahtes leicht in die heißeste Stelle der Flamme hineinhalten kann.

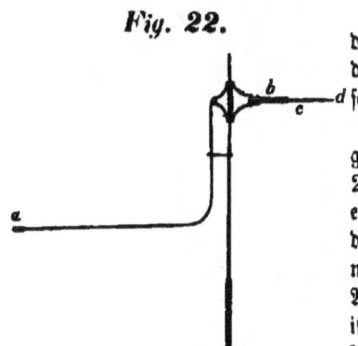

Fig. 22.

In Figur 8. S. 33 sieht man, wie das vom Stativ getragene Platindrähtchen in die Flamme des Bunsen'schen Brenners eingeführt ist.

Besser ist der von Simmler *) geänderte Bunsen'sche Halter Figur 22. Der lange Arm a erleichtert es, die zu untersuchende Substanz in die Flamme zu bringen, während man in das Spectroscop sieht. Der Aufnahmecylinder b der Glasröhre c ist hohl Der letztere besitzt eine so kleine Innenhöhlung, daß der eingeschobene Platindraht d durch Reibung oder vermöge seines nicht ganz geraden Verlaufes haften bleibt. Man erspart daher das Einschmelzen und kann den Draht rasch wechseln. Valentin dreht endlich das Ende des Drahtes b auf einem spitzen cylindrischen Eisenstücke zu einem aus engen Spiralwindungen bestehenden Trichter zusammen, untersucht ihn, ob er durch Verunreinigung Spectrallinien giebt, schiebt dann den thierischen Theil, die Asche oder einen reinen mit der Lösung getränkten Kohlencylinder in die Höhle und prüft von Neuem.

6) **Ruhmkorff'scher Apparat.** Diejenigen Induktionsapparate, welche vorzugsweise dazu construirt sind, recht lange Induktionsfunken zu geben, und auch als Funkeninduktoren bezeichnet werden, führen den Namen Ruhmkorff'sche Apparate, weil Ruhmkorff, ein deutscher Mechaniker in Paris, sie zuerst in größeren Dimensionen ausführte. Fig. 23. (folgende Seite) stellt das eine Ende M eines solchen Apparates mit Einschaltung einer Leydener Flasche K und der zur Erzeugung des Funkens erforderlichen Vorrichtung A, B, D vor. Man muß 4 bis 6 der gewöhnlichen Elemente anwenden, um einen hinreichend starken Funken zu er-

---

*) R. Th. Simmler. Beiträge zur chemischen Analyse durch Spectralbeobachtungen. Chur, 1861. S. 9.

Fig. 23.

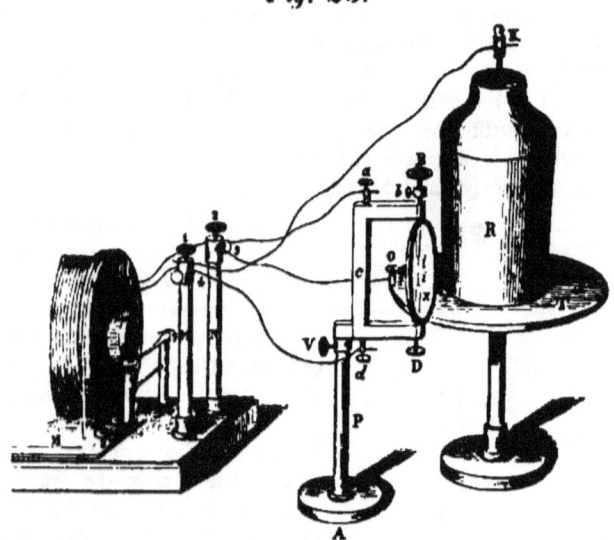

halten. Ein Apparat von mittlerer Größe (Preis 180 Franks) genügt, um alle Versuche in Bezug auf Metallspectra zu wiederholen.

Wenn man in der Weise, wie es Fig. 23. zeigt, eine Nebenschließung herstellt, in welcher eine Leydener Flasche eingeschaltet ist (die äußere Belegung R ist von a durch den Draht 3 mit dem einen, die innere durch den Draht 1 von K mit dem anderen Pol der Induktionsrolle verbunden), wird die Electricität erst bis zu einem gewissen Grade auf den Belegungen der Flasche angehäuft, ehe ein Ueberspringen des Funkens zwischen den Spitzen des Ausladers i i erfolgen kann, die aber nur mindestens bis auf die Schlagweite der Flasche genähert sein müssen. Die Funken sind jetzt viel kürzer, aber weit kräftiger, blendend hell und von einem eigenthümlichen durchdringenden Geräusch begleitet. Die so erzeugten Funken sind es, welche zur Untersuchung der Metallspectra angewandt werden. Die Verbindung des Apparates mit dem Condensator K und dem Auslader A muß so hergestellt sein, wie sie Fig. 23 zeigt. Die Drähte 1 und 3 in Verbindung mit der Flasche K, die Drähte 2 und 4 mit dem Auslader B D.

Fig. 24.

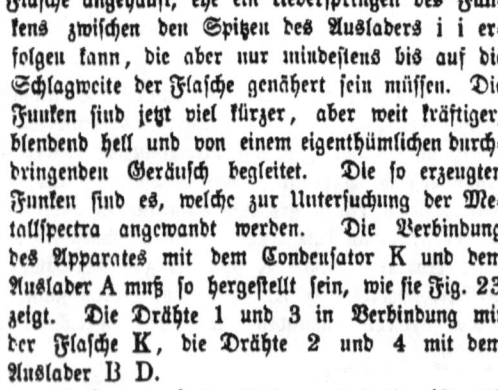

7) Geisler'sche Röhren sind oben (S. 49) schon beschrieben. Der Halter A Figur 24.

bietet viele Bequemlichkeiten. Die Röhre wird nur durch den Druck der Feder F gehalten. Man kann die Röhre beliebig auf und abschleben. Der Arm J ist an einem Stab befestigt, der in dem hohlen Ständer A mittelst einer Schraube festgestellt werden kann. Die Ringe d d dienen zur Aufnahme der Leitungsdrähte c c.

8) Der Spectralapparat. Die Beschreibung und die Art und Weise der Handhabung des Kirchhoff-Bunsen'schen Apparates findet sich Seite 33. Es sei an dieser Stelle noch auf einige Vortheile beim Gebrauche des Rexroth'schen Spectroscopes aufmerksam gemacht. Ein Hauptpunkt in dieser Beziehung liegt in dem Umstand, daß sehr oft die Bunsen'sche Lampe nur einfach vor den Spalt gestellt wird, ohne Rücksicht darauf, durch welchen Punkt der Flamme die verlängerte Axe der Spaltvorrichtung gehen würde und doch ist dieses sehr wichtig. In Bezug auf die Höhe in der die verlängerte Axe der Spaltvorrichtung die Flamme schneidet, genügt es zu bemerken, daß dieses diejenige Gegend der Flamme sein muß, die die höchste Temperatur besitzt, denn nur hier wird die Flamme durch den hineingebrachten Platindraht an dem der zu untersuchende Stoff geschmolzen ist, am stärksten gefärbt erscheinen und deßhalb das hellste Spectrum liefern. Gibt man dem Instrument eine solche Lage gegen die Flamme, daß die Axe der Spaltvorrichtung durch die Mitte der Flamme geht, so erhält man außer dem gewünschten Spectrum auch noch das des Kohlenoxydgases, welches von dem innern Flammenkegel herrührt und bisweilen sehr stört, jedenfalls stets überflüssig ist. Um dieses Spectrum zu umgehen, läßt man die verlängerte Axe auf der linken oder rechten Seite des inneren Lichtkegels durchgehen und erhält so nur das verlangte Spectrum. Befindet sich nun an diesem Ort der Platindraht, so muß auch darauf geachtet werden, daß dieser hoch genug steht, um das stärkste Licht, das unmittelbar über demselben ist, zur Wirksamkeit gelangen zu lassen. Dieses wird am einfachsten erreicht dadurch, daß man den Platindraht so hoch schiebt, daß das continuirliche Spectrum, das derselbe liefert, im Instrument sichtbar wird und daß alsdann der Draht wieder so viel heruntergerückt wird, bis dieses Spectrum verschwunden ist. Sind alle genannte Verhältnisse in dieser Art geordnet, so wird man jederzeit schon ein schönes Spectrum sehen; um aber das Höchste zu leisten, ist es nöthig, dem Instrument eine kleine Bewegung um seine verticale Axe zu geben, während beobachtet wird und an der Stelle festzuhalten, die das höchste Spectrum liefert. Erst wenn auch dieses stattgefunden hat, kann die Scalenlampe an die richtige Stelle gebracht werden. Die Wirkung der eben beschriebenen kleinen Drehung um die verticale Axe des Instruments macht sich besonders beim Darstellen der Fraunhofer'schen Linien bemerklich, die sich

ohne diese Vorsicht nur sehr schwer so schön und scharf zeigen lassen als bei Beobachtung dieses kleinen Vortheils.

Wird Leuchtgas angewandt, so muß darauf gesehen werden, daß der Druck mit dem das Gas ausströmt, nicht zu klein ist, denn in diesem Falle wird es nicht gelingen, eine rauschende Flamme zu erzielen und ohne diese läßt sich kein gutes Spectrum herstellen. Das Rauschen der Flamme soll übrigens nicht zu stark sein.

9) **Reinhaltung der Gläser und des Spaltes.** Unter den Vorsichtsmaßregeln, die man zu beobachten hat, um mit dem Spectroscop möglichst reine Spectra zu erhalten, gehört auch die Reinhaltung der Gläser des Apparates. Vor Beginn der Untersuchung muß sich der Beobachter überzeugen, daß die Gläser vollkommen rein sind. Wenn der Apparat in einem feuchten Zimmer aufgestellt ist, was man möglichst zu vermeiden hat, so muß man, ehe man sich des Apparates bedient, die Gläser der Röhren und des Prismas mit einem Gemsenleder abtrocknen. Besonders bedarf der Spalt einer großen Aufmerksamkeit. Derselbe muß im Zustande der größten Reinheit erhalten werden. Die kleinsten Partikelchen des feinsten Staubes, die sich an die den Spalt bildenden Schneiden ansetzen, genügen, um in dem Spectrum transversale schwarze Linien hervorzurufen, die bei der Untersuchung sehr lästig sind. Es ist anzurathen, nach dem jedesmaligen Gebrauch des Spectroscops den Spalt mit einer passenden Hülse von Messing zu überziehen.

10) **Die Breite des Spaltes.** Nachdem die vorbereitenden Operationen ausgeführt sind, hat man recht vorsichtig die Breite des Spaltes zu reguliren. Dieselbe muß proportionirt sein der Intensität der Lichtquelle und verschieden je nach der Region des Spectrums, das man zu beobachten beabsichtigt, so z. B. muß der Spalt breiter eingestellt werden, wenn man in dem violetten Theile die blauen Linien des Kaliums und Rubidiums deutlich erkennen will, als in dem Falle, in welchem man die für dieselben Substanzen im Roth gelegenen Linien beobachtet.

Um die Breite des Spaltes festzustellen, führt man in die Flamme der Lampe einen Platindraht ein, der mit einer Lösung von Kochsalz befeuchtet ist, und verschiebt das Fernrohr so lange hin und her, bis man die Stellung gefunden hat, bei welcher die gelbe Linie des Natriums sich scharf an dem dunklen Hintergrunde abhebt (das Objectiv wird in diesem Falle im Brennpunkt für den Beobachter sein). Alsdann bestimmt man die Breite des Spaltes mit Hülfe der Schraube t, Fig. 8. S. 33, so daß dieselbe, durch das Fernrohr B gesehen, 0,6 bis 0,8 Millimeter gleich zu sein erscheint. Eine solche Breite genügt für den größten Theil der Beobachtungen. Wenn es sich dagegen darum handelt, das Sonnenspectrum zu beobachten, dann muß der Spalt viel schmaler gemacht werden und um so enger, je directer die Sonnenstrahlen auf den Apparat fallen. Eine enge Spaltöffnung ist auch bei der Untersuchung der Spectra, die man mit dem elektrischen Funken erhält, nothwendig.

H. Objective Darstellung der Spectra. Projection der Spectrallinien.

Der gewöhnliche Spectralapparat erlaubt nicht, die schönen und glänzenden Versuche der spectralanalytischen Methode objectiv darzustellen, dieselben also vor einem größeren Zuhörerkreis zur gleichzeitigen Anschauung zu bringen. Um diesen Zweck zu erreichen, muß man seine Zuflucht zu anderen Hülfsmitteln nehmen. Von den verschiedenen Methoden, die man zur Erreichung dieses Zieles vorgeschlagen hat, wollen wir nur das von Frankland und das von Debray eingeführte Verfahren mittheilen.

Müller*) theilt über das erstere Verfahren Folgendes mit: „Das helle Licht der Kohlenspitzen, zwischen welchen der Strom einer constanten Säule von 50 bis 60 Zinkkohlenbechern übergeht, liefert ein continuirliches Spectrum, in welchem einzelne Linien durch noch größere Helligkeit ausgezeichnet auftreten, wenn die Kohlenspitzen mit einem Stoff imprägnirt sind, welcher für sich allein diese hellen Linien liefert, oder wenn dieser Stoff auf irgend eine andere passende Weise zwischen den Elektroden angebracht ist.

Darauf beruht nun die Möglichkeit, die hellen Spectrallinien objectiv darzustellen. Frankland wendet in seinen Vorlesungen zur objectiven Darstellung der Spectrallinien das folgende Verfahren an, für dessen gütige Mittheilung ich ihm zu Dank verpflichtet bin. A A ist eine elektrische Lampe von Duboscq, welche mit einer Säule von 50 bis 60 Bunsen'schen Bechern verbunden wird. Der leuchtende Punkt L befindet sich im Brennpunkt einer planconvexen Linse B von $3\frac{1}{2}$ Zoll Durchmesser, welche die von L her auf sie fallenden Strahlen in ein Bündel paralleler Strahlen verwandelt. Bei C $3\frac{1}{2}$ Zoll von jener Linse entfernt ist das Rohr, in dessen anderem Ende die Linse B eingesetzt ist, durch eine Messingplatte angeschlossen, in welcher sich ein verticaler 2 Zoll hoher und ungefähr $\frac{1}{16}$ Zoll breiter Spalt befindet. Die Vorrichtung, mittelst deren dieser Spalt nach Belieben weiter oder en-

---

*) Müller-Pouillet. Lehrbuch der Physik. 7. Aufl. I. Bd. 1868. S. 636.

Fig. 25.

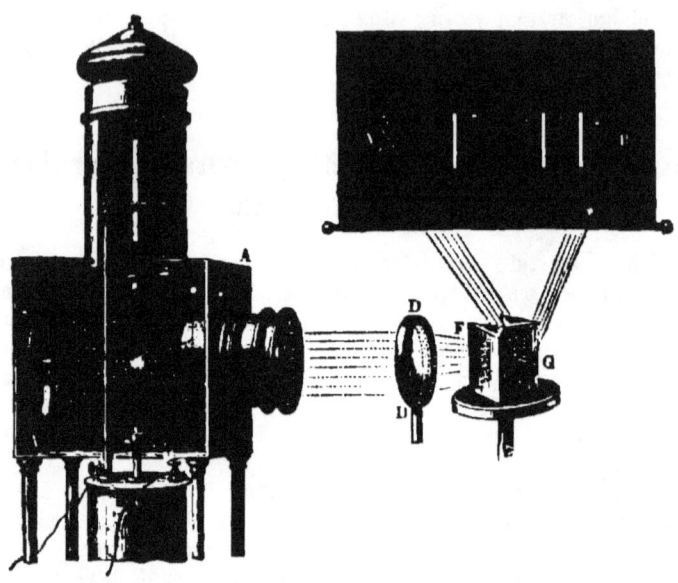

ger gemacht werden kann, ist in unserer Fig. 25. der Einfachheit wegen weggelassen. Dem Spalt gegenüber ist eine doppelt convexe Linse D von $3\frac{1}{2}$ Zoll Durchmesser und 12 Zoll Brennweite so aufgestellt, daß sie auf einem ungefähr 13 Fuß weit entfernten Schirm ein scharfes Bild des Spaltes entwirft. Hinter der Linse D werden alsdann zwei Schwefelkohlenstoff-Prismen F und G von 60° aufgestellt, deren jedes $3\frac{1}{2}$ Zoll hoch ist und deren brechende Flächen 2 Zoll breit sind. Das Prisma F ist so gestellt, daß das von D her auf dasselbe fallende Strahlenbündel in demselben ungefähr das Minimum der Ablenkung erfährt. Das zweite Prisma G ist alsdann so gestellt, daß die Eintrittsfläche G mit der Austrittsfläche von F einen Winkel von ungefähr 100° macht.

Wenn die Kohlenstäbchen, deren Spitzen bei L einander gegenüber stehen, aus reiner Gaskohle verfertigt sind, so wird durch die beschriebene Anordnung mittelst der beiden Prismen auf einem ungefähr 12 Fuß entfernten weißen Schirm ein prachtvolles, continuirliches Spectrum V R von ungefähr 10 Fuß Länge und 18 Zoll Höhe erzeugt.

Um die hellen Linien verschiedener Metallspectra hervorzubringen, wird das untere (positive) Kohlenstäbchen durch einen Kohlencylinder von

²/₅ Zoll Durchmesser ersetzt, dessen oberes Ende etwas ausgehöhlt ist. In diese Höhlung wird dann ein Stückchen des Metalls gelegt, dessen Spectrum man zeigen will und welches sich als eine Reihe heller Linien von dem weniger hellen continuirlichen Spectrum abhebt. Es ist gut, wenn man für jedes Metall ein besonderes Kohlenstäbchen in Anwendung bringt.

Um die Spectra von Kalium, Natrium, Lithium, Calcium u. s. w. zu zeigen, wird die eben besprochene Höhlung des untern Kohlenstäbchens ¹/₂ Zoll tief gemacht und mit den trocknen Chloriden dieser Metalle gefüllt.

Bei gehöriger Regulirung des Spaltes C und bei gehöriger Einstellung der Linse D, der Prismen F und G und des Schirmes erscheinen die hellen Linien auf dem Spectrum V R vollkommen scharf.

Die Absorption der Natriumlinie durch Natriumdampf stellt Frankland in ausgezeichneter Weise durch das folgende Verfahren dar.

Zunächst wird der ausgehöhlte untere Kohlencylinder wieder durch ein gewöhnliches Kohlenstäbchen ersetzt, welches mit einer schwachen Lösung von Chlornatrium getränkt und wieder getrocknet ist. Sodann wird nahe vor dem Spalt C ein horizontal gehaltenes dünnes Metallblech a b, Fig. 26., angebracht, dessen Ebene die Höhe des Spaltes C halbirt.

Ein Gaskochlämpchen wird nun unter der Mitte dieses Bleches so aufgestellt, daß dasselbe von der nicht leuchtenden Flamme bespült wird. In diese Flamme wird ein kleines Platinlöffelchen eingeführt, welches ein Natriumkügelchen enthält. Sobald das Natrium zu brennen beginnt, wird die bis dahin helle Natriumlinie in der oberen Hälfte des Spectrums schwarz, wie Figur 27. andeutet, während in der unteren Hälfte des Spectrums die helle Natriumlinie genau in der Verlängerung dieser schwarzen Linien liegt.

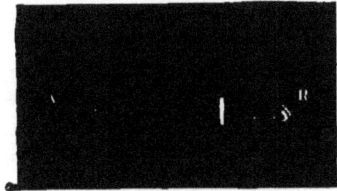

Damit der Versuch gelingt, dürfen die Kohlenspitzen nur schwach mit Kochsalz imprägnirt sein, weil sonst die Helligkeit der Natriumlinie im Spectrum zu groß ist, als daß der Natriumdampf sie umkehren könnte."

Debray hat bei seinem Verfahren den elektrischen Funken durch eine Gasflamme ersetzt.*) Er bedient sich der Knallgasflamme in einer Vor-

---

*) Ann. de Chimie et de Physique. 3e série. t. LXV. p. 331.

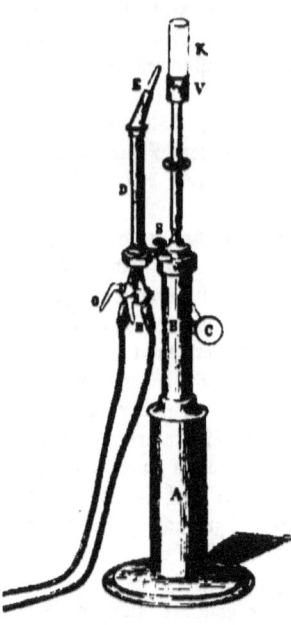

Fig. 28.

richtung, welche der bei dem sogenannten Drummond'schen Kalklicht angewandten sehr ähnlich ist. Der Apparat besteht aus zwei Theilen (s. Fig. 28.), dem Träger A V und dem Knallgasgebläse D E.

Ersterer besteht zunächst aus einer hohlen Säule B, die durch den massiven Fuß A getragen wird. Mit Hülfe eines Gewindes C kann man einen Stab, der an seinem oberen Ende mit einem zur Aufnahme eines Kreidekegels K bestimmten Ringes V versehen ist, auf- und abbewegen. Das Knallgasgebläse D E wird mit der Schraube S an dem Träger befestigt. Die Hähne O und H dienen zur Regulirung des Zuflusses der Gase, des Wasserstoffs und des Sauerstoffs.

Die Aufstellung des Apparates zur Projection der Spectrallinien zeigt Figur 29. (folgende Seite).

In dem Kasten A stellt man die Debray'sche Lampe D so auf, daß die durch den Spalt B austretenden Strahlen durch die Sammellinse L auf das Prisma P fallen. Das so entstehende continuirliche Spectrum kann mittelst des Spiegels M nach einer beliebigen Stelle hingeworfen werden. Will man das Spectrum eines Metalls herstellen, so bringt man nach Entfernung des Kreidekegels K Fig. 28 in die Knallgasflamme einen Körper, der mit der Lösung eines Salzes dieses Metalls getränkt ist. Platindraht ist zu diesem Zwecke nicht anwendbar, derselbe würde sofort in dieser Flamme abschmelzen. Man führt die metallische Substanz mit Hülfe eines Stückchen Retortenkohle in die Flamme ein und giebt unter den Salzen den Chlorverbindungen den Vorzug. Nach einiger Uebung wird man im Stande sein, die Erscheinung so lange hinzuhalten, daß man mit Bestimmtheit die Einzelheiten der Spectra erkennen kann, selbst aus einer großen Entfernung.

Diese Projectionen gelingen nicht allein mit den Metallen der Alkalien und der alkalischen Erden, sondern noch mit einigen anderen Metallen, so mit Kupfer und Blei.*)

---

*) M. Debray. Comptes rendus des séances de l'Academie des Sciences, tom. LIV. p. 169.

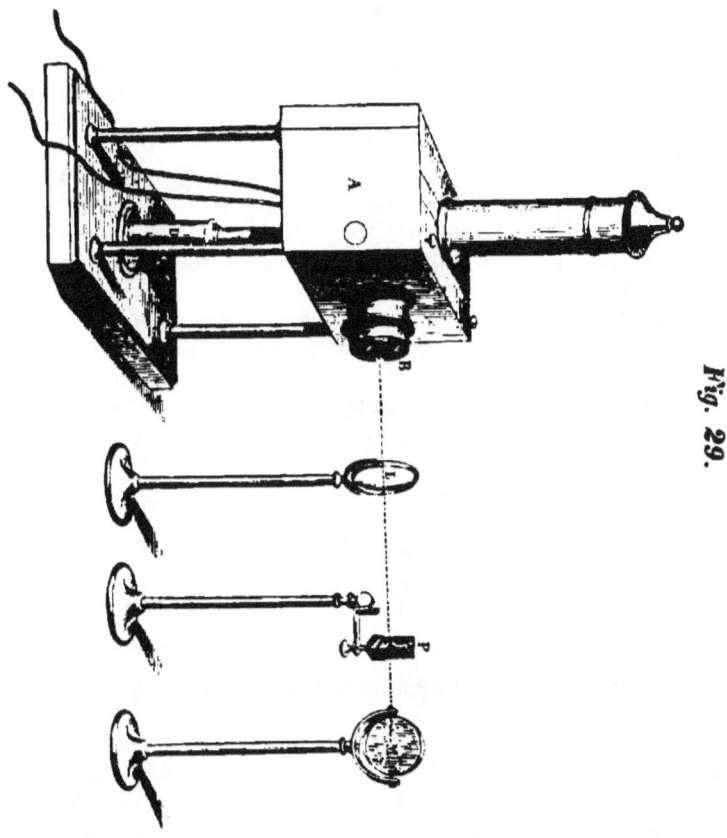

Fig. 29.

Die eben beschriebenen Versuche, insofern sehr interessant, daß man sie vor einer zahlreichen Versammlung ausführen kann, sind jedoch nicht zu vergleichen mit der Reinheit der Resultate, die man mit dem gewöhnlichen Spectroscope erhält. Sie geben eine hinreichende Idee von der Wichtigkeit und Empfindlichkeit dieser Methode den Personen, die nicht beabsichtigen, mit der Spectralanalyse sich specieller zu beschäftigen.

Auch die Umkehrung der Linie D läßt sich mit diesem Apparate objectiv darstellen. Wir haben oben schon bemerkt, daß die Debray'sche Lampe nach der in Fig. 29 angedeuteten Weise aufgestellt, ein continuirliches Spectrum liefert. Wenn man vor den Spalt eine Alkoholflamme, nachdem man den Alkohol mit einer Lösung von Kochsalz vermischt hat, um gleichzeitig eine schwache Flamme herzustellen, bringt, so bemerkt man, wie auf dem Schirm eine schwarze Linie sich abzeichnet und zwar gerade an der Stelle, welche die glänzende Linie des Natriums in dem Spectrum der Flammen, welche dieses Metall enthalten, einnimmt.

Bei Anwendung der Dubosq'schen Lampe läßt sich auf eine einfache Weise die Umkehrung der D Linien zeigen. Man legt in die Höhlung der Kohle, welche als positiver Pol dient (s. Fig. 25. S. 106), ein Stückchen Natrium von der Größe einer Erbse und verflüchtigt dieses Metall durch den elektrischen Funken. Sofort wird auf dem Schirm die gelbe intensive Linie des Natriums erscheinen, sodann, einige Sekunden nachher, die schwarze D Linie, welche sich mit außerordentlicher Schärfe von dem Schirme abhebt.

Die Erklärung der Umkehrung dieser Linie in dem angegebenen Falle wird nicht schwierig sein. Es bildet sich ein Schleier von Natriumdampf um das glühende Natriumkügelchen, welcher in Bezug auf die helle Natriumlinie dieselbe Rolle spielt, wie in dem vorhergehenden Versuch die Alkoholflamme. Das glühende metallische Natrium ersetzt den Kalkcylinder der Debrayschen Lampe.

J. Anwendung derselben.

α) Anwendung des direkten Spectrums.

1. Zur Untersuchung der Gesteine und Mineralien.

Die außerordentliche Empfindlichkeit der spectralanalytischen Methode, die absolute Sicherheit der Resultate, zu denen sie führt, die Bequemlichkeit, welche sie dem Analytiker durch das Erkennen der Körper in wenigen Minuten bietet, deren Unterscheidung mittelst der chemischen Kennzeichen allein oft zeitraubend, schwierig, mitunter sogar unmöglich ist, wie die Auffindung geringer Mengen der Alkalien und der alkalischen Erden; — alles dieses mußte der Spectralanalyse eine Ehrenstelle unter den Untersuchungsmethoden, über welche die Chemie disponirt, sehr bald anweisen. Sehr richtig bemerkte hierüber Kirchhoff in seiner ersten Ankündigung der Spectralanalyse, daß gerade der Umstand der genannten Methode eine ganz besondere Bedeutung verleihe, daß sie die Schranken, bis zu welchen bisher die chemischen Kennzeichen der Materie reichten, fast ins Unbegrenzte hinausrücke und somit geeignet sei, über die Verbreitung und Anordnung der Stoffe in den geologischen Formationen die werthvollsten Aufschlüsse zu ertheilen.

Die Gesteine und Mineralien eignen sich entweder in dem Zustande, wie sie in der Natur vorkommen, sofort zur spectralanalytischen Untersuchung, oder sie müssen noch einer besonderen Vorbereitung unterworfen werden.

Zu der ersteren Gruppe gehören die Sauerstoff-, Chlor-, Jod- und Bromverbindungen; aber auch die kohlensauren, schwefelsauren und sogar die meisten phosphorsauren Verbindungen können ohne Weiteres dieser Untersuchung unterworfen werden. Es genügt ein Splitterchen eines Gesteins oder Minerals, welches solche Verbindungen enthält, in die Flamme zu bringen, um die charakteristischen Linien sofort hervor zu rufen. Diejenigen Silikate, welche von Salzsäure angegriffen werden, behandelt man in folgender Weise: Die Substanz wird fein gepulvert und mittelst des etwas mit Wasser befeuchteten, plattgeschlagenen Platinöhres in den wenig heißen Theil der Flamme gehalten, bis das Pulver zusammensintert. Man befeuchtet alsdann das Oehr mit Salzsäure und bringt die Kugel in den heißesten Theil der Flamme vor den Spalt des Spectralapparates. Beobachtet man, während der Salzsäuretropfen verdampft, durch das Fernrohr das Spectrum, so erblickt man in dem Momente, in welchem der letzte Rest der Salzsäure vollständig verdunstet, die glänzenden, farbigen Linien in dem Spectrum.

Der Analytiker, welcher sich mit Mineralanalysen beschäftigt hat, wird oft genug die Erfahrung gemacht haben, wie viel Zeit und Mühe es kostet, in Silikaten, die sich durch Salzsäure nicht zerlegen lassen, die Alkalien und alkalischen Erden qualitativ nachzuweisen. Statt jener zeitraubenden Operationen können wir nach einer einfachen, von Kirchhoff angegebenen, Methode, nach welcher man ohne Platintiegel, ohne Reibschale, ohne Digerirschale und ohne Trichter das Aufschließen, Zerkleinern, Digeriren und Auswaschen in wenigen Minuten auszuführen im Stande ist, die Gesteine zur Untersuchung vorbereiten und mittelst der Spectralanalyse untersuchen und zwar auf folgende Weise: Eine conisch gewundene Platinspirale wird in der Flamme weißglühend gemacht und in entwässertes, fein gepulvertes kohlensaures Natron getaucht und auch dieses bis zum Schmelzen erhitzt. Die aufzuschließende fein gepulverte Substanz wirft man in die flüssige Soda und hält die Masse einige Minuten im Glühen. Die erkaltete Kugel läßt sich leicht unter einem Stückchen Papier mit einer Messerklinge zerdrücken. Durch Auslaugen mit heißem Wasser zieht man zuletzt die löslichen Salze aus. Man kann auch das Silikat mit einem großen Ueberschuß von Fluorammonium auf einem Platindeckel schwach glühen und den Rückstand am Platindraht in die Flamme bringen.

Die wenigen Manipulationen geben dem Mineralogen und mehr noch dem Geognosten eine Reihe höchst einfacher Kennzeichen an die Hand, um viele in der Natur auftretende Substanzen, und namentlich die einander so ähnlichen z. B. aus kalkhaltigen Doppelsilikaten bestehenden Mineralien noch in den kleinsten Splitterchen mit einer Sicherheit zu bestimmen, wie sie sonst kaum bei einem reichlich zu Gebote stehenden Material durch weitläufige und zeitraubende Analysen erreichbar war. *)

2. Zur Untersuchung von Mineral- und Brunnenwasser.

Die qualitative Untersuchung der Gewässer erfordert fast gar keine vorbereitende Operationen, nur zuweilen ist es anzurathen, die Flüssigkeit etwas einzudampfen. Ein Tropfen Soolwasser zeigt oft schon unmittelbar die Kalium, Lithium-, Calcium- und Strontiumreaktion. Bringt man z. B. einen Tropfen des Dürkheimer oder Kreuznacher Mineralwassers in die Flamme, so erhält man die Linien Na α, Li α, Ca α und Ca β. Wendet man einen Tropfen der Mutterlauge an, so entwickeln sich zuletzt allmälig die charakteristischen Linien des Strontiumspectrums. Ein einziger Tropfen, in der Flamme verflüchtigt, genügt also, um in wenigen Augenblicken die vollständige Analyse eines Gemenges von fünf Stoffen auszuführen.

Hat man ein Gemenge der Chlorverbindungen von Natrium, Kalium, Lithium, Calcium, Strontium und Barium, so erscheinen die Spectrallinien sämmtlicher Spectra nicht auf einmal. Zuerst macht sich die fast nie fehlende gelbe Natriumlinie bemerklich und sodann die rothe Linie des Lithiums Li α und jenseits derselben noch weiter von der Natriumlinie entfernt die schwächere Kaliumlinie La α, während die Bariumlinien Ba α und Ba β (s. die farbige Tafel I.) deutlich hervortreten. Nach Verflüchtigung der Verbindungen des Kaliums, Lithiums und Bariums heben sich die Linien des Calciums und Strontiums hervor, die dann zuletzt verschwinden.

Auch ein Tropfen Meerwasser, am Platindraht verflüchtigt, ruft sofort die Natriumlinie und die Calciumlinie hervor; die übrigen Bestandtheile, wie Lithium, Strontium werden in concentrirter Flüssigkeit nachgewiesen. Ebenso muß das Brunnenwasser eingedampft werden, um die Spectral-Reaktionen deutlich zu zeigen.

3. Zu den qualitativen chemischen Untersuchungen überhaupt.

Es braucht kaum erwähnt zu werden, daß die Spectralanalyse nicht allein zur Untersuchung jener oben genannten Stoffe dienen kann, sondern auch zum Nachweis der Alkalien und alkalischen Erden — wir denken hierbei speciell an die Spectralanalyse im engeren Sinne des Wortes — in den verschiedensten Verbindungen, die wir an dieser Stelle unmöglich alle aufzählen können. Wir haben früher schon erwähnt, wie

---

*) Vgl. chemische Analyse durch Spectralbeobachtungen von G. Kirchhoff und B. Bunsen. Ferner: M. Louis Grandeau. Instruction pratique sur l'analyse spectrale. Paris 1863.

einfach die spectralanalytische Untersuchung der Cigarrenasche ist. Mit etwas Salzsäure befeuchtet, in die Flamme gehalten, giebt sie sofort die Linien Na α, K α, Li α, Ca α, Ca β. Mit Hülfe der Spectralanalyse wurde z. B. die Thatsache außer Zweifel gesetzt, daß das Lithion zu den am allgemeinsten in der Natur verbreiteten Stoffen gehört. Es wurde nachgewiesen in den verschiedensten Gesteinen und Mineralien, im Meerwasser, in der Asche der Fucoideen (Kelp), in manchem Brunnen- und Mineralwasser; ferner in den Aschen aus Hölzern vom Odenwalde, welche auf Granitboden wachsen, in der Pottasche u. s. w. Sogar in der Asche des Tabaks, der Weinblätter, des Rebholzes und der Weinbeere, sowie in der Asche der Feldfrüchte, welche in der Rheinebene bei Waghäusel, Deidesheim und Heidelberg auf nicht granitischem Boden gezogen werden, fehlt nach Kirchhoff das Lithion ebenso wenig, als in der Milch und in dem Blute der Thiere, welche mit jenen Feldfrüchten genährt werden.

Um mit einem hohen Grade von Sicherheit mit der Spectralanalyse zu arbeiten, trägt man die hervortretenden Spectrallinien in Betreff ihres Ortes, an dem sie sich auf der Scala des Apparates zeigen, auf gezeichneten Scalen in der Art ein, wie es auf Tafel I. beispielsweise für das Strontiumspectrum geschehen ist. Aus dem früher Gesagten wird es sofort einleuchten, daß ein Spectrum eines zu untersuchenden Körpers nur dann als Strontiumspectrum gelten kann, wenn es nicht allein in den Farben, sondern auch in der Stellung seiner Linien mit dem des Strontiums übereinstimmt.

Die Anwendung eines Platindrahts, um die Substanzen in die Flamme zu bringen, erlaubt nicht, eine constante Lichterscheinung hervor-

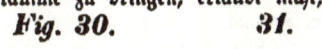

Fig. 30. 31.

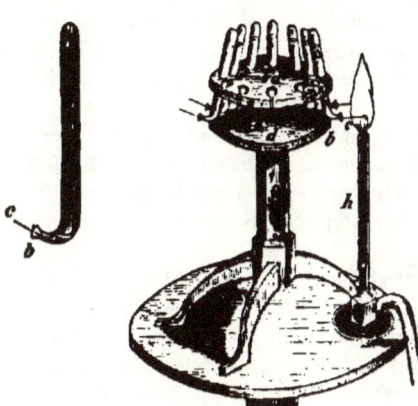

zurufen. In der Regel ist es ein momentanes oder doch schnell vorübergehendes Aufblitzen der farbigen Streifen, welches bei Benutzung eines Platindrahts beobachtet werden kann, so daß man fortwährend genöthigt ist, neue Mengen von der zu untersuchenden Substanz in die Flamme einzuführen. Um diesen Uebelstand zu beseitigen, hat Mitscherlich eine Vorrichtung angegeben (deren Abbildung wir in Figur 30 und 31 geben), mit

8

welcher er eine mehrere Stunden lang constante, intensive Flamme erhalten hat.

Er beschreibt dieselbe in folgender Weise:

„In oben zugeschmolzenen Gläschen a Fig. 30, die unten umgebogen sind und in eine schmale Röhre b auslaufen, ist die Auflösung der Substanz enthalten, die zu den Spectraluntersuchungen angewendet werden soll. In der Röhre b befindet sich ein Bündel von ganz feinen Platindrähten c, die fest mit einem Platindraht umwickelt und durch Biegung des Bündels in die Röhre hineingeklemmt sind. Dieses Bündel zieht vermöge der Capillarität neue Flüssigkeit an die Stelle der verdampften.

In dem Gestell d Fig. 31, in dem die Gläser a stehen, ist an der unteren Fläche ein runder Stab e befestigt, welcher in die Hülse f hineinpaßt. Es läßt sich dadurch d um seine Axe drehen, und man kann so die verschiedenen Platindrahtbündel c in die Gasflamme bringen. g sind Schlitze, die das Einstellen der Röhren erleichtern; h ist ein gewöhnlicher Bunsen'scher Brenner.

Füllt man die Gläser a mit einer Auflösung von den Substanzen, die untersucht werden sollen, so werden die Platindrahtbündel bald mit der Substanz angefüllt und verlieren dadurch die Fähigkeit Wasser, das durch sein Verdampfen bei den Erdarten die Spectra hervorbringt, aufzusaugen. Um die Capillarität des Platinbündels stets wirksam zu erhalten, setzte ich zu den Lösungen essigsaures Ammoniak hinzu. Es vergrößert dieses die Intensität der Flamme bedeutend und bewirkt dadurch, daß es verbrennt, ein Herumwerfen der zu untersuchenden Substanz, was eine vollständige constante und intensive Flamme erzeugt. Eine Mischung von 20 Theilen einer 15 pCt. enthaltenden Lösung von essigsaurem Ammoniak und 1 Theil der concentrirten Salzlösung habe ich als am vortheilhaftesten gefunden. Man muß auf die Stellung der Platinbündel achten, damit nicht zu viel und auch nicht zu wenig Flüssigkeit in dieselben gelange.

Stellt man den Apparat, wenn man ihn nicht benutzt, unter eine Glasglocke, so sind die Lösungen vor dem Verdampfen des Wassers in den Platinbündeln geschützt. Bei der Größe der Gläschen, die ich anwandte, hatte ich während zwei Stunden eine vollständig andauernde, sehr helle Flamme."

Die spectralanalytische Untersuchung von Flüssigkeiten, also auch einer jeden Lösung ist durch nachstehendes Verfahren, welches E. Becquerel am 20. Januar 1868 der Pariser Akademie mittheilte, ermöglicht.

Ein vor einem geschlossenen Leiter vorbeibewegter Magnet erzeugt bekanntlich in Leiter einen Induktionsstrom. Ist der Leiter an einer Stelle durch einen kleinen Zwischenraum unterbrochen, so springen zwischen diesen Polen lebhafte Induktionsfunken über. Diese Funken nun treten auch auf, wenn der eine Pol der Induktionsrolle in eine Flüssigkeit getaucht wird, über deren Oberfläche in einer Entfernung von einigen Millimetern ein feiner Platindraht den andern Pol bildet; oder mit anderen Worten, man kann im Induktionsapparat auch eine Lösung als den einen Pol benutzen. Bei schwachen Strömen ist es hierbei nothwendig, daß der Platindraht den positiven Pol bildet; bei starken Strömen aber ist es gleichgültig, welchen Pol die Lösung und welchen das Platin darstellt.

Im elektrischen Funken leuchten die Stoffe, welche die Pole bilden. Bei der Anordnung von Becquerel geben daher die flüchtigen Salzlösungen das Material her, welches bei der Temperatur des elektrischen Funkens Licht aussendet. Die Spectralanalyse ist auf diese Weise leicht auszuführen und bietet noch den Vortheil vor der Untersuchungsmethode von Bunsen und Kirchhoff, daß hier im Induktionsfunken die Stoffe bei einer viel höheren Temperatur leuchten, als in der Gasflamme. Dem entsprechend sind auch die leuchtenden Linien viel zahlreicher als beim Verbrennen desselben Stoffes in der Gasflamme.

In dem auf die angegebene Weise dargestellten Induktionsfunken muß zwar auch das Platin, welches den andern Pol bildet, glühen und in der Flamme leuchten. Im Spectrum konnte Becquerel jedoch das Platinspectrum nicht entdecken, selbst wenn er demselben reines Wasser, welches die Elektricität schlecht leitet, gegenüber gestellt hatte. Wahrscheinlich sind die Linien des Metalls zu schwach, um bei dem hellen Leuchten der viel flüchtigeren Flüssigkeiten wahrgenommen werden zu können.

Becquerel hat mit dieser neuen Methode bereits eine ganze Reihe von Stoffen untersucht: reines Wasser, Salzsäure, Chlorstrontium, Chlormagnesium, Kochsalz, Chlorcalcium, Chlorzink und viele andere Verbindungen aller möglichen Metalle. Im Allgemeinen treten, wie bereits erwähnt, die leuchtenden Linien in viel größerer Zahl auf, als im Spectrum der Gasflamme, welche dieselben Salze enthalten; aber die charakteristischen Linien sind dieselben wie sie von Bunsen und Kirchhoff angegeben wurden. Becquerel führt hierfür eine Anzahl von Belegen an.

Wenn somit die Gasflamme zur Spectraluntersuchung unter gewöhnlichen Verhältnissen und für die Salze der Alkalien ausreicht, so dürfte doch diese neue Methode für andere Stoffe und unter besonderen Umständen, wegen der viel höheren Temperatur, die sie erzeugt, Vortheile bieten; sie ist außerdem sehr einfach.

3. Zu technischen Zwecken.

Man unterscheidet bekanntlich drei Arten von Eisen: Roheisen, Stahl und Schmiedeeisen, welche sich hauptsächlich durch ihren Kohlenstoffgehalt hinsichtlich ihrer inneren Natur von einander unterscheiden. Roheisen enthält circa 5 %, Kohlenstoff, Stahl $2 - 2\frac{1}{2}$ % und Schmiedeeisen höchstens $\frac{1}{2}$ %. Man kann daher den Stahl entweder aus dem Roheisen durch Entziehen von Kohlenstoff oder aus dem Schmiedeeisen durch Hinzufügen von Kohlenstoff darstellen. Ersteres Verfahren (das Frischen) liefert den Rohstahl, letzteres den Cementstahl. Seit 1855 ist von dem englischen Techniker Bessemer ein Verfahren eingeführt, nach welchem Roheisen geschmolzen und durch die geschmolzene Masse atm. Luft in feinen Strömen so lange durchgepreßt wird, bis der Kohlenstoff entweder vollständig oder bis zur Hälfte zu Kohlenoxydgas verbrannt ist. In dem ersteren Falle wird eine gewisse Menge geschmolzenes weißes Roheisen (Spiegeleisen) zugesetzt, um ein Eisen von $2 - 2\frac{1}{2}$ Kohlenstoffgehalt, den Stahl (hier Bessemer Stahl genannt) zu erhalten.

Bei diesem Verfahren, bei dem sogenannten Bessemerproceß, ist es nun von großer Wichtigkeit zu wissen, wann das Entkohlen des Eisens beendigt ist, da sowohl ein zu frühes Unterbrechen, wie ein zu langes Fortsetzen des Frischens die Eigenschaften des Stahls wesentlich beeinträchtigen würde. Es hat nun A. Lielegg *) in der Beobachtung des Spectrums der Flamme, die sich während des Processes zeigt, ein wichtiges Kennzeichen für die Beurtheilung des Verlaufs des Bessemerprocesses gefunden.

Er hat nämlich durch eine Reihe von Versuchen gefunden, daß das Spectrum der Bessemerflamme während des Frischens eine Reihe von Veränderungen zeigt, welche gleichen Schritt halten mit der Entkohlung der Masse. In dem Stadium des intensivsten Frischens treten 4 blaue Linien auf, denen sich alsbald eine blauviolette helle Linie anschließt. Diese Linien bleiben nur einige Minuten sichtbar und verschwinden dann, und zwar erlischt die violette Linie zuerst, dann erst die vier übrigen. Gleichzeitig verliert das ganze Spectrum seine bisherige Schärfe, die hellen Linien werden schwächer, sie verschwinden in ziemlich rascher Aufeinanderfolge und der Entkohlungsproceß ist nun beendet. Auf diese Weise läßt sich mit Hülfe des Spectralapparates sowohl der Beginn, wie das Ende des Entkohlungsprocesses genau bestimmen.

Angeregt durch die Mittheilungen Lielegg's über diesen Gegenstand giebt Watts einige Mittheilungen über gleichartige Beobachtungen **),

---

*) LVII. Bd. d. Sitzb. d. k. Akad. d. Wissensch. II. Abth. April-Heft. Jahrg. 1868.
**) Berg- u. Hüttenm. Zeit. 1868. S. 64; Journ. für prakt. Chemie CIV. S. 420;

die er im Anschluß an die von Roscoe auf dem Eisenwerk von J. Brown u. Comp. in Sheffield angestellten, seinerseits auf dem Werke zu Crewe und nachher in Glasgow weiter fortgesetzt hatte.

Der Verfasser sagt am Schlusse seines Artikels: es ist kein Zweifel, daß die hauptsächlichsten Linien des Bessemer-Spectrums dem Kohlenstoff in einer oder der anderen Form angehören, wahrscheinlich dem glühenden Kohlengas. Versuche haben schon gelehrt, daß zwei ganz verschiedene Spectra des glühenden Kohlenstoffs existiren, deren jedes beträchtlicher Modifikationen in Bezug auf Entstehung neuer Linien fähig ist, je nachdem Aenderungen in der Temperatur oder in der Art der Erzeugung des Spectrums vorgenommen werden. Möglicherweise ist das Bessemerspectrum ein drittes Kohlenstoffspectrum, unter anderen Umständen als die gewöhnlichen Kohlenspectra erzeugt, und die intensiv schwarzen Bänder kommen vielleicht auf Rechnung des Contrastes des großen Glanzes der hellen Linien und sind keine Absorptionsbänder. (Siehe in Bezug auf diese Ansicht die Spectra der Kohlenwasserstoffe Seite 73).

β) Anwendung des Absorptionsspectrums erster Ordnung.

Analyse der Himmelskörper.

Eine wichtige Entdeckung bleibt selten unfruchtbar und isolirt stehen, fast stets wird sie eine Quelle anderer Erfindungen. Führten nicht das Telescop und das Mikroscop auf dem Gebiete der Astronomie, der Anatomie und der Physiologie der kleinsten Organismen zu den bewunderungswürdigsten Aufschlüssen, die ohne diese schätzenswerthen Instrumente unmöglich zu erreichen gewesen wären? Hat nicht die Beobachtung, daß eine frei schwebende Magnetnadel sich in die Richtung von Norden nach Süden stellt, der Ausdehnung des Handels und den geographischen Entdeckungen einen gewaltigen Aufschwung gegeben und war sie nicht das Fundament zu der wichtigen Wissenschaft von dem Erdmagnetismus?

Ebenso konnte die folgenschwere Entdeckung von Kirchhoff und Bunsen nicht ohne Einfluß auf die verwandten Wissenschaften bleiben, wie wir schon bei einigen gezeigt haben. Auch dem Astronomen [*]) verleiht die Spectralanalyse ein Mittel zum Studium der Himmelskörper von nie geahnter Wichtigkeit und Brauchbarkeit.

Die Wichtigkeit der Entdeckung Kirchhoff's gerade in der Astronomie

---

Polyt. Notizblatt. 1868. S. 312; Wagner, Jahresbericht der chemischen Technologie für 1868. S. 89.
*) Siehe M. William Huggins, F. R. S. Analyse spectrale des corps célestes traduit de l'anglais par M. L'Abbé Moigno.

wird um so einleuchtender, wenn wir uns unsere Stellung den Himmels-
körpern gegenüber recht klar machen. In Folge der Gravitation und der
übrigen Kräfte, die unser Sein beherrschen, ist es uns nicht vergönnt,
die Erde zu verlassen und in das Universum einzudringen; nur das Licht
allein erhalten wir von den Sternen und nur das Studium des Lichtes
allein kann uns irgend einige Aufschlüsse über das zahllose Heer der Gestirne geben, die uns umringen und in unendlichen Fernen umkreisen.
Das Licht des gestirnten Himmels ist das einzige Mittel, durch welches
wir von der Existenz jenes leuchtenden Oceans in Kenntniß gesetzt werden und über welches wir verfügen können. Und gerade die Spectralanalyse ist die Wissenschaft, welche die in dem Lichte selbst verborgenen
Symbole zu entziffern lehrt und uns exakte Kenntnisse über die chemischen Verhältnisse und selbst, bis zu einem gewissen Punkte, über die
physikalischen jener so unendlich weit entfernten Körper Aufschluß ertheilt,
von denen das Licht ausfließt.

Bei der Erklärung der Fraunhofer'schen Linien haben wir Kirchhoff's
Hypothese über die physische Beschaffenheit der Sonne mitgetheilt (s. S. 22).
Legen wir diese Annahme zu Grunde, so läßt sich sofort einsehen, daß das
Sonnenspectrum mit seinen dunklen Linien nichts Anderes ist, als ein
Absorptionsspectrum erster Ordnung. Hiernach erfordert die chemische
Analyse der Sonnenatmosphäre nur die Aufsuchung derjenigen Stoffe,
die, in eine Flamme gebracht, helle Linien im Spectrum hervorrufen,
welche mit den dunklen Linien des Sonnenspectrums coincidiren.

Das Kirchhoff'sche Sonnenspectrum.

Diese Aufgabe hat zuerst Kirchhoff durch eine größere Ausbreitung
des Spectrums und durch eine genaue Fixirung der Spectrallinien auf
eine überraschende Weise gelöst. Den vervollkommneten Apparat, dessen
er sich zu seinen Untersuchungen bediente, haben wir bereits oben Seite
37 beschrieben und in Fig. 10 eine Abbildung desselben gegeben. Wir
haben hier noch hinzuzufügen, daß Kirchhoff, um die Abstände der einzelnen Linien bestimmen zu können, eine Kreistheilung anwandte, welche an
der Mikrometerschraube R Fig. 10, durch die das Fernrohr B eingestellt
werden kann, angebracht ist. Das Ocular war so gestellt, daß die
Fäden seines Fadenkreuzes Winkel von 45^0 mit den dunkelen Linien
bildeten; der Schnittpunkt der Fäden wurde durch die Mikrometerschraube
auf jede dieser Linien geführt, jedesmal die Theilung abgelesen und neben der Ablesung eine Schätzung der Schwärze und Breite der Linien
notirt. Nach diesen Aufzeichnungen wurden die Linien gezeichnet.

Kirchhoff veröffentlichte die Resultate seiner Arbeiten in den Abhandlungen der Königl. Akademie der Wissenschaften zu Berlin vom Jahre

1861 und 1863 in den schon oft genannten „Untersuchungen über das Sonnenspectrum und die Spectra der chemischen Elemente." 4 Tafeln stellen den Theil des Spectrum, der sich von A bis G erstreckt, in einer Gesammtlänge von $2\frac{1}{2}$ Meter dar. Tafel V. giebt in dem obersten Streifen eine getreue Copie eines kleinen Theiles des Kirchhoff'schen Sonnenspectrums. Der Theil des Spectrums, welcher die Linien von D bis F $\frac{1}{2}$ G umfaßt, ist von Kirchhoff selbst untersucht, der übrige von Hofmann. Zur besseren Orientirung und genaueren Bestimmung der Lage der Linien hat Kirchhoff eine in Millimeter getheilte Scala mit willkürlichem Anfangspunkte angenommen. (Siehe Tafel V.)

Vor der oberen Hälfte des Spaltes des oben angegebenen Apparates waren zwei kleine rechtwinklige Glasprismen so angebracht (eine ähnliche Vorrichtung ist an Fig. 9. Seite 34 angedeutet), daß, während durch die untere Spalthälfte Sonnenstrahlen direct eintreten, durch die obere die Strahlen einer seitlich aufgestellten, künstlichen Lichtquelle nach zweimaliger totaler Reflexion zu den großen Prismen gelangen konnten. So wurde es ermöglicht, daß, während in der oberen Hälfte des Gesichtsfeldes des (astronomischen) Beobachtungsfernrohres das Sonnenspectrum sich zeigte, in der unteren, in unmittelbarem Anschluß an dieses, das Spectrum des Metalls, welches mit Hülfe des elektrischen Funkens erzeugt wurde, zum Vorschein kam, und die Lage der hellen Linien dieses zu den dunkelen jenes mit Sicherheit sich beurtheilen ließ.

In Figur 1. Tafel V. finden wir unter dem Sonnenspectrum die hellen Linien der Metalle, so daß man dieselben mit den Fraunhofer'schen Linien direct vergleichen und ihre etwaige Coincidenz erkennen kann. Rechts treffen wir die bekannte D Linie an, die hier in zwei Linien gespalten erscheint, welche bei 100,28 und 100,68 der Scala liegen, während bei schwächeren Apparaten die D Linie als eine einzige erscheint. Die beiden D Linien fallen, wie ein Blick auf die Figur ergiebt, mit den beiden hellen Natriumlinien Na zusammen. Die horizontale Linie, welche die unteren Enden der vertikalen Striche verbindet, die diese hellen Streifen darstellen, hat die Bedeutung einer Klammer, wie auch mehr nach links bei dem Eisen = Fe Linien u. s. w.; sie drückt aus, daß das chemische Zeichen Na = Natrium unter ihr auf beide Striche bezogen werden soll. Zwischen den beiden Natriumlinien finden wir auf dem untern Spectrum eine helle Nickel = Ni Linie, die mit einer dunklen des Sonnenspectrums coincidirt; dagegen finden wir für die Zink = Zn Linie auf dem Sonnenspectrum keine entsprechende dunkle Linie. Im weiteren Verfolg der Spectra nach links hin finden wir eine Calcium = Ca und eine Nickel = Ni Linie scheinbar zusammen fallen. Schon auf diesem Theile überrascht uns die große Anzahl der Eisen = Fe Linien, die sämmtlich im Sonnenspectrum wiederzufinden sind. Von den übrigen Buchstaben bedeutet: Ba = Barium, Au = Gold, Sn = Zinn, Hg = Quecksilber, Al = Aluminium, As = Arsen, Sb = Antimon und Aër = Luft.

Das Angström'sche Spectrum.

Angström *) hatte sich zur Aufgabe gestellt, die Bestimmungen der Länge der Lichtwellen, welche Fraunhofer mit Hülfe der Gitter ausgeführt hatte, einer genauen Revision zu unterwerfen und die Untersuchung auf alle andere bemerkenswerthe Linien des Sonnenspectrums auszudehnen, indem er gleichzeitig die Absicht hatte, mit Hülfe der genannten Ermittlungen ein Normalspectrum, gegründet auf die Wellenlänge und nicht auf die Merkmale der Refraktion, nach welchen Kirchhoff sein Spectrum entworfen hat, herzustellen, und gestützt auf ein solches Spectrum, die Wellenlängen der Metalllinien zu bestimmen.

Versuche in dieser Richtung waren schon gemacht worden von Ditscheiner in Wien, van der Willigen in Harlem, Mascart in Paris und Gibbs in Boston. Letzterer hatte sich auf Untersuchungen Angström's gestützt, die derselbe im Jahre 1863 veröffentlicht hatte, welche jedoch, wie Angström selbst eingesteht, wegen Unvollkommenheit seines Apparates nicht ganz zuverlässig sind. Zu den oben erwähnten Arbeiten bediente sich Angström eines Gitters von Nobert, mit welchem er ein Gitterspectrum herstellte und die Wellenlänge von ungefähr 1000 Linien bestimmte. (Siehe Taf. V. Fig. 2.)

Unter Gitter versteht man eine Reihe paralleler schmaler Spalten. Setzt man ein solches Gitter vor das Fernrohr, sieht alsdann nach einer Lichtlinie hin, welche den Spalten parallel ist, so beobachtet man bei Anwendung von weißem Lichte eine Reihe von Lichtstreifen verschiedener Farben in ununterbrochener Folge, welche in derselben Ordnung auf einander folgen, wie die Farben des prismatischen Farbenbildes und also förmliche Spectra bilden.

Die Aufeinanderfolge der Farben in diesen Spectren ist genau dieselbe, wie bei dem prismatischen Spectrum (Tafel I. Fig. 1.), nur ist die Vertheilung der Farben bei dem Gitterspectrum eine andere. In Fig. 32 (folg. Seite) ist ein Gitterspectrum (das obere) mit einem gleich großen Flintglasspectrum zusammengestellt. Man erkennt aus der Figur sofort, daß D im Gitterspectrum fast dieselbe Stelle einnimmt, an welcher sich im anderen F befindet, daß also im Beugungsspectrum das rothe, im Brechungsspectrum das blaue Ende mehr ausgedehnt ist.

---

*) Recherches sur le spectre solaire par A. J. Angström, Professeur de physique à l'université d'Upsal. — Spectre normal du soleil. Atlas de six planches. 1869.

Fig. 32.

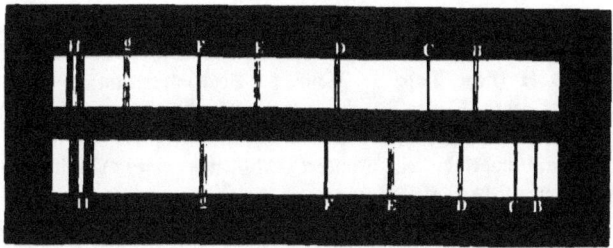

Die Farben desselben werden sich um so mehr den rein prismatischen nähern, je mehr man die Zahl der neben einander stehenden Spalten vermehrt, je enger man also die einzelnen Spalten macht, so daß man bei einer hinreichenden Anzahl die Fraunhofer'schen Linien erkennen kann. Ein Gitter der einfachsten Art erhält man, wenn man auf ein Holzstäbchen eine Reihe von Nähnadeln parallel neben einander und in gleichen Entfernungen aufsteckt. Fraunhofer *) stellte seine feinsten Gitter in der Weise dar, daß er auf mit Goldblättchen belegtes Planglas mit Hülfe einer Theilmaschine Parallellinien radirte, oder solche Linien mit einem Diamant in ein Planglas einschnitt.

In der Anfertigung der letzteren Gitter hat sich Nobert (Barth in Pommern) einen europäischen Ruf erworben. Seine ausgezeichneten Gitter haben Linien von der Länge von 1 Zoll, welche so nahe neben einander gezogen sind, daß der Abstand von der Mitte der einen zur Mitte der nächsten nur 0,01''', ja sogar bei den feinsten nur 0,001''' (altfranzösisches Maaß) beträgt. Angström bediente sich eines Nobert'schen Gitters, welches auf eine Breite von nur 9 Pariser Linien die fast unglaubliche Anzahl von 4501 Diamantstrichen hatte.

Mit Hülfe des Gitterspectrums bestimmte Angström die Wellenlänge folgender dunkler Hauptlinien des Sonnenspectrums auf die nachstehenden Werthe:

$$A = 0{,}0007604 \text{ Millimeter,}$$
$$B = 0{,}0006867 \quad ''$$
$$C = 0{,}0006562 \quad ''$$
$$D = 0{,}0005892 \quad ''$$
$$E = 0{,}0005269 \quad ''$$
$$F = 0{,}0004860 \quad '' \quad \text{(Siehe Tafel V.)}$$
$$G = 0{,}0004307 \quad ''$$

---

*) Denkschriften der Königl. Akademie der Wissenschaften zu München. Bd. VIII.

$H_1' = 0,0003968$ Millimeter.
$H_2 = 0,0003933$ „

Das Sonnenspectrum, welches Ångström mit Unterstützung von Thalén ausführte, hat eine Länge von 3,387 Meter und erstreckt sich von a bis H (siehe Tafel I. Figur 1. Sonnenspectrum). Der obere Rand eines jeden Theiles des Spectrums ist mit einem metrischen Maßstabe versehen, mit welchem man die Wellenlängen der einzelnen Spectrallinien auf ungefähr ein Hundert-Milliontel eines Millimeters abschätzen kann (siehe Tafel V.).

Auf den Spectraltafeln befinden sich unterhalb eines jeden Theiles des Spectrums die Spectrallinien der Metalle, so daß ein Blick auf dieselben in der Uebereinstimmung zwischen den Linien den Ursprung der Fraunhofer'schen Linien sofort erkennen läßt. Auf dem von uns (Tafel V.) wiedergegebenen Theile des Spectrums fällt sofort die F Linie ins Auge, die mit der uns bekannten blauen Linie ($H\beta$) des Wasserstoffs (Taf. II. Fig. 9.) zusammenfällt. Auf der gegebenen Strecke finden wir nicht weniger als 56 Eisenlinien, welche durch die horizontal liegende, an beiden Enden mit Fe = Eisen bezeichnete Linie, in welche jene auslaufen, angedeutet wird. Außerdem finden wir noch von rechts nach links gehend Linien des Calciums = Ca, des Titans = Ti, des Nickels = Ni, des Bariums = Ba, des Kobalts = Co und des Mangans = Mn. Der untere horizontale mit Aër = Luft bezeichnete Streifen giebt die Linien des Luftspectrums an.

Im Ganzen fand Ångström ungefähr 800 Linien, welche terrestrischen Substanzen angehören und welche sich auf nachstehende Elemente, wie folgt, vertheilen:

Wasserstoff	4	Mangan	57
Natrium	9	Chrom	18
Barium	11	Kobalt	19
Calcium	75	Nickel	33
Magnesium	4	Zink	2
Aluminium	2	Kupfer	7
Eisen	450	Titan	118

Thalén hat von dem letzteren Elemente bereits 200 Linien in dem Sonnenspectrum gefunden. Ueberhaupt sind diese Untersuchungen nicht abgeschlossen, mit vervollkommneteren Instrumenten wird man zweifellos die Anzahl noch sehr vermehren können. Jedoch auch die jetzt bereits vorliegende Zahl zeigt zur Genüge, daß die Substanzen, welche die Sonnenmasse zusammensetzen, dieselben sind, die wir auf der Erde finden. Dabei ist allerdings nicht zu übersehen, daß zwischen F und G einige starke Linien vorkommen, deren Ursprung noch unbekannt ist. Die Schlußfolgerung aus diesem Umstande, daß es auf der Sonne unserem Planete fremde Substanzen gebe, ist jedenfalls verfrüht.

Daß bei dem Zusammenfallen der Spectrallinien der Metalle mit den dunklen Fraunhofer'schen Linien nicht von einem Spiele des Zufalls die Rede sein kann, geht schon daraus hervor, daß das Spectrum des Eisens 450 Linien liefert, die sämmtlich mit ebenso vielen dunklen des Sonnenspectrums zusammenfallen, so daß sich uns die Ueberzeugung aufdrängt, daß jene dunklen Linien nur der absorbirenden Wirkung der in der Sonnenatmosphäre vorhandenen Eisendämpfe zugeschrieben werden können.

Die Spectra der übrigen Himmelskörper.*)

Das Spectrum des Lichtes, welches vom Monde und den Planeten zur Erde gelangt, ist mehr oder weniger dem Sonnenspectrum ähnlich, da diese Gestirne nicht, wie die Fixsterne und Nebelflecken, die Quellen ihres Lichtes sind. Die geringen Abweichungen dieser Spectren von dem Sonnenspectrum rühren her von einigen Veränderungen, die das Licht erleidet entweder in Folge des Durchganges durch die Atmosphäre dieser Planeten, oder in Folge der Reflexion auf ihrer Oberfläche. Auch die spectralanalytische Beobachtung hat die gänzliche Abwesenheit einer Atmosphäre auf dem Monde constatirt.

Eine größere Mannigfaltigkeit der Spectren liefern die Fixsterne, da sie die Quelle ihres eigenen Lichtes sind. Von jeher haben sie die Neugierde der Beobachter erregt, doch stets ihr Wesen in ein tiefes Geheimniß gehüllt. Man nahm seine Zuflucht zu den Telescopen, um sie zu belauschen; jedoch auch in diesen, selbst in den größten erscheinen sie ohne Scheibe, nur als glänzende einfache Punkte. Jetzt haben wir mit Hülfe der Spectralanalyse in Folge der Beobachtung sichere Kenntnisse über ihr geheimnißvolles Wesen, die so lange schon und so sehnsüchtig erstrebt wurden. In dem Lichte, das sie zur Erde sandten und durch welches sie den Forschungstrieb stets wachhielten und neckten, waren die Anzeichen über ihre wahre Natur verborgen und jetzt sind sie mit Hülfe des Prismas enthüllt.

Die Beobachtungen haben belehrt, daß die Fixsterne der Sonne ähnlich sind und daß ihr Licht, wie das der Sonne, ausströmend von einem glühenden Kerne eine Atmosphäre von absorbirenden Gasen durchdringt. Auch die Fixsterne liefern Absorptionsspectra erster Ordnung und ermöglichen dadurch, wie bei dem Sonnenspectrum, auf ihre Constitution einen Schluß zu ziehen. Hinsichtlich der Details verweisen wir auf den später folgenden Originalbericht des P. A. Secchi.

Auffallend und überraschend war es, als die Spectralanalyse ergab,

---

*) Wir stellen dieselben an dieser Stelle zusammen, obgleich auch directe Spectra unter ihnen vorkommen.

daß die Nebelflecken kein Absorptionsspectrum, sondern ein directes discontinuirliches Spectrum hervortreten lassen. Bekanntlich erscheinen einige der Nebelflecken als Haufen von unendlich vielen sehr kleinen Sternen; mehrere dagegen von diesen gleichsam fremdartigen Körpern lassen sich nicht in Sterne auflösen, selbst mit den stärksten Telescopen. Sie gleichen schwach leuchtenden Wolken oder einem phosphorescirenden Nebelstreifen. Wenn schon seit zwei Jahrhunderten den Astronomen stets die Frage vorschwebte, welches ist die wahre Natur dieser zarten Massen, die an die Substanz der Kometen erinnern, so wurde dennoch dann erst das Interesse, welches sich an die Beantwortung dieser Frage knüpfte, recht lebhaft, als William Herschel den Gedanken aussprach, jene Himmelsgebilde seien Theile der primitiven Materie, welche zur Bildung sämmtlicher Körper des Universums gedient habe, und durch deren Studium gleichzeitig der Urzustand der Sonne und Planeten richtig erkannt werden könne. Das Telescop vermochte nicht die Beantwortung jener Frage zu liefern. Es ist zwar wahr, daß es in demselben Maße, in welchem die Vervollkommnung der Fernröhre fortschritt, gelang, eine größere Anzahl von Nebelflecken in Sterne aufzulösen; aber gleichzeitig erschienen stets die phantastischen Formen einiger andern, die gleichsam als Aggregate von diffusem Lichte dem forschenden Geiste ein Räthsel blieben. Die Spectralanalyse lieferte den sichersten Beweis, daß diese Nebelflecken sich durch gewisse physikalische Eigenschaften von den übrigen Sternen unterscheiden.

Groß war die Ueberraschung von Huggins, als er im August des Jahres 1864 einen dieser Nebelflecken der spectralanalytischen Untersuchung unterwarf und ein Spectrum erblickte, welches nur aus 3 glänzenden Linien bestand. Diese Beobachtung genügte, um das so lange ventilirte Problem zum Abschluß zu bringen und die Ueberzeugung zu verschaffen, daß jene Gebilde wirklich Nebelflecken sind; denn ein Spectrum von dieser Beschaffenheit kann nur hervorgerufen werden von dem Lichte, welches von einem gasförmigen Körper ausgeht.

Der oben erwähnte, von Huggins zuerst untersuchte Nebelflecken ist in dem General-Katalog von Sir John Herschel mit Nr. 4373. — 37 H IV. bezeichnet und gehört zu den zwar sehr kleinen, aber ver-

Fig. 33.

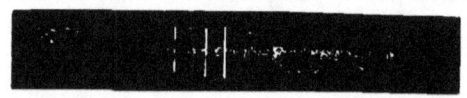

hältnißmäßig glänzenden Nebeln (Figur 33.). Eine genaue Vergleichung der hellen Linien mit den Spectrallinien der terrestrischen Substanzen ergab, daß die, in Figur 33. rechts liegende Linie mit der intensivsten aus der Gruppe der für den Stickstoff = N charakteristischen

Fig. 34.

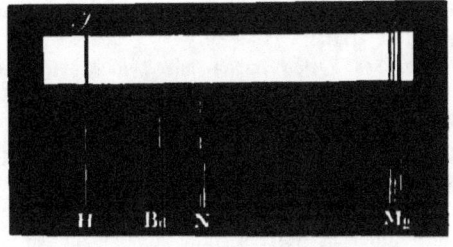

Linien zusammenfällt. Bei Figur 34. ist zu bemerken, daß das obere Spectrum der Sonne die Farben in umgekehrter Reihenfolge zeigt, also das Roth, in welchem b liegt, zur Rechten hat, während wir in den Spectren, wie sie auf den Tafeln I—IV. vorhanden sind, das rothe Ende links haben. Dasselbe gilt auch von den Spectren auf Taf. VI. Die schwächste von den drei Linien des Nebelflecken fällt mit der grünen Linie des Wasserstoffs zusammen, während die mittlere in der Nähe einer Bariumlinie = Ba liegt.

Die neuen und unerwarteten Resultate veranlaßten Huggins die Beobachtung auf mehr denn 60 Nebenflecken und Sternhaufen auszudehnen, die er in zwei Klassen theilt, von denen die erstere Klasse solche (20) Nebel umfaßt, welche ein dem oben beschriebenen ähnliches Spectrum geben, während das Licht der übrigen (40) Nebel und Sternhaufen durch das Prisma in ein continuirliches Spectrum ausgedehnt wird.

Tafel VI. enthält in Fig. 3 bis 9 Abbildungen einiger der merkwürdigsten Nebel von gasförmiger Beschaffenheit.

Fig. 3. zeigt den Nebelflecken 73 H IV., dessen Gestaltung an die Ringbildung des Saturn erinnert; das Spectrum besteht aus drei hellen Linien. Ebenso liefert das Spectrum des in Figur 9. abgebildeten Nebelfleckens im Wassermann drei helle Linien. Derselbe ist nach einer Zeichnung des Lord Rosse entworfen und hat einen dem vorigen sehr ähnlichen Bau. Der Ring wird bei diesem in seinem Querschnitte als Linie gesehen.

Den bekannten, merkwürdigen, ringförmigen Nebel in der Leyer finden wir in Figur 4. Nur eine glänzende Linie, die an die Stickstofflinie erinnert, erscheint in seinem Spectrum.

Ein Nebelflecken mit dem Namen Dumb=Bell=Nebel, Figur 5., der durch seine auffallende Gestalt und bedeutende Ausdehnung bekannt ist, hat nur eine einzige Spectrallinie, die dem Stickstoff angehört, und zwar in allen seinen Theilen.

Eine ganz eigenthümliche Gestaltung hat der Nebel 18. H IV. in Figur 6. Wir erkennen in der Mitte einen leuchtenden Kern und im Uebrigen einen spiralförmigen Bau. Er ist der einzige Nebelflecken, der vier glänzende Linien zeigt.

Im Sternbilde des Orion finden wir den größten von allen bekannten Nebelflecken, der eine wolkenförmige Gestalt hat. Auch dieser besteht aus Gasen, die drei helle Linien geben. Figur 7.

Abweichend von den oben genannten Nebelflecken zeigt der Nebel der Andromeda ein continuirliches Spectrum. Die Beobachtung desselben mit dem Telescop lehrt uns, daß dieser Nebel in einzelne getrennt leuchtende Punkte aufgelöst werden kann und somit zu den wirklichen Sternhaufen (Clusters, Cloyères) gehört. Figur 8. giebt uns sein Bild. Man kann ihn mit bloßem Auge erkennen und hat ihn schon oft für einen Kometen gehalten.

Obgleich noch nicht alle bekannte Nebelflecken in den Bereich der Untersuchung gezogen worden sind, so kann man doch jetzt nach den vorliegenden Resultaten in dieser Beziehung nicht mehr daran zweifeln, daß eine Uebereinstimmung zwischen den Ergebnissen der Spectralanalyse und des Telescops sich ergiebt, und diejenigen Nebelflecken, deren Spectrum aus einzelnen hellen Linien besteht, für leuchtende Gasmassen gehalten werden müssen, in denen Stickstoff und Wasserstoff die vorwaltenden Bestandtheile bilden, wogegen diejenigen Nebel, die ein continuirliches Spectrum liefern, als Sternhaufen zu betrachten sind.

Die Kometen, jene räthselhaften Wandelsterne, die in früheren Jahrhunderten die Menschen in Furcht und Angst versetzten, indem man sie als Vorboten von Krieg, Seuchen u. s. w. ansah, mußten vor der Spectralanalyse aus ihrem Nimbus heraustreten und entpuppten sich als glühende, leuchtende Gasmassen.

Im Januar 1866 beobachtete Huggins einen kleinen telescopischen Kometen Fig. 10. Taf. VI., welcher eine kreisrunde Gestalt und fast in der Mitte einen kleinen, wenig leuchtenden Kern hatte. Das Spectroscop ließ zwei Spectra erkennen, von denen das eine, das continuirliche, herrührte von reflectirtem Sonnenlichte, das andere, welches aus einer hellen Linie bestand, von dem Kerne abstammte. Hieraus ergiebt sich, daß das Licht des Kernes von einer selbst leuchtenden, gasförmigen Materie ausgeht, während von den Bestandtheilen der Hülle und des Schweifes des Kometen das Sonnenlicht reflectirt wird.

Im Mai des Jahres 1866 berichteten*) die Astronomen über das Auflodern eines glänzenden neuen Sternes in dem Sternbilde der nördlichen Krone. In der Nacht vom 12. zum 13. Mai bemerkte man, daß die bekannte Form des Halbkreises der Krone (es gehören noch einige andere Sterne zur nördlichen Krone) völlig verändert war durch das plötzliche Erscheinen eines Sternes zweiter Ordnung, den man bis dahin noch nie gesehen hatte. Woher kam derselbe, wie entstand dieses Phänomen? Die Spectralanalyse giebt die Antwort auf diese Frage.

Die prismatische Zerlegung zeigte, daß das Licht, welches von diesem Sterne ausging, von einer Materie ausstrahlte, welche in gasförmigem Zustande sich befand. Ein Vergleich mit dem Spectrum des Wasserstoffs ließ die Uebereinstimmung der Spectrallinien beider Spectra und somit die Gegenwart des brennenden Wasserstoffs auf jenem Himmelskörper erkennen. Die Helligkeit des Sternes nahm allmälig wieder ab, bis er am 30. Mai zu einem Sterne 9. Größe herabgesunken war, den man auch schon früher an dieser Stelle wahrgenommen hatte.

"Das plötzliche Aufflammen des Sternes und die rasche Abnahme des Lichtes führt auf die in früheren Zeiten kühn ausgesprochene Hypothese hin, daß in Folge einer großen inneren Revolution eine ansehnliche Menge Wasserstoffgas oder anderer Gase aus dem Himmelskörper sich entwickelt habe. Das Wasserstoffgas erzeugte bei der Verbrennung mit irgend einem andern chemischen Elemente ein Licht, welches durch die hellen Linien im Spectrum angedeutet war; zu gleicher Zeit aber erhitzte das verbrennende Gas den festen Kern oder die Photosphäre bis zu dem Punkte des heftigen Erglühens. Diese und andere Beobachtungen führen zu der Vermuthung, daß der Wasserstoff eine wichtige Rolle in der Veränderung der physischen Beschaffenheit der Sterne spielt."

Fassen wir die Ergebnisse, welche die Spectralanalyse in der Astronomie geliefert hat, kurz zusammen, so ergiebt sich:

1) Alle Fixsterne, wenigstens die lichtstärksten, haben dieselbe Beschaffenheit, wie die Sonne.
2) Die Sterne enthalten dieselben Elementarstoffe, welche wir bei der Sonne und Erde finden.
3) Die Farbe der Sterne hat ihren Ursprung in der chemischen Beschaffenheit der Atmosphäre, welche sie umgiebt.
4) Die Veränderungen des Glanzes einiger veränderlichen Sterne rufen gleichzeitig Veränderungen ihrer Absorptionsspectren hervor.
5) Die Erscheinungen bei dem Sterne in der Krone zeigen an, daß

---

*) Natur und Offenbarung, Bd. 12, S. 322, Heis: Plötzliches Auflodern eines hellen Sternes in dem Sternbilde der nördlichen Krone.

große Veränderungen, wenigstens in seiner physischen Beschaffenheit auf diesem Sterne stattgefunden haben.

6) Es existiren Nebelflecken im eigentlichen Sinne des Wortes, bestehend aus einem leuchtenden Gase.

7) Die Materie der Kometen ist sehr ähnlich derjenigen der Nebelflecken oder sogar identisch.

Beobachtung der totalen Sonnenfinsterniß vom 18. August 1868.

Die Ansicht, welche Kirchhoff über die physische Beschaffenheit der Sonne aufgestellt hatte, überraschte durch ihre Genialität die wissenschaftliche Welt und erregte allgemein das größte Aufsehen. Es darf uns daher nicht wundern, daß man mit Sehnsucht eine Gelegenheit erwartete, bei welcher man den experimentalen Beweis jener Theorie, falls sie richtig war, liefern konnte. Eine solche Gelegenheit bietet nur eine totale Sonnenfinsterniß, bei welcher das Licht des centralen Sonnenkerns, mag derselbe nach Kirchhoff's Theorie im festen oder tropfbar flüssigen, oder nach der Annahme des französischen Astronomen Faye im dampf- oder gasförmigen, weißglühenden Zustande sich befinden, durch die vortretende Mondscheibe beseitigt und nur das Licht der Sonnenatmosphäre auf die Erde gelangt. Besonders wichtig sind bei der totalen Sonnenfinsterniß die beiden Momente, in welchem der letzte Strahl der Sonnenhülle verschwindet und bei dem Weiterrücken der Mondscheibe der erste Sonnenstrahl wieder erscheint, denn diese Strahlen gehen gerade von den glühenden Dämpfen, welche den Kern umgeben, aus und müssen nach dem früher Mitgetheilten farbige Spectralstreifen liefern, wenn die Theorie Kirchhoff's sich bestätigen soll.

Eine solche Sonnenfinsterniß trat am 18. August 1868 ein, die jedoch nur in südlicheren Theilen Asiens von Aden über Hindostan, Malacca, Borneo, Celebes u. s. w. sichtbar war. Zur Beobachtung derselben wurden von den Nationen Europa's Expeditionen auf das Reichste ausgerüstet und an verschiedene Punkte der Zone, in welcher die totale Sonnenfinsterniß eintrat, ausgesandt.

1) Von dem norddeutschen Bund wurden zwei Expeditionen ausgerüstet, von denen die eine bei Moolwar in der Nähe von Beejapoor ihren Beobachtungsort wählte und aus den Gelehrten: Prof. Dr. Spörer aus Anclam, Dr. Tietjen aus Berlin, Dr. Engelmann aus Leipzig und C. Koppe aus Berlin bestand.

Bei der anderen, welche in Aden stationirt war, betheiligten sich: Dr. Thiele aus Bonn, Dr. Vogel, Dr. Zenker und Dr. Fritsch aus Berlin.

2) Zur letzteren gesellte sich die **österreichische** Expedition unter Dr. Weiß, Dr. Oppolzer und dem Schiffslieutenant Rziha.

3) Von den beiden französischen Expeditionen verblieb die eine unter Janssen in Guntoor, während die andere auf der Halbinsel Malacca in der Nähe des kleinen Ortes Wha Tonne sich aufstellte.

4) **England** sandte sogar drei Expeditionen aus, von denen die eine unter Herschel ihren Standort zu Samkhandi nahe bei Belgaum an der westlichen Küste von Vorderindien wählte, die zweite, bestehend aus den Kapitänen Haig und Tanner, bei Beejapoor, und die dritte unter Führung des Major Tennant in Guntoor stationirt wurde.

5) Die 5. Expedition, welche aus den spanischen Astronomen aus der Gesellschaft Jesu von ihrer Station in Manilla bestand, wählte ihren Standort auf einer Coralleninsel in dem Eingange zum Golfe von Tomini oder Garontalo, Mantawala-Kekée genannt.

Wir lassen in Folgendem den Bericht des P. F. Fauro, Mitglied der Expedition, an P. A. Secchi in Rom über die Beobachtung der totalen Sonnenfinsterniß vom 18. August 1868 mit einigen Abkürzungen folgen. Die Bemerkungen zu dem Briefe sind von P. A. Secchi angefügt. *)

Singapore, den 25. October 1868.

Während der Reise nach dem zu unserer Station bestimmten Orte besprachen wir uns öfter mit dem Herrn Capitän über die Ordnung und Methode, welche wir bei unseren Beobachtungen einschlagen wollten; und dieser mit Freuden zu allem bereit, übernahm es, einen Theil derjenigen Beobachtungen unter seinen Officieren, die die Sache mit Begeisterung aufnahmen, zu vertheilen, zu denen wir drei allein nicht hinreichten. Der Ort, den wir für unsere Station ausgewählt hatten, war eine kleine sich bildende Coralleninsel, in dem Eingange zum Golfe von Tomini oder Garontalo gelegen und Mantawala-Kekée genannt. Seine geographische Lage ist den Beobachtungen des Prof. Oudemans gemäß, der sich mit uns zusammen an demselben Orte befand, 0° 32' 36" südl. Breite und 123° 4' 48" östl. Länge von Greenwich. Allein nach zwei Reihen von Beobachtungen über Fomalhaut und Achernar, die der erfahrene und thätige Herr Capt. Bullock machte, vermittelst sechs ausgezeichneter Chronometer, die an Bord waren, befand er sich statt dessen 0° 32' 50",1 südl. Breite und 123° 7' 27",5 östl.

---

*) Vorstehender Bericht wurde von Professor Dr. Heis aus dem „Bulletino meteorologico dell' Osservatorio del Collegio Romano (Vol. VII. Nr. 12.) in „Natur und Offenbarung", Jahrg. 1869. S. 147 mitgetheilt.

Länge von Greenwich. Ich habe die Länge noch nicht mit Hülfe der Finsterniß festgestellt, hoffe es aber möglichst bald nach der Rückkehr nach Manila zu thun. Der gewählte Ort war sehr geeignet für die Beobachtung des Anblickes, den die Natur während der Erscheinung darbieten würde: vor uns dehnte sich der Continent von Celebes aus und die hervorragenden Punkte seiner Berge verschwammen in den wogenden Fluthen. Im Osten und Westen war der Anblick des Meeres schärfer begrenzt, größtentheils von den dichten Bäumen der Insel: eine Viertelmeile vom Strande sah man das herrliche Dampfschiff den „Serpent" vor Anker und ein wenig mehr seewärts, etwa eine Meile entfernt, befand sich ein anderes, holländisches Dampfschiff, mit welchem der Prof. Oudemans gekommen war. Am Morgen des 18. Aug. war die Station sehr belebt durch die Begeisterung, welche die Beobachtenden ergriff, die alle damit beschäftigt waren, ihre Instrumente vorzubereiten und zu ordnen: die Seeleute waren alle beflissen, die Lagerzelte aufzuschlagen und die Thiere, welche sie an Bord hatten, auf's Verdeck zu schaffen, um die Wirkung zu sehen, die die Neuheit der Erscheinung bei denselben verursachen würde.

Wenn gleich, wie gesagt, der Ort durch seine Lage äußerst geeignet war, so fanden wir doch, sobald wir landeten, keine geringe Schwierigkeit für die feste Aufstellung unserer Teleskope und des photographischen Apparates: der Boden war sehr sandig und dadurch für ihre Befestigung wenig sicher. Der Mangel an Zeit erlaubte uns nicht, einen andern bessern Platz aufzusuchen: wegen einer auf der Reise der Maschine zugestoßenen Beschädigung konnten wir am bezeichneten Orte nicht vor dem Abende des 17. anlangen. So also war es uns unmöglich einer Sache, die wir nicht hatten vorhersehen können, abzuhelfen und eine Verbesserung lag nicht mehr in unserer Gewalt. Demselben Umstande, daß wir nicht früher hatten anlangen können, ist es zuzuschreiben, daß wir nicht eine einzige Photographie von der totalen Finsterniß haben erhalten können: denn wenngleich der Apparat möglichst gut aufgestellt war und vollkommen ging, so hatten wir doch nicht hinreichende Zeit, uns von der Empfindlichkeit des Collodiums zu überzeugen und uns in Bezug auf die zur Dauer der Exposition nöthige Zeit zu regeln. Während der Finsterniß wurden acht Augenblicksbilder von den Hauptphasen genommen, und ich schicke Ew. Hochwürden eine Copie derselben mit genauer Angabe der Stunde der mittlern Zeit des Ortes, wo sie gemacht wurden. Während der Totalität wurden vier auf einander folgende Gläser ausgesetzt: jedoch nur auf dem zweiten, welches 12 Secunden ausgesetzt blieb, hatten wir eine sehr schwache Spur von der Corona; die andern drei, die es nur 7—8 Sec. waren, erhielten wir ganz rein wieder, und hierbei ist unsere ganze Mühe vergeblich ge-

wesen. Dennoch haben wir größtentheils diesem Mangel abhelfen können durch die darauf geschehene genaue Abzeichnung des Bildes der Totalität, wie dasselbe auf dem mit Schmirgel eingeriebenem Glase der
kleinen camera obscura wahrgenommen wurde; überdies hat Capt.
Bullock, der es übernommen hatte, den allgemeinen Anblick der totalen
Finsterniß genau zu beobachten, davon eine Zeichnung in etwas größern
Verhältnissen gemacht; von der einen wie von der andern, bezeichnet
mit der bezüglichen Nummer 1 und 2 Taf. VII., schicken wir Ihnen
eine photographische Copie. Die mit 3 und 4 bezeichneten Figuren
zeichnete P. Ricart; derselbe hat mit einem guten, 8 Centimeter weiten,
mikrosmetrischen Telescope mit möglichster Genauigkeit die Lage der Protuberanzen fixiren und bis in's kleinste die Farbe und Verwandlung
derselben beobachten können. Figur Nr. 3 entspricht dem Anblicke, den
die Protuberanzen darboten vom ersten Augenblicke der Totalität an bis
zum Verschwinden, 3 Minuten nach dem Anfange dieser. Die andere
mit 4 bezeichnete entspricht dem, was sie darstellten in den letzten 2
Min. 25 Sec., d. h. bis zum Wiedererscheinen des ersten blitzenden
Lichtstrahles. Zuletzt ist noch die Nr. 5 bezeichnete Figur hinzugefügt,
die gezeichnet wurde, um darauf den ersten und letzten Contact, den
Anfang und das Ende der Totalität, und die genaue Zeit, in welcher
die Mondscheibe mit jedem der vier an jenem Tage deutlich auf der
Sonnenoberfläche wahrnehmbaren Flecken in Berührung kam, anmerken
zu können. Nach all diesen Erklärungen gehe ich zur Sache selbst über
und ich werde Ihnen in möglichster Ordnung das Ergebniß der Beobachtungen, die wir haben machen können, mittheilen.

Corona. Kaum war der letzte Strahl des Sonnenlichtes verschwunden, als sich, wie durch Zauber, die schöne Corona oder Au-
reola ganz um die schwarze Mondscheibe zeigte. Den Anblick, den sie
gewährte, sieht man Fig. 1 und 2 Tafel VII.; die Farbe aber, mit
der sie sich zeigte, kann auch von einem guten Maler nicht dargestellt
werden. Alle Beobachtenden stimmen darin überein, daß ihre Farbe der
der Perlmutter oder des angelaufenen Silbers glich, aber von einer viel
intensivern und schöner aussehenden Helle war. Die Corona hatte drei
Haupttheile, wie man an Figur 2 sieht: der erste bestand aus einem
weißen intensiven regelmäßigen Lichte, das von dem Rande der Mondscheibe ausströmte. Der zweite basirte auf dem ersten, indem er stufenweise an Intensität abnahm; seine Form aber war hinreichend regelmäßig, wenngleich weniger intensiv. Der dritte endlich bestand in einer
außerordentlich großen Anzahl von Strahlen, die mehr oder weniger intensiv, aber sehr unregelmäßig waren, deren einige so verlängert waren,
daß sie um mehr als das Doppelte den Monddurchmesser übertrafen.
Es wurde als außergewöhnliche Erscheinung bemerkt, daß diese Strah-

len von einem Augenblicke zum andern ein wenig den Anblick änderten. Aufmerksamkeit verdient die etwas hellere Linie, die man das untere Bündel schräg durchschneiden sieht; diese Linie stellt einen Lichtstrahl vor, der fünf Minuten nach Beginn der totalen Finsterniß erschien und die übrige Zeit hindurch bis zu Ende blieb. Ich weiß nicht, ob bei den frühern Sonnenfinsternissen eine ähnliche Erscheinung ist bemerkt worden. Dieses erklärt die Verschiedenheit, welche man zwischen den beiden Figuren der Corona erblickt; denn, wie ich früher gesagt habe, die erste Nro. 1. wurde abgezeichnet im Anfange von einem Bilde, das man auf dem mit Schmirgel eingeriebenen Glase der camera obscura sah, und die andere, Nro. 2, wurde nach und nach gezeichnet und zwar indem man all die Phasen, welche sich vom Anfang bis zum Ende zeigten, zeichnete. Der P. Nonell, der seine Beobachtungen mit einem ausgezeichneten Rochon'schen Fernrohre, das mit Micrometer versehen war, machte, versuchte die Winkelgröße eines der größern Strahlen der Corona zu bestimmen, konnte aber nicht die vollständige Scheidung der Bilder erreichen, weil das Instrument nicht mehr als 40′ im Bogen maß. Die beiden Bilder zeigten keine complementären Farben, wie man glaubte; statt dessen zeigte sich das eine nur intensiver als das andere, wie es in der Regel bei diesem Instrumente geschieht, wenn es nicht zum Gebrauche als Polariscop zusammengesetzt ist.

Alle die Beobachtungen, die wir an der Corona anstellten, veranlassen mich zu glauben, daß das Licht, woraus sie besteht, das Sonnenlicht selbst ist, das unregelmäßig von der rauhen Oberfläche des Mondes reflectirt und uns vermittelst unserer Atmosphäre überbracht wird. Meiner Ansicht nach müßte der Anblick der Corona äußerst verschieden sein für die einzelnen auf verschiedenen Punkten der Centrallinie der Finsterniß aufgestellten Beobachter. Ich weiß nicht, was man in Indien bemerkt hat: das weiß ich jedoch, daß zu Gorontalo (nördl. Br. = 0° 29′ 51″ und östl. L. 123° 9′ 51″ von Gr.), wo ein holländisches Schiff zur Beobachtung war, und zu Amboina, wo die Offiziere eines andern holländ. Schiffes beobachteten, der Anblick der Corona von dem, welchen wir sahen, höchst verschieden war. Wie soll man diese Verschiedenheit mit der Hypothese erklären, daß das Licht der Corona oberhalb der Photosphäre der Sonne sei und aus einem verbrennenden oberhalb jener Photosphäre verbreiteten Gase gebildet sei?*)

---

*) Hier muß man die zwei Theile der Corona unterscheiden, nämlich den nahen Ring und die entfernteren Strahlen. Der erstere gehört gewiß der Sonne an und rührt von einer gashaltigen Schicht her; ich glaube aber nicht, daß dieses Gas wirklich verbrenne: es genügt das enorme Sonnenlicht um es auf diese Weise zu erhellen. Die langen Strahlen sind noch problematisch und hängen wenigstens zum Theil ab von unserer Atmosphäre nicht ohne Bezug auf die Unebenheiten des Mondes; jedoch kann man ihnen nicht ein Verhältniß zu den Pro-

Ich halte die andere Hypothese für viel wahrscheinlicher, daß dasselbe von nichts anderm herkomme, als von dem Lichte, das im Himmelsraume vom dunkeln und unebenen Mondkörper zurückgeworfen wird; und es überzeugen mich davon die wirklich beträchtlichen Unregelmäßigkeiten, welche die verlängerten Strahlen der Corona darbieten, sowie der beständige Wechsel, den sie dadurch verursachen, daß sie abwechselnd, bald die einen, bald die andern, erscheinen und verschwinden. Die Erklärung ist, meiner Ansicht nach, sehr einfach. Der Mond bietet in seiner beständigen und unveränderten Bewegung der Sonne nicht immer dieselbe Oberfläche; und so wie eine sich bewegende, unebene und unregelmäßige Oberfläche sehr verschieden die auffallenden Lichtstrahlen reflectiren muß, da sie die einen in diese, die anderen in eine andere Richtung zurückwirft, so glaube ich, müsse es auch die Mondoberfläche mit den Strahlen machen, welche sie von der Sonne empfängt. Die Schwierigkeit, daß der Mond, weil er ohne Atmosphäre ist, nicht Ursache dieser Reflexion sein kann, würde ihre Lösung finden, wenn man annimmt, daß die reflectirten Strahlen seiner Oberfläche zu unsern Augen vermittelst unserer Atmosphäre gelangen. Dies aber scheint mir nicht schwierig, wenn man den kleinen Abstand bedenkt, der zwischen der oberen Grenze unserer Atmosphäre und dem Monde sich befindet. Doch ich will nicht hierauf eingehen, und Ew. Hochwürden wird besser als ich urtheilen, ob diese meine Erklärung annehmbar ist oder nicht.

Protuberanzen. Zur selben Zeit, als die Corona sich zeigte, erschienen deutlich zwei schöne Protuberanzen gerade an der Stelle, wo der letzte Strahl des Sonnenlichtes verschwand. Die erste derselben (a, Fig. 3.), welche unten links vom verticalen Durchmesser (umgekehrte Ansicht) sich befand, war von so außerordentlichen Verhältnissen und leuchtete mit solcher Helle und so großem Glanze, daß einige der Beobachtenden sich von einer warmen Begeisterung hinreißen ließen und sich nicht wenig dabei aufhielten, sie zu betrachten. P. Ricart, der beim Fernrohre war, das eine Oeffnung von 8 Centimetern und Mikrometer hatte, machte sich augenblicklich daran, ihre Lage zu bestimmen und fand, daß sie zwischen $334°$ und $335° 40'$ war und also eine Ausdehnung von $1° 40'$ hatte. Die andere Protuberanz β war fast symmetrisch an der rechten Seite desselben Durchmessers gelegen: sie hatte dieselbe Farbe und Lebhaftigkeit wie jene, aber die Form war nicht so schön und sah aus wie ein Berg. Ihre Lage war zwischen $17°$ und $26°$: sie hatte demnach eine Basis von $9°$ Ausdehnung. Kaum erschienen die beiden Protuberanzen, wie gesagt, vom östlichen Theile der

---

tuberanzen absprechen und in einigen ist der Ursprung von der Sonne her augenscheinlich. — A. S.

Sonnenscheibe her, als bereits von der entgegengesetzten Seite eine andere hervorbrach, die langsam so, wie der Mond vor die Sonne rückte, immer größer und schöner ward. Die Erscheinung, allmälig die Protuberanzen der östlichen Seite verschwinden und gleichzeitig die der westlichen Seite sich ausdehnen und wachsen zu sehen, war deutlich und von allen Beobachtern wahrgenommen. P. Ronell setzte durch seine Beobachtungen die Sache ganz außer Zweifel: denn als er zu Anfang der Totalität mit dem micrometrischen Rochon'schen Fernrohre die beiden Protuberanzen, die sich zuerst zeigten, maß, fand er $\alpha = 3'\ 10''$ und $\beta = 1'\ 15''$; bei Wiederholung der Messung nach 3 Min. 10 Sec., also gegen die Hälfte der Totalität, fand er $\alpha = 2'\ 12''$ und $\beta = 0'\ 18''$. Die Protuberanz γ (Figur 4.), die man anfangs mit Mühe sah, deckte sich stufenweise auf, in dem Maße, wie der Mond sich bewegte, und als sie gänzlich sichtbar war, zeigte sie sich als eine lange Gebirgskette. Links oben vom Verticaldurchmesser endigte sie ganz rein und abgeschnitten in Form zweier an der Basis bis fast zur Mitte der beiden dann sich trennenden Kegel verbundener Berge: rechts nahm sie stufenweise an Höhe ab und am Ende vermischte sie sich mit der dunkeln Mondscheibe und endete da, wo der unregelmäßigste Theil der Corona war. Die Lage dieser Protuberanz war zwischen $171°$ und $210°\ 30'$; sie hatte also eine Ausdehnung von $39°\ 10'$.*)

In derselben Fig. 4, links von der Protuberanz, γ ist eine 4. δ dargestellt, die völlig von der andern unterschieden ist und eine noch eigenthümlichere Form hat: sie schien wirklich eine Wolke zu sein. Die Farbe war weder so lebhaft, noch so gleichförmig wie die der andern, denn man bemerkte daran etwas dunklere Striche, wie man sie in einer Masse von in der Luft aufgethürmter Haufen-Wolken (Cumuli) sieht. Eine Basis unterschied man nicht daran; der obere Theil war sehr ausgedehnt und daher hatte sie das Aussehen einer in der Luft schwebenden Wolke. Die Messung ihrer Position ergab, daß sie sich zwischen $223°\ 30'$ und $229°$ befand, also eine Ausdehnung von $5°\ 30'$ hatte. Endlich will ich hinzufügen, daß eine halbe Minute vor Aufhören der Totalität und bei dem rechten Ende der Kette von rosenfarbigen Spitzen der Capt. Bullock eine andere kleine Protuberanz ε bemerkte, die der von P. Ricart gesehenen δ sehr glich. Sie hatte eine wenig lebhafte Farbe und schien eine kleine hoch schwebende Wolke zu sein in dem regelmäßigen Theile der Corona. Es war uns nicht möglich mit der Beobachtung anderer Einzelheiten fortzufahren, denn unvermuthet sahen

---

*) Diese Beobachtung ist wichtig und zeigt, daß die Protuberanzen nichts sind, als eine Anhäufung der rosenfarbigen Schicht, die die Sonne bedeckt. Sie zeigt ebenfalls, daß die hervorragendsten Theile der Corona zu den Protuberanzen in Beziehung stehen.

A. S.

wir den ersten Lichtstrahl glänzen und mit ihm verschwanden Protuberanzen wie Corona.

Alle Beobachtende stimmen darin überein, daß der allgemeine Anblick der Protuberanzen sowohl an Farbe als an Form sehr dem einer Wolle gleichkam, die ganz durchdrungen ist vom Sonnenlichte, wie wir sie häufig in diesen zwischen den Tropen liegenden Gegenden bei Sonnenuntergang sehen. P. Ricart versichert indessen, daß die drei ersten Protuberanzen, besonders, was die gut markirte und bestimmte Grenze angeht, die sie dem Blicke zeigten, den Anblick gewährten, den eine körnige scharlachfarbene oder röthliche, von lebhaftem Lichte durchdrungene Salzkristallisation darbietet. Von den sogenannten Flammen*), wie man sie bei andern Beobachtungen fand, haben wir nichts gefunden, so viel wir wenigstens nach dem Eindrucke urtheilen können, den die Erscheinung in jedem von uns zurückgelassen hat. Mit P. Ricart stimmt in vielen Punkten auch P. Ronell in seiner Denkschrift überein, wenn er von der Protuberanze α spricht, die viel länger und deutlicher war: er vergleicht sie mit einem ächten rosenfarbigen Tropfsteine, in dessen Innerem sich ein lebhaftes Licht von derselben Farbe, die ihn sichtbar machte, reflectirte. Der nämliche Pater, der sich damit beschäftigte, vermittelst des Rochon'schen Mikrometers ihre Winkel zu messen und die Bilder aller Protuberanzen zu trennen, hat bemerkt, daß die Farbe der beiden Bilder immer röthlich war, nicht mehr und nicht weniger, als man sie mit einem gewöhnlichen Fernrohre sieht. Der einzige Unterschied, den er daran entdeckt hat, ist, daß das außergewöhnliche Bild etwas weniger intensiv war, als das gewöhnliche; aber dieses geschieht immer bei diesem Instrumente, wenn es als Mikrometer gebraucht wird.

Meine Absicht ist nicht, hier über die Materie zu sprechen, aus der diese Protuberanzen gebildet sind, um so mehr, da wir darüber mit dem Spectroscop keine Beobachtungen haben anstellen können. Das Spectrometer, das P. Colina, wie er mir schrieb, auf Ihr Anrathen zu Paris gekauft hatte, habe ich bei andern Instrumenten, die auf Manila ankamen, nicht gefunden, und Sie können nicht glauben, wie sehr ich das bedauerte. Mir schienen es ungeheure flüssige, zur Sonne gehörende Massen zu sein: daß sie dem Monde angehören, kann ich aus vielen Gründen nicht glauben; vor allem aber nicht wegen des Erscheinens und Wachsens der einen auf der einen Seite, während auf der andern die übrigen abnahmen und dann bei der langsamen Bewe-

---

*) Unter Flammen verstehen die meisten die Protuberanzen selbst; vielleicht beabsichtigt der Autor hier von den wie Flammen beweglichen Protuberanzen zu sprechen, die einige in Spanien zu sehen glaubten. Aber solche Beweglichkeit scheint Illusion zu sein. A. S.

gung des Mondes über der Sonnenscheibe verschwanden. Wäre es vielleicht nicht wahrscheinlicher, zu sagen, sie seien beständige Exhalationen, die aus dem Innern des Sonnenkörpers herausströmen und bis zu der Höhe, in der wir sie sehen, getrieben würden? Der Capt. Bullock, um sich nach seiner Weise auszudrücken, verglich die Erscheinung mit der Flamme einer in weiter Entfernung gesehenen abgefeuerten Kanone. Andererseits ist's augenscheinlich, daß die Protuberanzen die Gegend der Flecken einnehmen; und die Protuberanz β entspricht genau einer Stelle, die sich vor den Figur 5. Tafel VII. angedeuteten Flecken B, C, D befindet.

Beobachtungen mit den Prismen. Zur Zeit der Sonnenfinsterniß von 1860 behauptete Jemand, daß die Farben des Sonnenspectrums, das man vermittelst eines Prisma's aus Flintglas von einem Winkel von 60° erhalten habe, stufenweise abnähmen, indem jedesmal eine verschwände, bis nur noch eine oder zwei blieben und zwar sehr schwache, im Augenblicke der Totalität. In der Ueberzeugung, daß diese Beobachtung, wenn sie gut ausgeführt würde, irgend welche Wichtigkeit haben könnte, hielt ich es für gut, sie zu veranstalten. Zu dem Ende versahen wir uns mit einer kleinen camera obscura: in dem obern Theile befestigten wir eine Tafel mit zwei zirkelförmigen Oeffnungen: an der größeren brachten wir eine Linse von 14 Centimeter Durchmesser an, damit sie während der Totalität die größere Menge heller Strahlen zusammenfasse: die andere Oeffnung hatte keine Linse, aber durch ihre Weite von anderthalb Centimeter Durchmesser konnte eine mäßige Zahl von Sonnenstrahlen durchfallen. Wir hatten zu unserer Verfügung zwei ausgezeichnete Prismen, das eine von Crown-, das andere von Flintglas. Während der verschiedenen Phasen der Finsterniß setzten wir abwechselnd die beiden Prismen dem Durchgange der Strahlen aus; aber nichts von dem, was in Spanien beobachtet sein soll, wurde bemerkt: die Farben des Spectrums blieben immer verschieden und sichtbar, ausgenommen, was natürlich war, eine fortschreitende Verminderung an Intensität, während die Phasen der Finsterniß zunahmen.

Schatten. Ich wollte nicht unterlassen, den sogen. Versuch mit den Schatten zu wiederholen, wie ihn Professor Laussedot in Spanien machte; und ich selbst übernahm den Versuch, und hatte die Genugthuung, ihn verwirklicht zu sehen. Auf einem weißen auf möglichst horizontalen Boden gelegten Blatte, sah man eine ungeheure Zahl von Linien verdunkelt und durchkrochen von ebensovielen Linien von einem etwas dunkeln Lichte von Osten nach Westen vorüberziehen. Die Form der Linien war schlangen- oder besser wellenförmig: der Umriß von Fig. 6. Taf. VII. kann Ihnen eine, aber nur sehr unvollkommene Idee von der Erscheinung geben; denn es ist schwer, sie zu zeichnen, und die zu große Regelmäßigkeit, die ich in die sich schlängelnden Linien legte, verändert ihren Anblick mehr, als ich wollte.

Verminderung des Lichtes. Das Licht schien sich nicht zu verändern, so lange nicht die Hälfte der Sonnenscheibe verfinstert war. Dann aber begann es so sichtbar abzunehmen, daß man als drei Viertel der Sonne verdunkelt waren, ganz deutlich die Venus sah. Der Anblick der Natur wurde von da an immer dunkeler und schauerlicher: wenige Augenblicke, bevor der letzte Sonnenstrahl sich verbarg, sah das Gesicht der Zuschauer aus, wie das eines Kranken, das der Mond beleuchtet. Die Sterne, welche sich gut unterscheiden ließen, waren die beiden Zwillinge, die Spica, Regulus, den man auch innerhalb der Strahlen der Corona sehen konnte, und α im Centaur, der in der Nähe des Horizontes sich befand. Aber die Dünste der Atmosphäre begannen bereits, sich zu verdichten und den Himmel so zu verschleiern, daß während der Totalität nichts anders klar blieb als der Theil, wo die Sonnenfinsterniß vor sich ging, und ein kleiner Theil gegen Südosten. Die Dunkelheit, die während der Dauer der totalen Finsterniß herrschte, war so groß, daß wären wir nicht mit einem Lichte versehen gewesen, wir kein einziges Instrument hätten lesen können: doch hätte man ein Buch mit hinreichend großen Buchstaben lesen können. Der erste Lichtstrahl, der zu leuchten begann, erregte unter den Beobachtenden wahre Begeisterung und der Ruf: „electrisches Licht" entfuhr von selbst dem Munde vieler. Und in der That der Eindruck war der, den ein electrischer Regulator hervorbringt, der mitten in der Dunkelheit einer finstern Nacht Funken sprüht. Dieses Schimmern des Lichtes, vereint mit dem Krähen des Hahnes und dem Bellen des Hundes, nach solchem Schweigen und solcher Grabesruhe der Natur, erregte in allen eine wahre Freude und gleichsam neues Leben. Die Wirkungen, die die totale Sonnenfinsterniß auf die Thiere ausübte, waren, daß die Hähne und Hühner außerhalb der gewohnten Stunde sich zum Schlafen anschickten, indem sie den Kopf unter die Flügel bargen; der Ochs begann zu brüllen; einige Chinesen begaben sich, gleichsam um dem Unglücke zu entfliehen, in die Barken. Eine Menge Waldtauben sah man erschreckt sich auf die Bäume stürzen, als wären sie verfolgt vom Geier. Endlich schloß eine schöne Mimose alle ihre Blätter und blieb so bis zum Abende.

Das Spectrum der Protuberanzen und der Corona.

Wir haben in Vorstehenden den ausführlichen Bericht der Väter der Gesellschaft Jesu mitgetheilt, um eine allgemeine Anschauung der bei einer totalen Sonnenfinsterniß eintretenden Verhältnisse zu liefern. Leider waren die genannten Forscher nicht im Stande, wie oben mitgetheilt, spectralanalytische Untersuchungen anstellen zu können, die gerade für uns das größte Interesse haben. Aus dem Berichte ersehen wir, daß, sobald die dunkle Mondscheibe die Sonnenscheibe völlig bedeckt und uns deren Licht entzieht, die verfinsterte Sonne mit einem schwachleuchtenden Strahlenkranze, der sogenannten Corona, umgeben erscheint; außerdem zeigen sich an verschiedenen Stellen des Sonnenrandes rosenfarbene Hervorragungen, die sogenannten Protuberanzen, welche bald wie Wolkengebilde, bald wie hakenförmig gekrümmte Hörner, oder wie im Abendroth glühende Schneegebirge aussahen. Eine der Hauptaufgaben jener, oben angegebenen, wissenschaftlichen Expeditionen bestand nun darin, das Licht der Protuberanzen spectralanalytisch zu untersuchen. Dadurch mußte entschieden werden, ob sie wirklich gasförmige Gebilde seien, wie man bisher vermuthete, und aus welchen Gasen sie bestehen. Die Erwartungen wurden nicht getäuscht. Das Spectrum der Protuberanzen war ein entschiedenes Gasspectrum. Figur 35. giebt ein Bild der Spectra, wie sie von den verschiedenen Beobachtern angegeben werden.

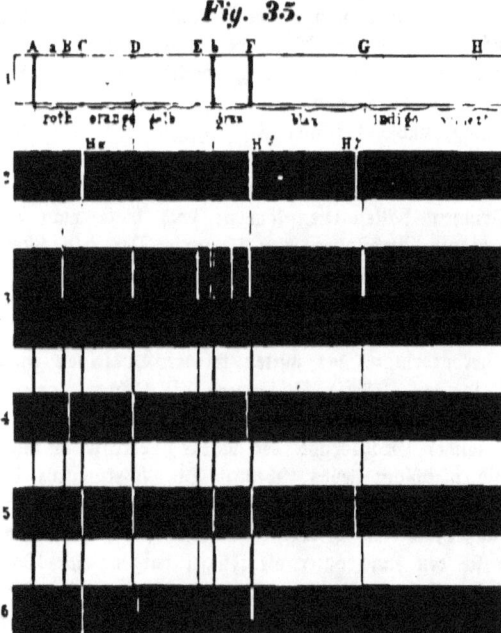

Fig. 35.

2) Das zweite enthält die drei Linien Hα, Hβ und Hγ des Wasserstoffspectrums.

3) Rayet, der in Hinter-Indien seine Beobachtungen anstellte, fand in einer langen, fingerförmigen Protuberanz am Ostrande der Sonne neun helle Linien (f. Figur 35. 3), von denen sich eine im Roth, eine im Gelb, fünf im Grün und zwei im Blau des Spectrums befanden und der Lage nach mit den Fraunhofer'schen Linien B, D, E, b, F und zweien der Gruppe G zusammenfallen.

4) Herschel fand nur drei Linien in dem Spectrum der Protuberanzen (Fig. 35. 4).

5) Das Spectrum 5 wurde von Tennant angegeben, der in dem Spectrum der Protuberanzen fünf Linien fand, die, wie Figur 35. 5. zeigt, mit C, D, b, F und Hγ coincidiren.

6) Lockyer giebt, wie Herschel, drei Linien an. Fig. 35. 6.

7) Secchi und Lockyer fanden, daß in dem Spectrum der Sonnenhülle an einigen Stellen derselben auch zwischen B und C, nahe vor C (Figur 35. 7), eine Linie im Roth, ferner rechts von D eine Linie D^3 im Orange auftreten. Secchi beobachtete auch bei G (Taf. IV. Fig. 1.) eine blaue Linie. Figur 35. 7 giebt die Gestalt der grünen F Linie, wie sie Lockyer sah. Dieselbe ist nach oben erweitert und nimmt die Form einer Pfeilspitze an.

8) Janssen fünf. Letzterer bemerkte zwei Spectra, deren Linien der Lage nach vollständig übereinstimmten und die durch einen dunkeln Zwischenraum von einander getrennt waren. Ein Blick in das Fernrohr belehrte ihn, daß die beiden Spectra von zwei prachtvollen Protuberanzen abstammten. Fig. 35. 8.

Alle diese Beobachter stimmen also darin überein, daß das Spectrum der Protuberanzen aus einzelnen sehr hellen, durch dunkle Zwischenräume getrennten Linien besteht, unter denen die Wasserstofflinie Hα = C, Hβ = F und Hγ nahe bei G besonders hervortreten, und nur in der Angabe der Anzahl der Linien weichen sie nach der Kraft der von ihnen angewandten Instrumente von einander ab.

Was nun die Corona betrifft, so führten die spectralanalytischen Untersuchungen des k. k. Marine-Offiziers J. Rziha zu dem Resultate *), daß das Spectrum der Corona ein continuirliches ist, indem beim Eintritt der Totalität momentan, wie mit einem Schlage, alle dunklen Fraunhofer'schen Linien des Spectrums verschwanden. Etwas Aehnliches, wenn auch minder bestimmt, sah Major Tennant, der Führer der einen englischen Expedition in Guntoor an der Ostküste Vorder-Indiens, während die

---

*) Sitzungsbericht der kaiserl. Akademie der Wissenschaften. 58. Bd. 3. Heft. 1868 Wien. S. 721.

Spectralapparate der französischen Beobachter in Hinter-Indien zu lichtschwach waren, um noch ein deutlich gefärbtes Spectrum der Corona liefern zu können.

Ueberraschend ist das Auftreten eines continuirlichen Spectrums der Corona. Nach der Kirchhoff'schen Theorie müßte die Corona, als die absorbirende Sonnenhülle, ein discontinuirliches Spectrum und zwar die Umkehrung des gewöhnlichen Sonnenspectrums zeigen. Es müßten also die dunklen Fraunhofer'schen Linien hell erscheinen. Das Nichterscheinen des erwarteten, discontinuirlichen Spectrums darf jedoch noch nicht als Beweis für die Unhaltbarkeit der Kirchhoff'schen Ansicht über die physische Beschaffenheit der Sonne angeführt werden, da verschiedene Umstände zusammenwirken konnten, welche das Erscheinen eines deutlichen Linienspectrums erschwerten. Zudem dürfen wir nicht vergessen, daß die Spectralanalyse trotz der schönen Entdeckungen, zu denen sie bereits geführt, doch bei weitem noch nicht vollkommen ausgebildet ist und wir der Zukunft die Lösung noch mancher jetzt schwebenden Fragen überlassen müssen.

Bei den Spectraluntersuchungen der Protuberanzen machte Janssen die äußerst interessante und auch sehr wichtige Entdeckung einer neuen Methode, nach welcher man jene Gebilde auch außer der totalen Sonnenfinsterniß zu jeder Zeit beobachten kann. Wir haben oben gesehen, daß dem Spectrum der Protuberanzen besondere, sehr hellleuchtende Linien zukommen, welche mit einzelnen dunklen Linien des Sonnenspectrums genau zusammen fallen. Die Methode Janssen's besteht nun darin, den Spalt des Spectral-Apparates hart am Rande der Sonne rings um denselben zu führen. Trifft man dabei auf eine Stelle, an welcher eine Protuberanz den Sonnenrand überragt, so wird sich dieselbe sofort dadurch verrathen, daß einige der dunklen Linien des Spectrums verschwinden und an ihre Stelle die charakteristischen, hellen treten, wie Fig. 1. Taf. IV. zeigt.

Schon zwei Jahre vor dem 18. August hatte der englische Astronom Lockyer den Gedanken ausgesprochen, daß es möglich sein müßte, die Gegenwart der Protuberanzen, falls sie glühende Gasmassen wären, mittelst des Spectroscopes am Sonnenrande zu erkennen, da die Spectra der glühenden Gase nur aus einzelnen Linien beständen. Seine Versuche, die Protuberanzen auf dem von ihm angebenen Wege aufzusuchen, scheiterten an der Unvollkommenheit seiner Instrumente, weßhalb seine Ansicht keinen Beifall fand.

Erst wenige Tage vor dem Eintreffen der Mittheilungen Janssen's, die er von Asien aus an die Pariser Akademie sandte, nämlich am 19. Oktober 1868 war er in Besitz eines vollkommeneren Apparates gelangt, mit welchem er sofort die hellen Linien der Protuberanzen erkannte, die das gewöhnliche Spectrum überdeckten, als er den Sonnenrand untersuchte. Im weiteren Verfolge seiner Untersuchungen constatirte er, daß die Protuberanzen nur lokale Anhäufungen einer glühenden Gashülle sind, die den Sonnenkörper vollständig umgiebt und an allen Stellen, am Aequator, wie am Pole, eine Dicke von ungefähr 10 Bogensekunden, entsprechend etwa 1000 Meilen, besitzt.

Durch successives Entfernen des Spaltes vom Sonnenrande, bis die hellen Linien wieder den dunklen weichen, konnte er sich von der Größe und durch Drehung derselben auch von der Form der Protuberanzen ein Bild verschaffen.

Lockyer richtete, wie Fig. 36. zeigt, den Spalt s s des Spectroscopes auf den äußersten Rand M N der Sonne und stellte ihn senkrecht gegen die Tangente a c dieser Randstelle. Durch den oberen Theil des Spaltes s t drang das Licht der Sonnenscheibe in das Spectroscop

Fig. 36.

und er erhielt von diesem Theile das bekannte Sonnenspectrum, wie in Fig. 36. a, b, c, d mit den Fraunhofer'schen Linien F, D, C angedeutet. Unterhalb des Sonnenspectrums zeigte sich das Spectrum des Lichtes, welches von der Protuberanz p ausging und durch e, a, f, c mit den hellen Linien, entsprechend F und C und D_3 augegeben wird. Auf Taf. IV. Fig. 1. haben wir dasselbe Spectrum nach Angabe des P. A. Secchi. Das untere Protuberanz-Spectrum ist zwar etwas dunkler als das der Sonnenscheibe.

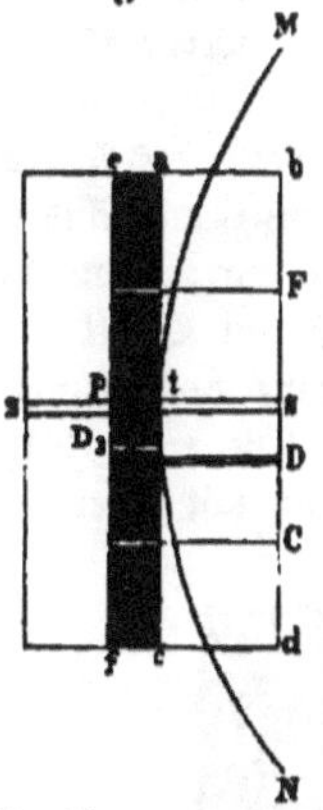

Zur Beobachtung der Ausdehnung der Protuberanz ist es nun nothwendig, daß man eine der hellen Linien ins Auge faßt und durch langsames Verschieben des Spectroscopes nach rechts und links die Verkürzung oder Verlängerung der Linien beobachtet, welche anzeigen, ob die Protuberanz niedriger oder höher wird. Auf diese Weise wurde die in Fig. 37. abgebildete Protuberanz a (M N ist der Sonnenrand) von Lockyer entworfen.

Fig. 37.

Ueber die Gestalt der Protuberanzen sagt Lockyer Folgendes:

„Einige dieser luftigen Gebilde erinnern durch wolliges, unendlich feines, wolkiges Geäste an die englischen Baumhecken mit üppig wuchernden Rüstern; andere gleichen einem dicht durchwachsenen Tropenwalde, der seine eng verschlungenen Zweige nach allen Richtungen hin ausstreckt. Je höher hinauf man eine Protuberanz verfolgt, um so weiter breitet sie sich aus. Meist sitzt sie nur mit einem schmalen Stiele auf der Chromosphäre auf; höher hinauf verästeln und verwickeln sich ihre Stämme immer mehr, bis sie endlich in der höchsten Höhe in feine Fäden auslaufen und als flüchtige Massen unmerklich sich verlieren."

Die Geschwindigkeit, mit welcher sie ihre Gestalt verändern, ist wahrhaft erstaunlich. Die Geschwindigkeit der heftigsten Stürme hier auf Erden muß nach den vorliegenden Beobachtungen verschwindend klein sein, gegen diejenige eines Sturmes auf der Sonne, welcher die Veränderung der Gestalt jener Gebilde hervorruft. Lockyer beschreibt die Veränderung der Form einer Protuberanz in folgender Weise:

„Am 14. März d. J. gegen 9 Uhr 45 Minuten Morgens beobachtete ich, den Spalt tangential zum Sonnenrande anstatt, wie es sonst zu geschehen pflegt, senkrecht zu demselben, in der Nähe des Aequators auf der östlichen Seite eine kleine, dichte Protuberanz mit Andeutungen, daß eine außergewöhnliche Thätigkeit im Gange war. Um 10 Uhr 50 Minuten, als die Wirkung nachließ, öffnete ich den Spalt und bemerkte sofort, daß das dichte Aussehen der Protuberanz verschwunden und wolkenähnliche Zerfaserungen eingetreten waren. Die erste Zeichnung, Figur 38., welche eine unregelmäßige Protuberanz mit einer an-

Fig. 38.

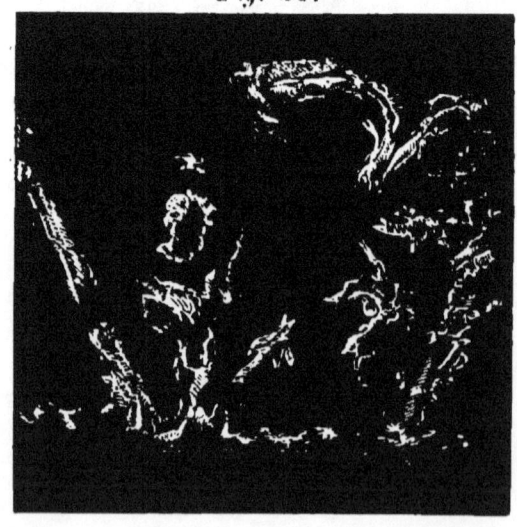

bern vollkommen geradlinig gestalteten umfaßte, wurde um 11 Uhr 5 Minuten beendigt; die Höhe der Protuberanz betrug 1 Minute 5 Sekunden oder ungefähr 6300 geographische Meilen. Ich verließ auf einige Minuten das Observatorium, und war nicht wenig erstaunt, bei meiner Rückkehr um 11 Uhr 15 Min. zu bemerken, daß von der geradlinigen Protuberanz nichts mehr sichtbar war, auch nicht die kleinste Spur fand sich davon an der alten Stelle vor. Ich weiß nicht, ob sie sich wirklich gänzlich verloren hatte, oder ob ihre Theile anderswohin geflossen waren; allein ich vermuthe das Letztere, weil der übrige Theil der Protuberanz sich vergrößert hatte, wie es die nun angefertigte zweite Zeichnung, Fig. 39., deutlich erkennen ließ."

Fig. 39.

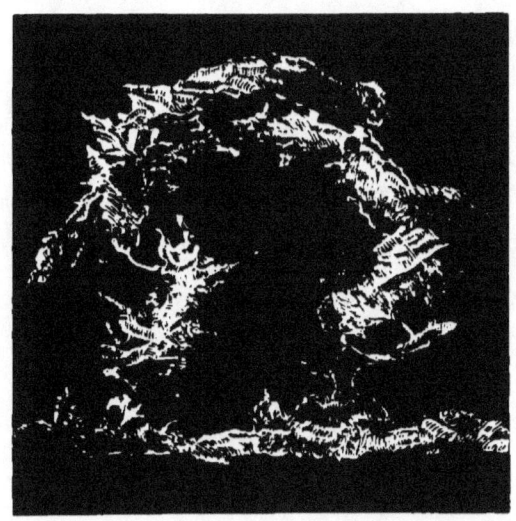

Sobald die Kunde von der Entdeckung Janssen's und Lochyer's sich verbreitete, nahm auch der durch seine ausgezeichneten Arbeiten in den verschiedenen Gebieten der Sternkunde rühmlichst bekannte Astronom P. A. Secchi in Rom die Spectral-Beobachtungen der Protuberanzen auf.

Wir verdanken der Freundlichkeit des Herrn P. A. Secchi nachstehenden Bericht über die neuesten Resultate der spectralanalytischen Forschungen auf dem Gebiete der Astronomie, der ebenfalls die Ergebnisse der Beobachtungen der Protuberanzen, welcher jene berühmte Forscher erzielte, enthält.

Zusammenstellung der Resultate der neuesten Beobachtungen über die physische Beschaffenheit der Sonne von P. A. Secchi. (Originalbericht.)

„Die physische Beschaffenheit der Sonne bietet nach den Ergebnissen der neuesten Beobachtungen, speciell der spectralanalytischen Untersuchungen folgendes Bild.

Fig. 40.

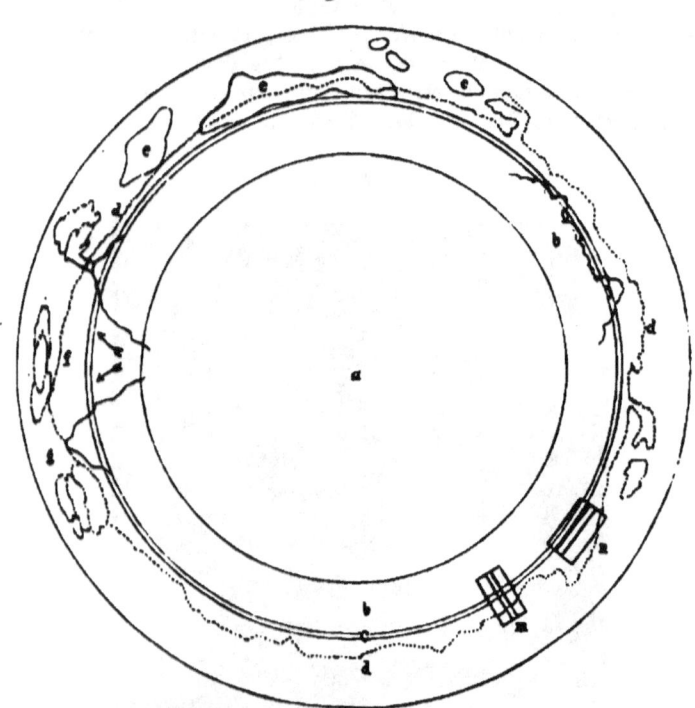

Idealer Durchschnitt der Sonne nach der Ansicht von P. A. Secchi. a. Sonnenkern. b. Photosphäre. c. Absorbirende Schicht. d Wasserstoffschicht. e. Protuberanzen. f. Flecken. g. Fackeln. m und n. Stellungen des Spaltes. Die punktirte Linie giebt die Grenze der leuchtenden Wasserstoffschicht an.

Die Sonnenkugel ist ein Körper, der eine bedeutend hohe Temperatur besitzt, die man, ohne sich dem Vorwurf der Uebertreibung auszusetzen, wenigstens auf 10 Millionen Grad Celsius schätzen darf. Sie wird wahrscheinlich noch höher sein. Es ist daher die Annahme, daß der Sonnenkern (Fig. 40. a) aus einer flüssigen oder festen, nicht leuchtenden Masse bestände, nicht statthaft, obgleich nicht zu leugnen ist, daß die inneren Schichten einen enormen Druck auszuhalten haben. Diese unermeßliche Temperatur ist nur ein geringer Rest derjenigen, welche sie bei ihrer Bildung in Folge der Verdichtung ihrer Materie besaß. Die Menge der Materie, aus welcher sie jetzt besteht, ist dieselbe, welche bei ihrer Entstehung unter der Gestalt eines Nebels, den jetzt von dem Planetensystem erfüllten Raum einnahm, und diese Stoffmenge mußte, indem sie sich verdichtete und in das Hauptcentrum, welches jetzt die Sonne einnimmt, einfiel, durch die einfache Wirkung des Falls eine ungeheure Wärmemenge entwickeln, die auf mehrere hundert Millionen Grad sich erhob.

In der That, eine Masse, welche von der äußersten Grenze des oben genannten Raumes auf die Sonne fiele, würde soviel Wärme entwickeln, welche hinreichte, um ihre eigene Temperatur um 1000 Millionen Grad zu erhöhen. So ist die durch die Schwere hervorgerufene allmälige Verdichtung der Sonnenmasse die unmittelbare Quelle ihrer unermeßlichen Temperatur.

Die jährliche Verminderung der Temperatur auf der Sonne beträgt höchstens $1\frac{1}{2}$ bis 2^0 C., so daß diese Abnahme obgleich die Sonne in einer allmäligen Abkühlung sich befindet, wohl Millionen Jahre erfordert, ehe sie unseren für derartige Beobachtungen noch unempfindlichen Instrumenten bemerklich wird. Bedenken wir ferner, daß die den Sonnenkern bildende Materie noch im Elemente gespalten ist, (dans un état dissocié) so werden wir zu dem Schlusse gedrängt, daß ein, wenn auch noch so geringer Theil derselben, der chemische Verbindungen eingeht, eine bedeutende Wärmemenge entwickeln muß. So wird also die Abkühlung nur sehr langsam voranschreiten und für die Spanne Zeit, welche der Mensch auf der Erde zugebracht, unmerkbar geblieben sein.

Eine Masse, die eine so hohe Temperatur besitzt, wird mithin gasförmig und in ihrem Innern dissociirt sein und (wie überhaupt Gase bei einer so hohen Temperatur und so starkem Drucke) Strahlen von jeder Beschaffenheit aussenden und somit ein continuirliches Spectrum, welches je nach den Umständen stark oder schwach ist, hervorrufen. Nur die oberen Schichten allein werden sich abkühlen können in Folge ihrer Ausstrahlung in den Weltenraum im Verhältniß der Dissociation, und in diesen vermögen verschiedene Verbindungen sich zu bilden.

In dieser Schicht werden auch die einfachen Substanzen aus dem gasförmigen Aggregatzustand in den flüssigen und festen übergehen — eine ähnliche Erscheinung sehen wir ja bei der Nebelbildung auf unserer Erde —, jedoch auch noch unter diesen Verhältnissen müssen sie Licht aussenden, welches ein continuirliches Spectrum liefert.

Diese äußerste Schicht bildet die sogenannte Photosphäre. Die lichtstarken Fernröhre zeigen uns ihre Struktur, die einer Art sehr dichter Körnung (der Oberfläche eines Blumenkohls) ähnlich ist, und die mit Rücksicht auf die enorme Ausdehnung der Körner mit den Gipfeln unserer cumulus (Haufenwolken) verglichen werden kann, welche von einem hohen Gebirge aus gesehen eine gekörnte Masse vorstellen, deren Rand von großen halbkugelförmigen Hervorragungen und unregelmäßigen Wölbungen gebildet ist.

Ueberall, wo eine Unterbrechung in dieser leuchtenden Schicht sich bildet, wie in den schwarzen Regionen, die man Flecken (f. Taf. VII. Fig. 5.) nennt, erblickt man dieselbe leuchtende Materie aus dem dunklen Raume hervorbrechen in Gestalt von Strömen oder losgelösten Flocken, welche jedoch, in eine gewisse Entfernung vom Rande des Fleckens angelangt, noch im Innern des dunklen Raumes sich auflösen und verschwinden, indem sie wahrscheinlich ihren elastischen und durchsichtigen Zustand wieder annehmen. Diese Strömungen aus dem Innern der Flecken beweisen, daß daselbst eine Kraft existirt, welche die sie umgebende Masse auswirft.

Die Flecken sind wirklich Höhlungen (Fig. 40 f), welches durch die wechselnden Gestaltungen, die sie während der Rotation der Sonne annehmen, direct nachgewiesen ist; denn bei der Beobachtung derselben während ihrer Bewegung bemerkt man gewöhnlich, daß der Rand der Aushöhlung die steile Böschung, welche ihre Seiten bildet, bedeckt. Die großen Flecken nehmen in der Nähe des Sonnenrandes öfter die Gestalt leicht erkennbarer Ausschnitte an. Im Allgemeinen sind ihre Ränder höher als der übrige Theil der glänzenden Schicht und bilden die leuchtenden, hellen Flecken, die sogenannten Fackeln (Fig. 40. g). Oft beobachtet man, daß leuchtende Massen von dem Rande sich loslösen und in den dunklen Raum hinuntertauchen und dort, wie schon oben bemerkt, sich auflösen.

Die Gestalt der Flecken ist ähnlich derjenigen von geräumigen Kratern und die Erhebung ihres Randes wird zunächst indirect hervorgerufen durch den Unterschied in ihrer Lichtintensität und direct durch die gewaltigen Säulen von leuchtenden Substanzen, welche man bei den täglichen Beobachtungen mit Hülfe des Spectroscopes rings um dieselben entdeckt.

Das Innere der Sonnenflecken ist nicht leer, sondern erfüllt mit einer durchsichtigen Atmosphäre, welche die Sonne einhüllt. Diese Atmosphäre erscheint bei Sonnenfinsternissen in Gestalt eines glänzenden Kranzes. An ihrer Basis bemerkt man alsdann viele Flammen und Wolken von einer schönen rothen Farbe (die Protuberanzen, f. Taf. VII. und Fig. 40. e), die sich rund um die Sonnenkugel erheben und in der genannten durchsichtigen Hülle schwebend bleiben.

Das Spectroscop hat constatirt, daß diese rothen leuchtenden Massen hauptsächlich aus Wasserstoff bestehen, der eine sehr hohe Temperatur und eine geringe Dichtigkeit besitzt.

Wenn man mit dem Spectroscope den Sonnenrand prüft, so kann man sich zu jeder Zeit von der Gegenwart der Protuberanzen überzeugen, was früher nur bei den Sonnenfinsternissen möglich war. Das Spectrum, welches man von dem Sonnenrande erhält, ist auf Taf. IV. Fig. 1. abgebildet (nach einer von P. A. Secchi selbst entworfenen Zeichnung). Der obere lebhafte Theil gehört der Scheibenfläche an, der schwächere Theil seiner äußern Atmosphäre (Chromosphäre). In letzterem Theile bemerkt man die glänzenden Linien C, D_3, F und G, welche gerade der Theil der Wasserstoffschicht liefert, in welchem sich, wie es bei den Beobachtungen der totalen Sonnenfinsternisse gesehen wird, die Protuberanzen erheben. Stellt man den Spalt des Spectroscopes senkrecht gegen die Peripherie der Sonnenscheibe. (s. Fig. 40. m), so giebt die Länge der Linien die Höhe dieser Schicht, welche in einer Ausdehnung von 10 bis 15 Sekunden die Sonne umgiebt, jedoch in der Nähe von Fackeln, die sich am Rande der Sonne befinden, bedeutend mächtiger wird. An solchen Stellen erreicht sie eine Höhe von 3 bis 4 Minuten. Secirt man gleichsam diese leuchtenden Massen, so wird man bald zu der Ueberzeugung kommen, daß sie dieselbe Gestalt haben, wie diejenigen, welche man bei den totalen Sonnenfinsternissen beobachtet hat. Außer diesen glänzenden Linien bemerkt man noch außerhalb der Scheibe eine bemerkenswerthe Abschwächung der dunklen Fraunhofer'schen Linien, welches von einer noch jenseitigen Ausbreitung der Wasserstoff-Atmosphäre zeugt, die an Ausdehnung die einfachen Protuberanzen weit übertrifft. Die Abschwächung, ja das Verschwinden der Linien tritt oft selbst im Innern der Sonnenscheibe hervor, besonders in der Nähe der Fleckenränder auf den Fackeln. Diese Erscheinung wird durch die gewaltigen Wasserstoff-Massen hervorgerufen, die sich über denselben in den höchsten Regionen der Sonnenatmosphäre erheben und durch ihr glänzendes Licht die dunklen Linien neutralisiren.

Nach dem Gesagten ist es einleuchtend, daß das Innere der Flecken Eruptions- und Emissions-Centra sind, sei es von Wasserstoffgas, sei es von anderen Gasen, welche die Wasserstoffschicht verdrängen und in Bewegung setzen.

Diese Schicht (Figur 40. d) enthält nicht allein nur Wasserstoff. Außer den 4 Linien dieses Gases giebt sie eine sehr lebhafte gelbe Linie, welche, so weit unsere (P. A. Secchi's) Erfahrungen reichen, keiner dunklen Linie des gewöhnlichen Sonnenspectrums entspricht. Bei der letzten Sonnenfinsterniß haben Herr Raget, und später wir selbst, in einer großen Fackel andere Linien beobachtet, welche die Gegenwart von Magnesium und von Eisen mit anderen unbekannten Substanzen anzeigen.

Die oben genannten Wolken und die rosenfarbigen Protuberanzen schwimmen in einer durchsichtigen Atmosphäre, einem Gemenge der Dämpfe aller Substanzen, die in Gasform die Bestandtheile der Sonne sind.

Gerade dieser äußern Schicht verdanken wir die dunklen Fraunhofer'schen Linien. Die dunklen Linien sind wirkliche Absorptionslinien, hervorgerufen durch die Gase, welche über der Photosphärenschicht liegen.

Die Absorption ist um so stärker, je mächtiger die Schicht (Figur 40. c) ist, welche die Strahlen durchlaufen. So sind in der Nähe des Sonnenrandes die Fraunhofer'schen Linien deutlicher und leichter zu finden als auf der Sonnenscheibe, und gleichzeitig erscheint daselbst eine große Anzahl sehr feiner Linien, die in der Mitte nicht sichtbar sind. Die glänzenden Linien, die natürlich jeder Absorption entgehen, bleiben sehr lebhaft, so daß sie mitunter zu der Ansicht Veranlassung geben, der Sonnenrand sei mit glänzendern Linien umgeben, als der übrige Theil der Sonne. Jedoch haben wir es hier nur mit einer Contrastwirkung zu thun; weil an dieser Stelle die Absorption der dunklen Linien sehr verstärkt ist, während die glänzenden intakt bleiben.

Die Absorption wird im Innern der Flecken noch viel stärker. In dem Innern selbst der dunkelsten und tiefsten Höhlungen sieht man keine der Hauptlinien, die wesentlich von denjenigen, die man auf dem übrigen Theile der Photosphäre wahrnimmt, verschieden sind, aber eine große Anzahl der gewöhnlichen Linien wird kräftiger. Gewisse Linien werden dort breiter und dunkler. Besonders sind diejenigen bemerkenswerth, welche dem Calcium und Eisen angehören. Dieselben werden drei Mal breiter und dunkler. Dieses beweist, daß die Metalle in dem Innern der Flecken in Folge der tieferen Lagerung in einem sehr dichten Zustande sich befinden. Es entwickelt sich in den Kernen der Flecken noch eine große Anzahl von sehr feinen Linien, und mehrere, die sonst kaum sichtbar sind, findet man hier sehr scharf ausgeprägt. Es ist nicht wahrscheinlich, daß erstere eine neue Bildung sind, sondern sie sind an anderen Stellen der Sonne wegen ihrer Feinheit unsichtbar und werden hier erst unter günstigen Umständen sichtbar.

Es sind diejenigen des Wasserdampfes und eine große Anzahl der gewöhnlichen dunkeln Bänder, die in gewissen Theilen des Gelb, des Roth und des Grün vorherrschen. Mehrere dieser Bänder gehören denselben gasförmigen Substanzen an, die sich in unserer Atmosphäre finden und besonders dann auftreten, wenn die Sonne sich dem Horizonte nähert. Vergleicht man die Bänder, welche sich in dem Spectrum zeigen, wenn die Sonne tief am Horizont steht, mit denjenigen, welche man in den Flecken sieht, so wird man zu der Ueberzeugung gelangen, daß eine große Aehnlichkeit zwischen den beiden Arten der Bänder besteht. Jedoch enthält unsere Atmosphäre ein wichtiges Element, welches eine starke mit Cb bezeichnete Linie giebt, die sich nicht in den Flecken findet.

Da das Spectrum der Flecken keine Hauptlinien enthält, die von denjenigen der übrigen Sonnenscheibe gänzlich verschieden sind, sondern dieselben Linien nur stärker, so ist es einleuchtend, daß diese Verschiedenheit nur der größeren Tiefe und Dichtigkeit der Schicht zuzuschreiben ist, welche die Strahlen vom Grunde des Fleckens aus durchlaufen müssen. Das Schwarze dieser Flecken wird demnach nicht der innere Sonnenkern selbst sein, sondern nur eine Stelle, wo die Absorption stärker ist und wo sich eine Höhlung befindet, die mit einer nicht vollkommen durchsichtigen und deßhalb absorbirenden Materie erfüllt ist, welche sich jedoch nicht in Bezug auf Zusammensetzung von dem übrigen Theile der durchsichtigen Atmosphäre unterscheidet. Kurz, es sind Lücken und Höhlen in dem leuchtenden Theile der Photosphäre, angefüllt mit der dunklen und in Folge ihrer Tiefe dichteren atmosphärischen Materie.

Ferner ist es eine feststehende Thatsache, daß die leuchtenden Massen der Photosphäre, indem sie sich in den Kernen der Flecken auflösen, ein Spectrum hervorrufen, welches von demjenigen der übrigen Sonnen-Atmosphäre verschieden ist. Es folgt hieraus, daß diese leuchtende Materie, welche man verschwinden sieht, dieselbe Materie ist, welche die durchsichtige Atmosphäre bildet und daß die leuchtende Photosphäre gleichsam ein Niederschlag ist, ähnlich demjenigen eines Nebels aus dampfförmigen Massen, welche dieselbe Atmosphäre bildet, wenn sie zu dem Punkte der Uebersättigung gelangen.

Die Durchsichtigkeit in den Flecken wird nur eine Wirkung des Ueberganges in den gasförmigen Aggregatzustand sein und zwar in Folge der erhöhten Temperatur derjenigen Gase, die aus dem Innern des Sonnenkernes ausströmen und die eine höhere Temperatur haben als diejenigen der Photosphäre.

Der innere Sonnenkern über diesen Massen muß glänzend und leuchtend sein, wie der übrige Theil desselben, welches auch schon aus der Thatsache hervorgeht, daß gewisse leuchtende Bänder in ihrem Spectrum (dans tout son éclat) nie fehlen. Eine große Anzahl dieser Bänder zeigen sich in dem Grün und in dem Gelb.

Das Spectrum der Sonnenflecke hat viele Aehnlichkeit mit dem Spectrum der rothen Sterne des dritten Typus, und in Betreff der Strahlenbreite mit den Sternen Arcturus und Aldebaran. Die genannten Sterne haben zwar nicht die Absorptionszonen der charakteristischen Sterne dieses Typus, wie α Orion und Antares, aber ihre wichtigsten dunklen Linien sind übereinstimmend. Die Linien, besonders von Calcium und von Eisen und die Bänder des Wasserdampfes sind in den Sternen nur ein wenig stärker, als wir sie in den Flecken sehen, weßhalb man glaubt, daß es Körper seien, die von Atmosphären umgeben werden, welche eine Zusammensetzung, eine Tiefe und Dichtigkeit besitzen, die derjenigen vergleichbar ist, welche wir in den Kernen der Sonnenflecken haben.

Die Streifen des Roth und des Gelb dieser Sterne gehören dem Wasserdampfe an, von welchem sich auch eine Spur in den Flecken findet und der auch in der Atmosphäre der anderen Planeten existirt. Wir haben ihn auf der Venus und auf dem Saturn gefunden. Jupiter besitzt im Roth ein von diesen verschiedenes Band, was vermuthen läßt, daß seine Atmosphäre eine andere Zusammensetzung hat, als diese.

Die Atmosphäre des Uranus ist ganz und gar von den anderen verschieden. Sie hat ein breites, schwarzes Band zwischen dem Gelb und dem Grün und einen schwarzen Streifen in dem Blau, der nicht mit der F Linie unserer Sonne zusammenfällt. Das Sonnenlicht wird auf den großen Planeten in Folge der Absorption sehr verändert, viel mehr, als auf der Venus, wobei zwar zu bemerken ist, daß die Absorptionsstreifen auf diesem Planeten schwieriger zu erkennen sind, als bei den großen Planeten, auf welchen dagegen dieselben sehr leicht zu sehen sind.

Man könnte deßhalb die Behauptung aufstellen, daß diese Massen noch in einem nebelartigen Zustande sich befinden, welche Annahme mit Rücksicht auf die geringe Dichtigkeit dieser Himmelskörper nicht ohne Weiteres abzuweisen ist.

Die Kometen machen eine Ausnahme von allen genannten Gesetzen. Sie liefern discontinuirliche Spectra, die mit denjenigen der Nebelflecken Aehnlichkeit haben und im Allgemeinen die Linien des Kohlenstoffs enthalten. Schon bei vier Kometen haben wir diese Eigenthümlichkeit constatirt und man kann wohl annehmen, daß sie allgemein ist. Man erwartet mit Ungeduld das Erscheinen irgend eines großen Kometen, um diese Phänomene besser studiren zu können. Jedoch schon diese Thatsachen beweisen, daß diese umherschweifenden (vagabonds) Gestirne unserem Sonnensysteme nicht angehören.

Hiermit haben wir eine kurze Zusammenstellung der neuesten Entdeckungen, die in Betreff der Sonne gemacht worden sind, gegeben. Bei Betrachtung der Sterne, jener so entfernten Sonnen, müssen wir große Analogien erwarten, was wir in dem folgenden Artikel entwickeln werden."

Sternspectra.

„Die Spectralanalyse ermöglicht uns die Erkennung der chemischen Zusammensetzung der Himmelskörper nach zwei Methoden, wie wir bei der Beschreibung der Sonne schon angegeben haben: zunächst nämlich durch die Strahlen, welche sie direct aussenden und sodann durch die dunkeln Linien, die sie in Folge der Absorption hervorrufen. Wir finden im Himmelsraume Sterne, an denen wir beide Methoden anwenden können. Im Allgemeinen zeigen die Sterne mit wenigen Ausnahmen Absorptionsspectra, die Nebelflecken und einige schwache Sterne directe Spectra. Gehen wir nun zu den Einzelheiten über.

Um das Sternenlicht zu analysiren, kann man sich desselben Spectrosopes bedienen, welches auch zur Untersuchung der Sonne Anwendung findet; aber der Apparat mit seiner complicirten Einrichtung in Linsen und Spalt verursacht eine bedeutende Absorption, weßhalb wir ein viel einfacheres System an seine Stelle gesetzt haben. Der Apparat besteht aus einer Combination von Prismen à vision directe p q p' q' p"

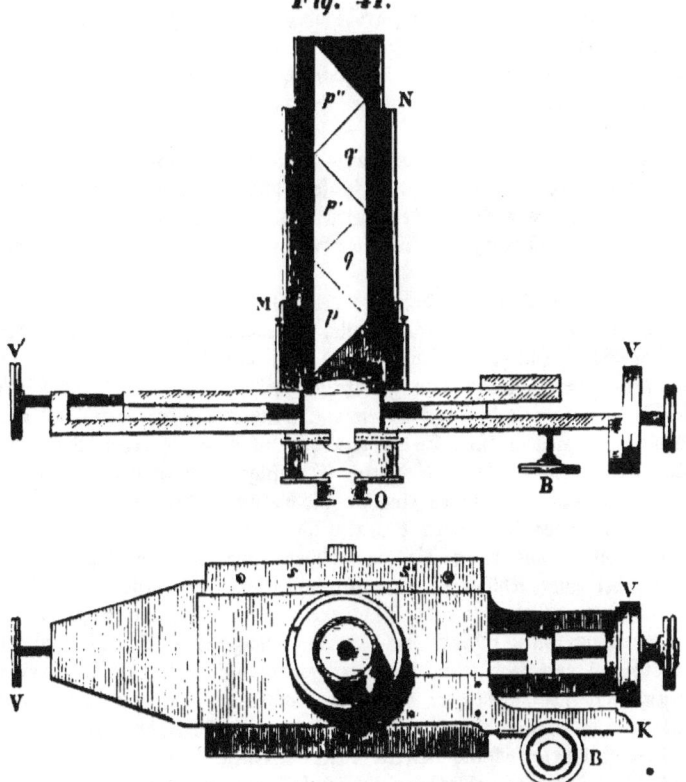

Fig. 41.

siehe Figur 41., (man kann auch ein gewöhnliches Prisma anwenden), vor welcher eine cylindrische, achromatische Linse L sich befindet, welche das runde punktartige Bild des Sterns in eine kurze Lichtlinie ausdehnt. Das aus der Zerlegung dieses Lichtes durch die Prismen entstehende Spectrum wird mit einem kleinen achromatischen Fernrohre () betrachtet. Letzteres besteht aus einer doppelten sphärischen Linse, oder noch besser aus einer doppelten cylindrischen Linse, deren Axe senkrecht zur Zerstreuungs-Ebene steht. Man erhält so eine große Lichtintensität und mit einem Fernrohre von 25 Centimeter Oeffnung waren wir im Stande, Sterne bis 7ter und 8ter Größe zu untersuchen und scharfe Spectra herzustellen. Die Sterne erster Größe haben sehr brillante Spectra, welche gestatten, ihre Linien ohne jegliche Schwierigkeit zu messen und zu zeichnen.

Mit einem solchen Apparat haben wir alle Hauptsterne des Himmels untersucht und auch eine große Anzahl von Spectren der ziemlich kleinen Sterne gezeichnet, die uns sehr interessante Resultate geliefert haben, welche wir so kurz wie möglich zusammenstellen wollen.

Hauptsächlich wäre es folgende Schlußfolgerung, zu der wir gelangt sind:

Alle Sterne lassen sich in Bezug auf ihre Spectra in vier Klassen oder Typen unterordnen, die sehr scharf von einander geschieden sind, obgleich es auch zwischen diesen, wie der Natur der Sache nach zu vermuthen, Uebergangsglieder giebt, jedoch nur in sehr geringer Anzahl.

Der erste Typus ist derjenige der Sterne von weißem Lichte, wie Sirius (Tafel IV. 2), Wega, Altair, Regulus, Rigel, der Sterne des großen Bären (mit Ausnahme von α), der des Schlangenträgers u. s. w. Alle Sterne, welche man gewöhnlich weiße nennt, die aber in Wirklichkeit blau sind, geben das Spectrum, welches auf der farb. Taf. IV. Figur 2. dargestellt ist. Es ist aus den bekannten Farbenbändern des Sonnenspectrum gebildet, die durch 4 kräftige, schwarze Linien unterbrochen werden, von denen eine im Roth, die andere im Grün-Blau, die beiden letzten im Violett liegen. Diese 4 Linien gehören alle dem Wasserstoff an und bilden die glänzendsten Linien des Spectrums dieses Gases bei einer erhöhten Temperatur, wie sie in den Geisler'schen Röhren mittelst des electrischen Funkens erzielt werden können. Außer diesen breiten Hauptlinien bemerkt man in den glänzendsten Sternen, wie in dem Sirius eine sehr feine, schwarze Linie in dem Gelb, welche Natrium anzeigt und noch schwächere Linien in dem Grün, die dem Magnesium und dem Eisen angehören. Die überraschendste Eigenthümlichkeit dieses Typus ist die beträchtliche Breite dieser Streifen, was eine sehr bedeutende Mächtigkeit der absorbirenden Schicht und einen beträchtlichen Druck vermuthen läßt.

Bei den kleinen Sternen läßt sich der Streifen des Roth schwierig nachweisen, da das Licht des Spectrums an diesem äußersten Ende sehr schwach ist; dagegen sieht man den Streifen des Blau oft sehr breit. In Wirklichkeit sind diese Sterne, wie wir schon gesagt haben, blau, denn das Roth ist sehr schwach, wie auch das Gelb und die dominirende Farbe ist Blau und Violett.

Die Zahl der Sterne dieses Typus beträgt ungefähr die Hälfte sämmtlicher am Himmelsgewölbe sichtbarer Sterne, so daß es bei der großen Anzahl dieser Sterne sehr leicht ist, das Spectrum dieses Typus, selbst mit einem mittelmäßigen Instrumente, nachzuweisen.

Den zweiten Typus liefern die gelben Sterne, wie Capella, Pollux, Arcturus, Aldebaran, mehrere im Wallfisch, α des großen Bären, Procyon u. s. w. Das Spectrum der Sterne gleicht vollkommen dem unserer Sonne, d. h. es ist ebenfalls aus sehr feinen, schwarzen Linien gebildet, die in gleicher Weise und in denselben Verhältnissen auf dem Spectrum zerstreut sind (s. farb. Tafel IV. Fig. 1.). Die spectralanalytische Untersuchung bietet jedoch bei den verschiedenen Sternen dieses Typus verschiedene Schwierigkeiten.

Aeußerst fein und zart sind die schwarzen Linien in dem Spectrum des Pollux und der Capella, jedoch breiter in dem des Arcturus und Aldebaran und somit auf diesen leichter zu bestimmen. Letzterer Stern scheint den Uebergang zu denjenigen des folgenden Typus zu machen, wie Procyon den Uebergang zu denjenigen des vorhergehenden Typus bildet.

Wir haben bereits bemerkt, daß der zweite Typus dieselben Linien besitzt, wie die Sonne und wir haben uns bei dem Arcturus in Bezug auf wenigstens von 30 (und zwar Hauptlinien) durch Vergleichung davon überzeugt. Es ist nur zu bemerken, daß diejenigen des Eisens und des Calciums sehr stark hervortreten. Dieses beweist, daß unsere Sonne derselben Klasse der Sterne angehört. Die Uebereinstimmung ist eine solche, daß wir uns oft in Abwesenheit der Sonne dieser Linien bedient haben, um unsere Merkzeichen in den Instrumenten zu controliren. Somit haben diese Sterne dieselbe Zusammensetzung und befinden sich in demselben physischen Zustande, wie unsere Sonne. Mehrere Sterne dieser Klasse scheinen ein continuirliches Spectrum zu geben, jedoch ist dieses nur scheinbar und wird bedingt von der Schwierigkeit, die Linien zu trennen, da es bei ruhiger Luft gelingt, die Scheidung derselben herzustellen.

Die gelben Sterne dieses Typus bilden fast die ganze andere Hälfte der beobachteten Himmelskörper oder genauer $2/3$ derjenigen, die nicht zu dem ersten Typus gehören.

Der dritte Typus ist ziemlich selten vertreten. Das Spectrum seiner Glieder besteht aus einem doppelten System, das aus nicht scharf begränzten Bändern und schwarzen Linien besteht. Die Vertheilung derselben ersehen wir aus der Fig. 4. Taf. IV., welche das Spectrum des Sternes α des Herkules vorstellt.

Die wichtigsten schwarzen Linien stimmen im Wesentlichsten mit denjenigen der gelben Sterne überein, welche besonders in dem Aldebaran und Arcturus scharf hervortreten. Zu diesen treten noch die zahlreichen verschwommenen Bänder, welche das ganze Spectrum gleichsam in Säulen theilen. Diese in Bezug auf Intensität und Ausbreitung sehr veränderlichen Bänder bilden für die Sterne dieses Typus ziemlich bedeutende Verschiedenheiten. Als Grundform wählten wir den Stern α (Tafel IV. 4.) aus dem Sternbild „Herkules", denn dieser liefert das regelmäßigste Spectrum. Auf diesen folgen β des Pegasus, o des Wallfisches, α des Orion (Taf. IV. 3), Antares u. s. w.

Die genannten Sterne sind sehr bemerkenswerth, denn sie sind alle von einer mehr oder weniger orangegelben oder rothen Farbe und dabei veränderlich. α des Orion zeigt große Verschiedenheiten in den Bändern je nach seiner Farbe, und o des Wallfisches (Mira, der Wunderbare) hat sogar in seinem Spectrum sehr starke Unterbrechungen und gleichsam wirkliche Lücken je nach seiner Größe. Die Gestalt der Colonnade erscheint in einigen kleinern ersetzt durch Gruppen glänzender Linien, die durch dunkle Zwischenräume von einander getrennt sind. (Wir verweisen auf unsere Abhandlung über diese Einzelheiten.) Die Spectralzonen stehen mithin mit ihrer Veränderlichkeit in Zusammenhang und es scheint erwiesen zu sein, daß sie von einer mehr oder weniger lebhaften Absorption in ihrer Atmosphäre abhängen. Die schönen Sterne dieses Typus sind nicht sehr zahlreich, die bemerkenswerthesten sind ungefähr 30, und mit den untergeordneten haben wir etwas mehr als 100 gefunden. Man findet sie auf den ersten Blick sicher unter den orangegelben und rothen Sternen. Wir fügen an dieser Stelle einen kleinen Katalog der schönsten bei, um denjenigen, die sich dafür interessiren, ihre Auffindung zu erleichtern. Die Zahlen sind aus dem Verzeichniß der rothen Sterne des H. Schjellerup entnommen.

Sterne des 3ten Typus.	Rectascension.	Declination.	Größe.
o Wallfisch	2ʰ 12′ 6	+ 3° 37′	veränderl.
α Wallfisch	2 54 8	+ 3 32	2
ϱ Perseus	2 55 7	+ 38 15	veränderl.
Sch. 44	4 44 6	+ 14 1	5
45	4 46 5	+ 2 15	5,5
59	5 24 1	+ 18 29	5,5
α Orion	5 47 6	+ 7 23	1 ver.
67	5 49 6	+ 45 55	5—6
120	9 2 2	+ 31 32	6
nova	9 17	− 21 42	7
137	10 52 6	− 15 36	6
160	13 22 4	− 22 33	veränderl.
162	13 42 8	+ 16 29	4
Arcturus	14 9 1	+ 19 55	1
178	15 30 0	+ 15 34	7½
Antares	16 20 1	− 26 7	1
α Herkules	17 8 3	+ 14 33	2 ver.
nova	18 14 6	+ 25 2	6
234	19 58 3	− 27 37	7½
254	21 39 3	− 2 51	6½
β Pegasus	22 56 1	+ 27 15	2
266	23 00	+ 8 39	5,5
267	23 11 3	+ 48 15	
α Schlange			
δ Jungfrau			

Bei diesem Typus ist besonders der Umstand von Wichtigkeit, daß die Hauptstreifen, welche die Säulen trennen, bei allen Sternen identisch sind. Es ist dieses ein Resultat einer großen Anzahl Messungen. Vor Allen sind in die Augen springend die Linien von Magnesium, Natrium, Eisen und Calcium. Sie enthalten auch die des Wasserstoffs, aber diese Linien gehören hier nicht zu den besonders hervorragenden, wie bei Spectren der Glieder des 1. oder 2. Typus. Die Existenz des Wasserstoffs auf diesen Sternen ist also erwiesen (was man mit Unrecht bestritten hat); jedoch findet er sich daselbst nur in geringer Menge oder zum Theil in einem direct leuchtenden Zustande, wie in der Chromosphäre unserer Sonne. Man trifft daselbst auch fast alle Metalle, deren Gegenwart wir auf der Sonne nachgewiesen haben.

Das Spectrum dieser Klasse gleicht in Bezug auf die Linien dem der Sonne, oder vielmehr dem des Arcturus, unterscheidet sich aber wesentlich dadurch von ihnen, daß noch die nebelartigen Bänder hinzutreten. Wir sagen vielmehr dem des Arcturus, denn 1) sind seine Linien breiter als die der Sonne, und 2) scheint in den Einzelheiten der Linien zweiter Ordnung, besonders in dem Grün eine geringe Verschiedenheit zwischen der Sonne und den andern des zweiten Typus vorhanden zu sein; außerdem schließen sich die Glieder des in Rede stehenden Typus besser an den Arcturus an. Wir haben denselben deßhalb in das obige Verzeichniß eingereiht. Die Spectra dieses Typus erinnern uns an das Spectrum der Sonnenflecken, in welchen die Linien sehr kräftig und breit werden. Mehrere Beobachtungen haben diese Ansicht bestätigt; es scheint, daß die Verschiedenheit zwischen dem 2. und 3. Typus nur in der Verschiedenheit der Mächtigkeit ihrer Atmosphäre besteht.

Der 4. Typus ist noch seltener und wäre uns beinahe entgangen, denn er gehört nur kleinen Sternen von blutrother Farbe an, die nicht sehr zahlreich sind. Das Spectrum besteht (wie Figur 5. Tafel IV. zeigt) in drei breiten Hauptzonen und zwar in einer rothen, grünen und blauen. Die drei genannten Zonen lassen sich nicht auf die des vorhergehenden Typus zurückführen, indem man eine mangelhafte Beobachtung annimmt oder eine gegenseitige Aufhebung der nebelartigen Bänder, denn, obgleich die wichtigsten schwarzen Linien ziemlich übereinstimmend sind, so ist die Vertheilung des Lichtes daselbst eine ganz andere.

In der That, auf dem Spectrum des 3. Typus ist das Licht stärker in den Säulen auf Seite des Roth, während es hier an der entgegengesetzten Seite, d. h. im Violett, lebhafter ist. Diese Verschiedenheit ist durchschlagend und zeigt einen wesentlichen Unterschied zwischen den beiden Spectra, deren eines das Negativ des anderen ist.

Man bemerkt zuweilen noch sehr lebhafte, glänzende Linien, welche man in Fig. 5. Taf. IV. sieht. Diese Spectra sind in ihren Einzelheiten sehr von einander verschieden. Wir geben z. B. das Spectrum eines Sternes, das durch seine Unterbrechungen im Roth und Gelb (s. Figur 5. Tafel IV.) ziemlich bemerkenswerth ist. Die Zahl ähnlicher Bilder könnten wir noch vermehren.

Die Zahl der Sterne dieses Typus ist eine geringe, wir haben ungefähr 30 gefunden, von denen wir die schönsten in dem folgenden Verzeichnisse zusammengestellt haben. Aber da alle diese Spectra kleinen Sternen angehören, so wird man bei Anwendung stärkerer Instrumente wahrscheinlich eine größere Anzahl auffinden. Die kleinen Sterne des H. Wolff im Schwan gehören auch zu diesem Typus.

Sterne des 4ten Typus.

Nr. des Verzeichnisses.	Rectascension.	Deklination.	Größe.
41	4ʰ 36′ 2	+ 67° 34	6 schön
43	4 42 8	+ 28 16	8
51	4 58 1	+ 0 59	6
78	6 26 9	+ 38 33	6½ schön
89	7 11 5	— 11 43	7½
124	7 44 6	— 22 22	6½
128	10 5 8	— 34 38	7
132	10 30 7	— 12 39	6 schön
136	10 44 8	— 20 30	6½
152	12 38 5	+ 46 13	6 ausgezeichnet
159	13 19 3	— 11 59	5½
163	13 47 3	+ 41 2	7
229	19 26 5	+ 76 17	6½
238	20 8 6	— 21 45	6
249	21 25 8	+ 50 58	9
252	21 38 6	+ 37 13	8,5
273	23 39 2	+ 2 42	6 schön.

Einige von den dunklen Hauptstrahlen fallen fast mit denjenigen des 3. Typus zusammen. Wir haben constatirt, daß dieses Spectrum die Umkehrung des Benzinspectrums ist, welches entsteht, wenn man den elektrischen Funken durch ein Gemenge von Benzindampf und atm. Luft gehen läßt. Folglich enthalten diese Sterne Kohlenstoff und die Verschiedenheiten, welche man bei ihnen beobachtet, könnten den zahlreichen Verbindungen dieses Elementes zugeschrieben werden.

Bis jetzt haben wir die Eintheilung der Sterne nur angedeutet. Sorgfältigere Untersuchungen werden uns die Erklärung ihrer Verschiedenheiten geben.

Außer den 4 Haupttypen giebt es noch Gruppen von Sternen, die eine besondere Aufmerksamkeit verdienen. Eine solche ist die des großen Gestirns des Orion und seiner Umgebung, welche, obgleich sie mit Rücksicht auf die außerordentliche Feinheit ihrer Linien zu dem 2. Typus gehören, jedoch durch eine große Armuth an Roth und Gelb bemerkenswerth ist, so daß diese Region des Himmelsraumes nur fast absolut grüne Sterne enthält und in ihren Sternspectren so feine Linien, daß es oft schwierig ist, dieselben zu trennen. Dagegen sind in der Region des Wallfisches und des Eridanus die gelben Sterne zahlreich. Diese Vertheilung kann kein Spiel des Zufalls sein, sondern steht ohne Zweifel mit der Beschaffenheit des Stoffes in Verbindung, welcher die verschiedenen Regionen des Himmelraumes erfüllt.

Aber eine sehr merkwürdige Ausnahme wird von einer 5. Klasse von Sternen in geringer Anzahl gebildet, die das directe Wasserstoffspectrum uns zeigte. Der bemerkenswertheste ist γ (gamma) der Cassiopea, welche an der Stelle der dunklen Fraunhofer'schen F Linie eine glänzende Linie besitzt und eine ähnlich glänzende an der Stelle von C. Die im Violett liegenden Linien sind zu schwach, um bemerkt werden zu können. Eine glänzende Linie zeigt sich auch im Gelb und es ist sehr wahrscheinlich, daß sie sich an der Stelle der analogen glänzenden der Sonnenprotuberanzen befindet. Messungen in dieser Richtung sind jedoch schwierig, besonders wenn sie auf die nothwendige Genauigkeit Anspruch machen wollen.

Ein anderer Stern von derselben Beschaffenheit, aber schwieriger zu erkennen, ist β (Beta) der Lyra, ein veränderlicher Stern. Schließlich haben noch zwei Sterne, ebenfalls veränderliche und temporäre, das directe, aber unterbrochene Spectrum gezeigt, während die Spectra der beiden vorhergehenden continuirliche sind. Der eine ist ein veränderlicher Stern ($\alpha = 15^h\ 13',9$; $\delta = 26^0\ 18'$) im Sternbilde der nördlichen Krone, der am 12. Mai 1866 mit einem Male aufflammte, der andere ist R der Zwillinge ($\alpha = 6^h\ 58',5$, $\delta = 22^0\ 55'$). Die beiden Sterne zeigen das in Zonen geordnete Wasserstoffspectrum, welches mit einem zweiten von anderen Substanzen, sehr wahrscheinlich von Kohlenstoff, verbunden ist. Letztere Substanzen sind zweifellos auf dem Sterne R der Zwillinge nachgewiesen worden. Die Dauer dieser Sterne und ihre Größe sind zu gering gewesen, um befriedigende Resultate erhalten zu können.

Diese Spectra sind ohne Zweifel die Zeugen einer kurz dauernden Verbrennung, die jedoch schon vor vielen Jahren eintrat, obgleich sie sich unseren Augen erst gegenwärtig manifestirt, da das Licht, obgleich ein so schneller Bote, doch eine gewisse Zeit braucht, um von dem so weit entfernten Sterne bis zu uns zu gelangen.

Man hat die Frage aufgeworfen, ob der veränderliche Stern Algol zu demselben Typus zu zählen ist, zu welchem die übrigen veränderlichen Sterne gehören, die gewöhnlich farbiges Licht zeigen. Wir haben diesen Stern sorgfältig untersucht und haben gefunden, daß er beständig dem ersten Typus angehört, so daß seine Veränderlichkeit nicht von einer Absorption oder von Flecken bedingt ist, sondern dem Umstand zugeschrieben werden muß, daß er von einem undurchsichtigen Körper umkreist wird, welcher partielle Verfinsterungen hervorruft.

Das Spectrum der letzten Sterne zeigt uns einige Uebereinstimmung mit demjenigen der Nebelflecken. Diejenigen Nebelflecken, die sich mit dem Telescop in Sterne oder Sternhaufen (clusters) auflösen lassen (somit eigentlich den Namen Nebelflecken nicht verdienen), haben das continuirliche Sternspectrum. Diejenigen, welche nicht auflösbar sind, lassen sich in zwei große Gruppen theilen. Die erstere umfaßt die Nebel, welche ein continuirliches Spectrum besitzen, wie z. B. der Nebelflecken der Andromeda und einige andere. Aber die anderen, welche die größere Anzahl liefern, zu denen auch der Nebelflecken des Orion, die großen Nebel des Schützen, der ringförmige Nebel in der Leyer gehören — alle unter dem Namen „planetarische Nebel" *) bekannt — haben ein Spectrum, welches aus einer sehr geringen Anzahl Linien gebildet wird und dem des Nebelflecken des Orion ähnlich ist. Letzterer muß wegen seiner bedeutenden Ausdehnung mit dem Spalt=Spectroscop beobachtet werden. Das ganze Spectrum beschränkt sich auf drei helle

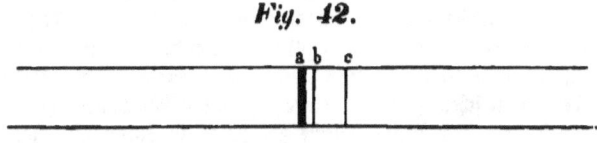

Spectrum des Nebelflecken des Orion.

isolirte Linien, von denen die eine a (Fig. 42.) in dem grünen die intensivste und ziemlich breit ist. Auf diese folgt in einer geringen Entfernung eine feinere b, und ein wenig weiter eine dritte c. Vergleicht man diese Linien mit denjenigen der Gasspectra, so findet man, daß c dem Wasserstoff angehört und mit der Fraunhofer'schen F zusammenfällt, und daß a die Gegenwart von Stickstoff anzeigt. Bekanntlich besitzt dieses Gas mehrere Spectra. Wir haben deßhalb eine Vergleichung angestellt und constatirt, daß diese Linie nur mit dem Stickstoffspectrum zusammenfällt, welches man in Geißler'schen Röhren bei starken Spannungen erhält, indem man eine Batterie in den Induktionsstrom einschaltet.

---

*) Diese sonderbaren Himmelskörper erscheinen uns, ganz so wie die Planeten, als kreisrunde, nur selten etwas ovale, scharf begränzte Scheiben von mehreren Secunden im Durchmesser, die durchaus dasselbe, gleich starke Licht haben, ohne gegen ihren Mittelpunkt, wie die vorhergehenden, an Helle zuzunehmen. Zuweilen jedoch ist auch ihr Umkreis noch mit einem concentrischen nebeligen Rande, gleich einer ringförmigen Atmosphäre, umgeben. Die Oberfläche dieser Körper ist mit einem leichtschuppigen oder flockigen Lichte überzogen, wodurch aber das Charakteristische ihres Anblicks, die Gleichförmigkeit der Beleuchtung aller ihrer Theile, nicht wesentlich gestört wird. Die Natur und Bestimmung dieser Wesen scheint sehr räthselhaft zu sein. (Littrow. Astronomie. Bd. II. S. 375.)

Alle andere planetarische Nebelflecken haben ein Spectrum von derselben Beschaffenheit, in welchem die Hauptlinie ziemlich lebhaft ist und diejenigen zweiter Ordnung mehr oder weniger nach ihrer Intensität. Ein Umstand verdient besondere Beachtung, nämlich daß die planetarischen Nebelflecken, welche leuchtende Punkte zu enthalten scheinen, wie derjenige der Schlange ($\alpha = 10^h\ 17^m$; $\delta = -17^0\ 47'$), dennoch einfarbige Spectra geben. Wir erhalten dadurch den Beweis, daß die gasförmige Materie, welche sie bildet, sich wohl bis zu dem Punkte condensiren kann, daß sie das Ansehen eines Sternes annimmt, ohne in Wirklichkeit fest und glühend zu werden. Der planetarische Nebelflecken in der Andromeda ($\alpha = 19^h\ 40^m$; $\delta = +50^0\ 6'$), der wirklich ein Nebelstern ist, zeigt beide Spectra, nämlich das Sternspectrum und das der gasförmigen Nebelflecken, und vernichtet dadurch die Einwürfe gegen die Theorie, welche man anfangs in Folge einfacher Schlußfolgerungen angenommen hatte, daß nämlich die Sterne durch Verdichtung einer solchen gasförmigen Masse gebildet sein könnten. Der Umstand, daß diese Materie nur ein solches Spectrum aussendet, welches wir nur mit den stärksten dissociirenden Kräften, über welche wir verfügen, wie bei Anwendung des elektrischen Funkens eines Induktionsapparates herstellen können, beweist uns, daß diese Materie zweifellos in einem Zustande der äußersten Dissociation ist. Jedoch ihre große Entfernung erlaubt nicht, zu behaupten, daß es in ihren Spectra keine andere Linien gebe, oder daß sie keine andere Gase enthielten, als diejenigen, welche wir gewöhnlich sehen können.

Nach dem Gesagten wird man begreifen, daß, wenn Massen in Folge ihrer Anziehung sich zu verdichten beginnen, dieselben wohl die Wärme zu entwickeln im Stande sind, die wir auf dem Sonnenkörper fanden. Die Ausdehnung, welche diese chaotischen Massen haben, ist staunenerregend. Der Nebel im Orion nimmt in seinem dichtesten Theile mehr als ein Quadratgrad ein. *) Seine übrigen Theile kann man noch auf eine Strecke von 4 Grad verfolgen. Der Nebel des Argus ist fast eben so groß.

Jenseits des Schützen haben wir breite Tafeln, wo der Grund des

---

*) Die Oberfläche der Sonne oder des Mondes beträgt für uns nahe den vierten Theil eines Quadratgrades. Wenn daher von einem Nebel gesagt wird, derselbe nehme vier Quadratgrade ein, so heißt dieses, daß er in seiner Oberfläche sechzehnmal größer als die Sonne erscheint. Ein Nebel von acht Quadratgraden wird ebenso eine 32 mal größere scheinbare Fläche haben, als die Sonne. Wenn also in dem letzten Falle ein solcher Himmelskörper auch nur soweit, wie der nächste Firstern, das heißt, wenn er vier Billionen Meilen von uns entfernt ist, so wird der wahre Durchmesser desselben schon gegen 200000 Millionen Meilen betragen, also 500 mal größer sein, als der Umfang der ganzen Uranusbahn, deren Durchmesser 840 Mill. Meilen beträgt. Eine Ausdehnung, von welcher auch die lebhafteste Phantasie sich keinen angemessenen Begriff mehr zu machen im Stande ist.

Himmels weiß und unauflöslich ist. Man kann mit Grund wohl annehmen, daß sich auch dort eine nebelartige Masse befindet, denn auch in dieser Region sieht man hier und dort ausgedehnte Nebel erglänzen. Ferner ist die Annahme zulässig, daß Theile dieser Massen von einer Region des Weltenraumes zur andern wandern können und alsdann die Erscheinungen, die wir unter dem Namen Kometen und Meteore kennen, hervorrufen. Das discontinuirliche Spectrum der Kometen bestätigt diese Theorie. Die Kometen von Winnecke, von Brorsen und alle andere haben die glänzenden Linien des Kohlenstoffs gezeigt.

Bei diesen Betrachtungen erweitert sich die Welt vor unserem geistigen Auge und das ganze Sonnensystem erscheint uns nur als ein Sandkorn in dem weiten Weltenraume. Welch' ein Unterschied zwischen diesen unermeßlichen Ideen und denjenigen, welche die Welt auf unserem Himmelskörper begrenzen. Jedoch so weit man auch die Grenzen der Welt hinausrückt, so vermindert dieses doch nicht unsere wirkliche Größe. Wenn die Ohnmacht unserer geistigen Kraft uns nöthigt, um dieselbe zu verstehen, das Großartige hervorzuheben und gleichsam den Maßstab zu verkleinern, so nimmt dieses Nichts unserer absoluten Größe und beweist nur die Unermeßlichkeit der Intelligenz, die im Stande ist, diese Wunder zu begreifen, und die Macht des Genies, dem es gelungen, dieselben zu entdecken. Gott allein ist fähig, sein Werk zu verstehen; glücklich der Sterbliche, dem es vergönnt ist, einen Einblick in dasselbe zu genießen, dessen wir uns jetzt erfreuen."

Nachschrift. "Man hat die Existenz der absorbirenden Schicht c Fig. 40. in Zweifel gezogen, jedoch, glaube ich, sind diese Schlußfolgerungen aus einem Mißverständnisse betreff meiner Behauptung entstanden. Vor Allem wird es daher nothwendig sein, daß wir uns über jene Sache verständigen, denn ohne die richtige Anschauung machen wir nur falsche Schlüsse. Meine Gegner gestehen ein, daß sie ebenfalls die Linien D, b, C, F und andere umgekehrte Linien des Wasserstoffs gesehen haben; die Umkehrung mehrerer unbekannter Linien wurde noch unmittelbar an der Grenze zwischen der Photosphäre und der Chromosphäre beobachtet. Wenn jene Beobachtungen als unbestrittene Thatsachen dastehen, so ist damit schon positiv nachgewiesen, daß sich an der Grenze der genannten eine Schicht befindet, in welcher die Umkehrung der Linien stattfindet. Wenn bei einer gewissen Anzahl die obige Erscheinung eintritt, so gehört es nicht in den Bereich der Unmöglichkeit, daß es auch bei den anderen sich zeigen kann. Jedoch die Beobachtung muß lehren, in wie weit sich Jenes bewahrheitet.

Man muß nämlich berücksichtigen, daß es zwei Grade der Umkehrung giebt: 1) derjenige, bei welchem die Linie leuchtend wird und 2) derjenige, bei welchem sie nur ihre dunkle Färbung (noirceur) verliert, ohne glänzend zu werden. Gerade den letzten Fall hat man häufig Gelegenheit zu bestätigen und zwar sehr oft am Sonnenrande. Man findet einen sehr dünnen Faden, wo die Linien weder dunkel noch glänzend sind. Sie sind nur theilweise verändert und das Spectrum ist in diesem Falle ein continuirliches.

Die Beobachtungen auch sehr geschickter Forscher, die ein negatives Resultat ergaben, überraschen mich nicht. Denn 1) ist zu solchen Untersuchungen eine große Ruhe der Atmosphäre erforderlich; ist dieselbe in Bewegung, so verliert sich diese Schicht, denn das Licht (la lumière), sowohl das äußere als das innere mischt sich mit ihr und vermischt ihre Wirkung, indem es sie an Intensität übertrifft. Morgens z. B. sehe ich dieses Phänomen ebenfalls nicht deutlich, da die Luft durch Strömungen, hervorgerufen durch die Wärme, zu bewegt ist. 2) Es ist nöthig, das Bild sehr zu vergrößern, (bis auf 8 Zoll) und den Spalt parallel mit der Tangente (f. Fig. 40. n) zu stellen, denn sonst würde die innere Irradiation noch mehr diese Schicht vermengen (confond) und sie zum Verschwinden bringen. 3) Man hat behauptet, daß diese Schicht im Widerspruch mit einer anderen von mir entdeckten Erscheinung stände, nämlich, daß in der Nähe des Randes die Linien fast ebenso breit und dunkel, wie in den Flecken seien. Aber dieser Widerspruch existirt nicht. Diejenigen, welche diesen Einwand erheben, haben den Sachverhalt nicht verstanden. Meine Beobachtung bezieht sich nur auf das Innere der Sonnenscheibe, wo die Linien, je mehr sie sich dem Rande nähern, um so dunkler und schärfer werden. Sie belehrt uns von der Existenz einer Zone von beträchtlicher Breite, in welcher diese Wirkung allmälig zunimmt und in der Nähe des Randes ihr Maximum erreicht. Die genannte Veränderung der Linien ist bedingt von der Mächtigkeit der Schicht, welche das Licht durchdringen muß, gerade so wie wir dieselbe im Innern eines Fleckens wahrnehmen, wo die Atmosphäre dichter und tiefer ist. Dagegen befindet sich die Schicht, welche ein continuirliches Spectrum giebt, am äußeren Theile des Randes und ist nur auf einer sehr schmalen Linie sichtbar, jedoch, ich wiederhole dieses, nur auf dem äußeren Theile.

Hinsichtlich der übrigen Sonnenmaterie scheint es, daß dieselbe eine Mischung der genannten Schichten ist, denn, wenn man auch den Spalt gegen den Sonnenrand stellt, so bemerkt man, daß in der Nähe desselben die Linien in der That ihre Schärfe, die ihnen auf dem Centrum der Scheibe eigen ist, verlieren. Sie werden nebelartig, verwaschen und sind nicht mehr so dunkel und bei mehreren tritt bisweilen eine Umkehrung ein.

Diese Materie des Restes ist sehr ausgedehnt und schwer. Obgleich ich nicht das Glück hatte, die Erscheinungen, welche meine Gegner entdeckt zu haben behaupten, zu verificiren, so enthalte ich mich, dieselben abstreiten zu wollen. Ich bin nur erstaunt, daß man gewagt hat, die Beobachtung, welche ich mit einer solchen Sicherheit, Präcision und Klarheit gemacht habe, zu leugnen, nämlich in Bezug auf die Linien des Magnesiums, bei welchem ich nur die Umkehrung der mehr entfernteren dritten Linie gesehen habe, während der Raum zwischen den beiden sehr an einander liegenden sehr glänzend wurde. Wenn die Auffindung dieser Thatsache, welche ich während zwei Stunden beobachtet und constatirt habe, meinen Gegnern Schwierigkeit macht, so gehört eine große Kühnheit dazu, dieselbe in Zweifel ziehen zu wollen, da ich dieselbe so klar und scharf, wie überhaupt eine leicht wahrnehmbare Sache gesehen habe.

Wie es sich auch mit der oben angegebenen Theorie verhalte, sie ist zweifellos nur provisorisch. Auf der Zeichnung (Fig. 40.) habe ich (mit einer punktirten Linie) die rothen Protuberanzen mit ihren zur Seite hängenden Köpfen bemerkt, wie auch die Rauchsäulen, die sehr häufig vorkommen. Ich theile Ihnen noch mit, daß ich nicht der Ansicht bin, die Schicht d bestehe nur aus Wasserstoff. Es ist dieses die Meinung des Herrn Lockyer, welche ich nicht annehme. Die genannte Schicht besteht zum Theil aus leuchtendem Wasserstoff, zum Theil ist sie ein Gemenge von weniger leuchtendem Wasserstoff mit anderen Gasen, aus welchen die Sonnen-Atmosphäre zusammengesetzt ist.

Ich besitze jetzt einen Beweis für meine Ansicht, denn bei der letzten Sonnenfinsterniß vom 7. August hat man in den Vereinigten Staaten die Beobachtung gemacht, daß diese Schicht ein Spectrum giebt, das nur aus einer Linie besteht, während jede Protuberanz ein besonderes Spectrum zeigte. Denn diese Schicht entsteht durch Auflösung der Protuberanzen, die nicht aus Wasserstoff allein zusammengesetzt sind.

Auf der Zeichnung (Figur 40.) habe ich ferner mit der punktirten Linie die ideale Schicht des leuchtenden (brillant) Wasserstoffes angedeutet, indem ich das Uebrige unbestimmt ließ."

Beobachtung der totalen Sonnenfinsterniß vom 7. August 1869.

Die Resultate, welche man bei der Beobachtung der totalen Sonnenfinsterniß am 18. August 1868 erzielt hatte, waren Veranlassung genug, der am 7. August des darauf folgenden Jahres eintretenden Sonnenfinsterniß eine Aufmerksamkeit in noch höherem Grade zu schenken. Besonders sind es diesmal die Amerikaner, welche sich durch die großartigste Entfaltung der Vorbereitungen zur Beobachtung derselben und durch die bemerkenswerthen Resultate ihrer Forschungen auszeichneten. Sie waren auch nicht in die Nothwendigkeit versetzt, nach fernen, entlegenen Welttheilen Expeditionen auszurüsten, sondern sie konnten in ihrem Lande mit allen Hülfsmitteln ausgerüstet die Untersuchungen anstellen, indem der Streifen, welchen der Mondschatten auf der Erde beschrieb, im russischen Sibirien, östlich nahe bei Irkutsk beginnend Nord- und Mittel-Amerika in den Staaten: Montana, Dakota, Nebraska, Jowa, Missouri, Illinois, Indiana, Kentuki, Tennessee, Nord-Carolina bis zum atlantischen Ocean durchlief. Der Anfang der Sonnenfinsterniß fand statt am 8. August, Morgens 5 Uhr 14 Min. an einem im nördlichen Stillen Ocean, ein wenig östlich von Jeddo gelegenen Orte (oder Abends 8 Uhr 27 Minut. des 7. August nach mittler Leipziger Zeit) und das Ende derselben bei Verapaz in Central-Amerika um 6 Uhr 23 Min. des 7. August (oder nach mittler Leipziger Zeit: 1 Uhr 13 Minut. früh des 8. August).

Der in St. Louis in Amerika erscheinende „Neue Anzeiger des Westens" bringt folgende Mittheilungen über die Ergebnisse der Beobachtungen der totalen Sonnenfinsterniß in Amerika vom 8. August 1869.

Die Corona war allenthalben, wo die Finsterniß die Phase der Totalität erreichte, deutlich zu sehen. Die Berichte schildern die Erscheinung als großartig. Aus Alton und Illinois wird berichtet, daß der Lichtkreis ringsum ziemlich gleichförmig vertheilt war, daß die Strahlen desselben nicht länger waren, als ein Drittel des Durchmessers der Sonne, daß nur einzelne Strahlen die Länge von zwei Dritteln des Durchmessers erreichten und daß die Lichtkrone blaßroth, beinahe weiß gewesen sei.

An Orten, welche dem Centrum nahe lagen, trat die Corona sehr schön hervor und wurden auch die Protuberanzen sichtbar. In Mattoon (Illinois) war die Corona $2^{1}/_{2}$ Min. sichtbar. Die Protuberanzen traten dort sehr deutlich hervor, die größte befand sich am unteren Rande der Scheibe. Am oberen Rande gewahrte man ihrer drei, welche beinahe ebenso groß, wie jene ersteren waren, und außerdem noch drei bis vier kleinere. Die Corona war nicht abgerundet, sondern sie zeigte an ihrer untern Hälfte fünf und an ihrer obern Hälfte zwei scharf hervortretende Zacken.

Aus Desmoines, Jowa, wird berichtet, daß die Zahl der dort gesehenen Protuberanzen sechs gewesen sei; die größte wird nach dem südwestlichen Rande der Scheibe verlegt und als halbkreisförmig beschrieben. Eine an der rechten Seite der Scheibe liegende Protuberanz soll zweizackig gewesen sein.

Aus Demoines wird ebenfalls berichtet, daß Prof. Harkneß, welcher mit dem Spectroscope beobachtete, im Spectrum jeder Protuberanz andere Linien gefunden. Das Spectrum in der Corona soll nur einen einzigen breiten Streifen gezeigt haben. Prof. Harkneß berichtet selbst: „Wir haben Spectra von fünf Hervorragungen erhalten, von denen keine zwei dieselben Linien geben. Wir konnten keine Absorbirung der Linien im Spectrum der Corona sehen, sie gab ein continuirliches Spectrum mit einer einzigen lichten Linie auf demselben.

Genaue spectroscopische Untersuchungen wurden vom Dampfer „Belle of Alton" aus, vier Meilen oberhalb Grafton, von Summers und Pollmann vorgenommen. Während der ganzen Zeit vor Eintritt der Totalität blieben die Fraunhofer'schen Linien sichtbar und nicht die geringste Veränderung war bemerkbar. Zu gleicher Zeit mit dem Eintreten der Totalität, welche um 5 Uhr 6 Min. 15 Sek. Nachm. erfolgte, verschwand das Sonnenspectrum plötzlich und 5 Linien von bestimmt ausgeprägter Farbe nahmen seine Stelle ein. Vier dieser Linien waren deutlich beleuchtet und trugen eine klare Prägung, so daß die Beziehung zu den Fraunhofer'schen Linien sich festsetzen ließ.

Dr. Peters, der in Desmoines spectroscopische Untersuchungen anstellte, berichtet, daß das Spectrum jeder der 5 Protuberanzen rothe, blaue und violette Linien hatte. Im Spectrum einzelner Protuberanzen entdeckte er die doppelte gelbe Linie, im Spectrum anderer nicht; ebenso hatte er die grünen Linien nur bei einigen Protuberanzen gefunden. Die Wasserstoff-Linien, welche während der Sonnenfinsterniß von 1868 von den in Indien beobachtenden Forschern Herschel und Rayet gefunden wurden, zeigten sich auch dieses Mal wieder ganz deutlich. Prof. Harkneß hat gleichfalls das Spectrum der einzelnen Protuberanzen untersucht und in jedem derselben die Wasserstoff-, Natrium- und Magnesium-Linie gefunden. Durch wiederholtes Aufnehmen des Spectrums will er außerdem die Entdeckung gemacht haben, daß der untere Theil einer Protuberanz mehr farbige Linien zeige als der obere, gleichsam die Spitze der Flamme vorstellende Theil, was der Entdeckung gleichkäme, daß sich in den unteren Schichten der glühend flüssigen Sonnenhülle eine größere Anzahl von Elementen befindet, als in den oberen. Winlock, der seine Beobachtungen in Shelbyville in Kentuky anstellte, hat sogar im Protuberanzen-Spectrum elf helle Linien gesehen.

Die oben mitgetheilten Ergebnisse der Beobachtung der Sonnenfinsterniß von 1869 liefern eine nicht zu unterschätzende Stütze für die Ansicht Secchi's über die Constitution der Sonne, resp. über die Lage der absorbirenden Schicht.

Die Bewegung der Himmelskörper.

Die Bewegung der Himmelskörper? wird mancher Leser mit begründetem Erstaunen fragen. In welcher Beziehung steht die Bewegung der Gestirne zu unserer Spectralanalyse? — Denn wer sollte erwartet haben, daß die Spectralanalyse in der Entfaltung ihres reichen und fruchtbaren Wirkungskreises auch einen Maßstab für jene Bewegungen abgiebt und zwar in dem Falle, wenn der Stern in gerader Linie sich von der Erde entfernt oder sich ihr nähert. In der Verschiebung der Spectrallinien finden wir, wie wir gleich hören werden, ein Kriterium über Richtung und Geschwindigkeit der Bewegung, sowohl der Gestirne wie der Gasströme auf der Sonne.

Erinnern wir uns an das früher Gesagte, daß das Licht entsteht durch Bewegung des Aethers und zwar durch eine Wellenbewegung. Die Lichtwellen bilden sich in ähnlicher Weise, wie die Wasserwellen, die durch den einfallenden Stein auf dem glatten Wasserspiegel hervorgerufen werden und die sich in concentrischen Kreisen nach allen Seiten hin verbreiten. Treffen sie auf ihrem Wege einen festen Körper, so wird ein aufmerksamer Beobachter ein regelmäßiges Anschlagen gegen denselben bemerken. Denkt man sich den Mittel= und Ausgangspunkt der Wellen von dem festen Körper sich entfernen, so müßten die Wellen, die während der Bewegung des Centrums den Körper treffen, sich verlangsamen, sie werden länger; im anderen Falle, wenn sich der Ausgangspunkt der Wellen dem festen Körper näherte, um so kürzer.

Ebenso verhält es sich mit den Lichtwellen. Je schneller ein leuchtender Körper von uns sich entfernt, um so länger die Welle, um so geringer die Anzahl der Wellen in einer Sekunde, die unsere Netzhaut treffen; umgekehrt im entgegengesetzten Falle. Wir haben also nur die Wellenlänge eines Lichtstrahles, der von einem Sterne ausgeht, zu bestimmen, um uns ein Urtheil zu bilden, ob derselbe nach der einen oder andern Richtung sich bewegt.

Die rothen Strahlen haben eine Wellenlänge von 760 Milliontel eines Millimeter (siehe Seite 121), während die Wellenlänge der violetten nur 393 Milliontel eines Millimeters beträgt. Das Auge empfängt nur dann den Eindruck einer Farbe, wenn die Anzahl der Aetherwellen in einer Sekunde wenigstens 440 Billion beträgt und zwar erscheint in diesem Falle ein dunkles Roth. Ist dagegen die Anzahl der Schwingungen über 800 Billion, so verschwindet der Farbeneindruck, während kurz vorher ein tiefes Violett zu erkennen war. Die Verschiedenheit der Farben ist eben bedingt von der Verschiedenheit der Geschwindigkeit der Aetherschwingungen. Die langsamsten Schwingungen geben Roth; bei Beschleunigung der Geschwindigkeit geht die Farbe über in Gelb, Grün, Blau und endlich in Violett.

Stellen wir das Spectrum des in einer Geisler'schen Röhre glühenden Wasserstoffs her, so bemerken wir die uns bekannten drei Linien (s. Taf. II. Fig. 9.), von denen die mittlere, die blaue, mit der Fraunhofer'schen F Linie (s. Taf. V. Sonnenspectrum von Angström) coincidirt. Denken wir uns nun, die Lichtquelle, in unserem Falle die Geis=

ler'sche Röhre, würde sehr schnell vom Beobachter in gerader Linie hin entfernt, so würden nicht so viele Wellen in einer Sekunde das Prisma und das Auge treffen, also eine Verminderung in der Anzahl der Aetherwellen und folglich eine Verschiebung der Linie nach dem Roth hin erfolgen. Die Wellenlänge der F Linie = der β Wasserstofflinie beträgt 486 Milliontel eines Millimeters, die der C Linie 656 Milliontel eines Millimeters; würde bei einer äußerst schnellen Entfernung der Geissler'schen Röhre die Wellenlänge der β Wasserstofflinie auf 656 Milliontel eines Millimeters anwachsen, so erschiene sie uns an der Stelle der rothen Linie (Tafel II. Fig. 9.), die mit der Fraunhofer'schen C zusammenfällt.

In Wirklichkeit sind derartige Verminderungen der Wellenlängen äußerst gering, betragen höchstens 0,2 bis 0,3 Milliontel eines Millimeters, so daß schon die Angabe dieser minimalen Zahlen genügt, uns zu überzeugen, mit welch' großen Schwierigkeiten man bei der Aufstellung solcher Beobachtungen zu kämpfen hat.

Leichter lassen sich die genannten Erscheinungen bei dem Ton nachweisen, der ja seine Entstehung einer analogen Ursache, den Schwingungen der atm. Luft, verdankt. Auch die Höhe und Tiefe der Töne hängt von der Anzahl der Luftschwingungen ab und zwar haben die hohen Töne mehr Schwingungen in einer Sekunde als die tiefen. Versuche, die man angestellt hat, indem man Hornsignale, welche von einer schnell sich bewegenden Lokomotive gegeben wurden, beobachtete, haben den Beweis geliefert, daß bei schneller Entfernung der Lokomotive der Ton tiefer, bei Annäherung derselben der Ton höher wurde.

Vorliegendes Princip zur Messung der Bewegung der Himmelskörper wurde zuerst von Secchi auf die Bestimmung der Richtung und Geschwindigkeit der Bewegung des Sirius angewandt, welche Untersuchungen später von anderen und besonders von Huggins, dem bessere und genauere Apparate als dem P. A. Secchi zu Gebote standen, mit großem Erfolge ausgeführt wurden. Das Spectrum des Sirius (Taf. IV. Figur 2.) enthält unter anderen eine dunkle, mit der Fraunhofer'schen und mit der blauen Wasserstofflinie = $H\beta$ coincidirende Linie. Vergleicht man ihre Lage mit der blauen Linie $H\beta$ des Spectrums des in einer Geisler'schen Röhre glühenden Wasserstoffs (s. Fig. 43. 1, folgende Seite), die mit der dunklen F Linie (Fig. 43. 3) des Sonnenspectrums genau zusammenfällt, so bemerkt man eine Verschiebung nach dem Roth hin und gleichzeitig eine Ausbreitung derselben (s. Figur 43. 2). Die Verschiebung der Linie nach dem Roth hin belehrt uns, daß der Sirius in Bewegung ist und zwar in einer von der Erde abgewandten Richtung. Huggins, der die Verschiebung genau beobachtet hat, bestimmte sie auf 0,109 Milliontel eines Millimeter. Berücksichtigt man, daß

Fig. 43.

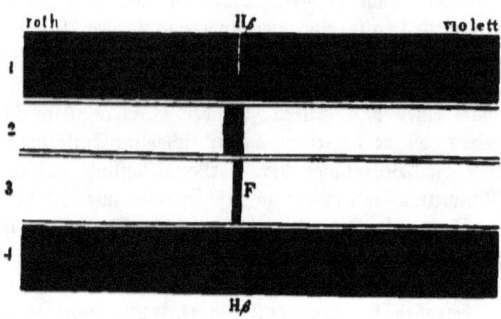

die Geschwindigkeit des Lichtes auf ungefähr 185000 engl. Meilen in der Secunde und die Wellenlänge des Lichtes an der Stelle F zu 486 Milliontel Millimeter bestimmt sind, so wird durch die obige Bestimmung der Ortsveränderung der Siriuslinie eine Bewegung des Sirius von der Erde hinweg angezeigt, welche mit einer Geschwindigkeit von

$$\frac{185000 \times 0{,}109}{486} = 41{,}5 \text{ engl. Meilen in der Secunde vor sich}$$

geht. Subtrahirt man von dieser die Geschwindigkeit, mit welcher sich die Erde zu jener Zeit auf ihrer Bahn in entgegengesetzter Richtung bewegte und die 12 engl. Meilen beträgt, so bleibt für die eigene Bewegung des Sirius noch eine Geschwindigkeit von 29,5 Meilen übrig.

Die Ausbreitung der Siriuslinie in dem Spectrum muß der Wirkung eines hohen Druckes zugeschrieben werden, unter welchem das Wasserstoffgas auf dem Sirius steht. Untersuchungen von Huggins, Lockyer und Frankland zeigten, daß das Spectrum des glühenden Wasserstoffs, der unter einem Druck gleich 1 Atm. stand, allerdings eine Erbreiterung (Figur 43. 4), aber keine Verschiebung der $H\beta$ Linie hervorruft.

Das eben entwickelte Princip zur Messung von Bewegungen lichtaussendender Körper läßt sich ebenfalls anwenden, um die Richtung und Geschwindigkeit der Gasströme auf der Sonne zu bestimmen. Bei diesen Untersuchungen bildet das ausgezeichnete Angström'sche Sonnenspectrum die Grundlage. Wollen wir z. B. die Bewegungen des Wasserstoffs auf der Sonne verfolgen, so müssen wir die bereits so oft genannte F Linie ins Auge fassen, da gerade diese Linie sich am empfindlichsten für derartige Bestimmung bewiesen hat. Angström hat ihre Lage und ihre Wellenlänge genau bestimmt. Wir finden sie auf Tafel V. und ersehen aus der vorliegenden Copie, daß man mit Hülfe dieser

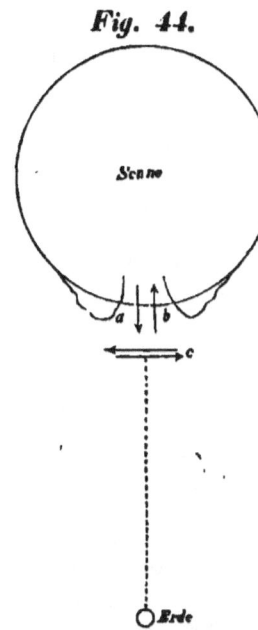

Fig. 44.

Tafel im Stande ist, eine Veränderung der Wellenlänge um $\frac{1}{10000000}$ Millimeter genau zu constatiren.

Hat die Bewegung des Gases die Richtung a, wie nach Secchi bei den Sonnenflecken die Ausströmungen stattfinden, so wird sich F nach rechts, nach dem violetten Ende des Spectrums hin bewegen, umgekehrt, wenn die Richtung b vorhanden. Die Bewegung in der Richtung c ist mittelst des Spectroscopes nicht zu erkennen, wohl aber die Bewegungen d u. e am Sonnenrande, die parallel der Tangente laufen.

Lockyer giebt folgende Abbildung der F Linie (siehe Fig. 45.), wie sie sich im Spectroscope zuweilen zeigt, wenn der Spalt auf einen Sonnenflecken am Mittelpunkte der Sonne gerichtet ist. Die Abschwächung des Spectrums durch den dunklen Längsstreifen rührt her von der Absorption und der dadurch erfolgten Schwächung des Lichtes, die in den Flecken eintreten. Erscheint die Linie F im Spectrum von ihrer normalen Lage nach dem Roth verschoben bis zu der mit 1 Fig. 45 (oder

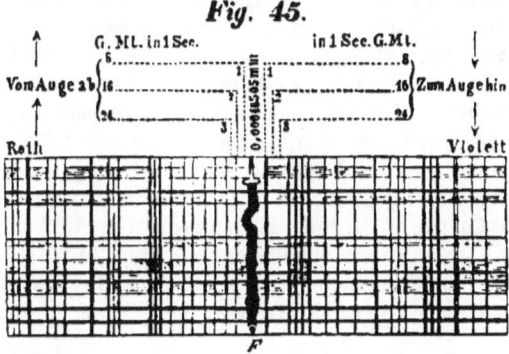

Fig. 45.

5,9 der Scala Taf. V.) bezeichneten Stelle, so wird auf der Sonne der Gasstrom die Richtung b haben, und wie aus der Rechnung sich ergiebt, eine Geschwindigkeit von 8 geographische Meilen in der Sekunde. Dehnt die Linie sich bis 2 Fig. 45. aus, so beträgt die Geschwindigkeit 16 geogr. Meil. in 1 Sek. und der Gasstrom bewegt sich vom Auge ab. Die übrigen Verhältnisse sind aus Fig. 45. ersichtlich.

Die Idee der Methode zur Bestimmung der Bewegungen der Gestirne wurde zuerst von Doppler im Jahre 1841 *) ausgesprochen. Ballot, Mach u. A. führten den experimentellen Nachweis, daß für den Schall die Veränderungen in Bezug auf Höhe und Tiefe der Theorie vollständig entsprechen. Hinsichtlich des Lichtes waren bis zum Jahre 1869 noch keine entscheidende Beobachtungen angestellt. Selbst Huggins betrachtet das Resultat seiner Beobachtungen am Sirius als ein noch mit großer Unsicherheit behaftetes, da die vorhandenen Instrumente für jene Zwecke noch zu unvollkommen waren.

Dem unermüdlichen Forschergeiste ist es jedoch gelungen, eine neue Construktion des Spectroscopes zu ersinnen, die für diese Beobachtungen sich vorzüglich eignen soll. Das Verdienst, ein solches Instrument in dem „Reversionsspectroscop" geliefert zu haben, gebührt Zöllner **), der durch andere Arbeiten, wir erinnern nur an die photometrischen Untersuchungen, auf diesem Gebiete rühmlichst bekannt ist.

Die Einrichtung des Reversionsspectroscopes ist im Wesentlichen folgende: Die durch einen Spalt oder eine Cylinderlinse erzeugte Lichtlinie befindet sich im Brennpunkte einer Linse, welche, wie bei allen Spectroscopen, die zu zerstreuenden Strahlen zunächst parallel macht. Alsdann passiren die Strahlen zwei Amici'sche Prismensysteme à vision directe, welche dergestalt nebeneinander befestigt sind, daß jedes die eine Hälfte der aus dem Collimatorobjectiv tretenden Strahlenmasse hindurchläßt, jedoch so, daß die brechenden Kanten auf entgegengesetzten Seiten liegen und hierdurch die gesammte Strahlenmasse in zwei Spectra von entgegengesetzter Richtung zerlegt wird. Das Objektiv des Beobachtungsfernröhres, welches die Strahlen wieder zu einem Bilde vereinigt, ist senkrecht zu den horizontal gelegenen brechenden Kanten der Prismen, wie beim Heliometer, zerschnitten und jede der beiden Hälften läßt sich sowohl parallel der Schnittlinie als auch senkrecht zu derselben mikrometrisch bewegen. Hierdurch ist man im Stande, sowohl die Linien des einen Spectrums successive mit denen des andern zur Coincidenz zu bringen, als auch die beiden Spectra, anstatt sie zu superponiren, unmittelbar nebeneinander zu lagern (so daß sich das eine wie ein Nonius neben dem anderen verschiebt), oder nur partiell zu superponi-

---

*) Doppler: Ueber das farbige Licht der Doppelsterne und einiger anderer Gestirne des Himmels. Abhandlungen der Böhm. Ges. d. W. Bd. II. 1841 bis 1842. S. 425 bis 482.
**) Berichte der Königl. Sächs. Gesellsch. d. W. Sitzung vom 6. Febr. 1869. Pogg. Ann. Bd. 138. 1869. S. 32. „Ueber ein neues Spectroscop nebst Beiträgen zur Spectralanalyse der Gestirne; von F. Zöllner.

ren. — Durch diese Construktion ist nicht allein das empfindliche Princip der doppelten Bilder zur Bestimmung irgend welcher Lagenveränderung der Spectrallinien verwerthet, sondern jede solche Veränderung ist auch verdoppelt, indem sich der Einfluß derselben bei beiden Spectren im entgegengesetzten Sinne äußert.

Zöllner hat das oben beschriebene Spectroscop zur Beobachtung und Bestimmung der wahren Gestalt der Protuberanzen angewandt und eine Reihe interessanter Resultate erlangt, indem er durch Vermehrung der Prismen eine starke Abschwächung des Atmosphärenlichtes erzielte.

Um die Gestalt einer Protuberanz zu beobachten, wird zunächst die Breite der Spaltöffnung so weit verringert, daß bei ruhendem Spalt die blaue Hβ Linie im Felde erscheint. Alsdann versetzt man den Spalt in Oscillation, wodurch sich die Linien in scharfe Bilder der Protuberanz verwandeln. Noch schöner und deutlicher erscheint die Gestalt der Protuberanz, wenn man den ruhenden Spalt so weit öffnet, daß man durch ihn hindurch die Protuberanz in ihrer ganzen Ausdehnung übersehen kann.

Taf. VI. zeigt die Gestalten und Veränderungen zweier Protuberanzen, die von Zöllner am 1. Juli u. am 4. Juli 1869 beobachtet wurden.*) In Fig. 1. Taf. VI. sehen wir über einer intensiv leuchtenden, kegelförmig vom Sonnenrande aufsteigenden Masse, ein wolkenartiges Gebilde von geringer Intensität sich ausbreiten. Bei Figur 2. Taf. VI. tritt der Cumulus-Typus recht deutlich hervor, andere Formen erinnern, wie Zöllner sagt, an Wolken- und Nebelmassen, welche sich dicht über Niederungen und Seen lagern, und, in ihren oberen Theilen durch Luftströme bewegt und zerrissen, von hohen Berggipfeln betrachtet, dem Beschauer jene bekannten, mannigfach wechselnden Formen darbieten.

Zöllner behauptet, daß in Betreff der Deutlichkeit, mit welcher sich die Gebilde vom Grunde abheben, die angewandte Methode nichts zu wünschen übrig läßt. Selbst bei ganz niedrigem Stande der Sonne von nur wenigen Graden Höhe, treten die Contouren und Einzelheiten der Protuberanzen mit einer Deutlichkeit hervor, die alle Beobachter lebhaft überrascht.

Spectra der Sternschnuppen, Meteorschwärme, Feuerkugeln, Blitze und des Nordlichtes.

Das Spectrum der Sternschnuppen ist ein continuirliches, in welchem das Violett fehlt. In einzelnen Fällen besteht es nur aus ho-

---

*) Zöllner. Beobachtungen von Protuberanzen der Sonne. Aus den Berichten der Königl. Sächs. Gesellsch. d. W. Sitzung vom 1. Juli 1869. Pogg. Ann. Bd. 137. S. 624.

mogenem gelbem Lichte mit einem Uebergang in ein schwaches Roth und Grün. Auch hat man nur Grün in dem Spectrum beobachtet. Es geht aus diesen Untersuchungen hervor, daß die Kerne aus glühenden, festen Körpern bestehen.

Secchi beobachtete im November 1868 eine große Zahl von Sternschnuppen, unter denen eine stark glänzte und eine Lichtspur von einer Dauer von 15 Minuten hinterließ. Das continuirliche Spectrum enthielt hauptsächlich Roth, Gelb, Grün und Blau.

Bei den Beobachtungen der Spectra der Meteore und ihrer Schweife bedient man sich des von Huggins angegebenen Hand-Spectrotelescopes *) Figur 46.

Fig. 46.

Das Instrument besteht wesentlich aus einem gerad-durchsichtigen Prisma (direct-vision prism), welches vor einem kleinen, achromatischen Fernrohre angebracht ist. Das achromatische Objektiv a hat 1,2 Zoll im Durchmesser und eine Brennweite von etwa 10 Zoll. Das Okular b besteht aus zwei plan-convexen Linsen. Da ein großes Gesichtsfeld sehr wichtig ist, besonders zum Gebrauch als Meteor-Spectroscop, so ist die Feldlinse (field lens) beinahe von gleichem Durchmesser gemacht wie das Objektiv. Die unvollkommene Schärfe am Rande des Gesichtsfeldes ist nicht von großer praktischer Bedeutung, da die Spectra bei der Beobachtung immer in die Mitte des Feldes gebracht werden können. Die Feld-Linse ist in einem verschiebbaren Rohre befestigt, was erlaubt, den Abstand zwischen den beiden Linsen des Oculars zu verändern. Auf diese Weise kann die Vergrößerungskraft der Instrumente innerhalb gewisser Gränzen nach Belieben verändert werden. Vor dem Ocular ist das gerad-durchsichtige Prisma c angebracht, welches aus einem Prisma von schwerem Flintglas und zwei Prismen von Crownglas besteht.

Mit diesem Meteor-Spectroscop beobachtete Huggins die Spectra eines drei engl. Meilen entfernten Feuerwerks und erkannte in demselben die hellen Linien von Natrium, Magnesium, Strontium, Kupfer und einiger anderen Metalle mit großer Deutlichkeit.

Eine wesentliche Verbesserung hat das Instrument von John Brow-

---

*) William Huggins: Beschreibung eines Hand-Spectrotelescops. Aus b. Proceed. of the Roy. Society. Nr. 98. 1868. Pogg. Ann. Bd. 136. S. 167.

ning erhalten, indem derselbe eine concave cylindrische Linse L Fig. 47. vor dem Prismensysteme P anfügte, welche mit ihrer Axe senkrecht zur

Fig. 47.

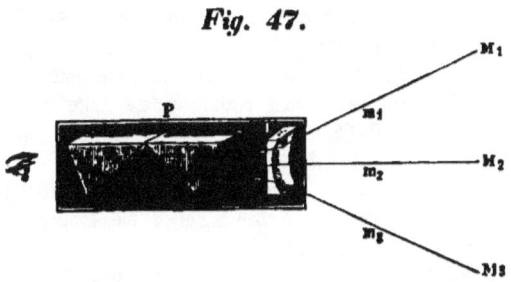

Richtung der Bewegung der Meteore zu stellen ist. Durch die Linse L wird die scheinbare Geschwindigkeit der in Bewegung befindlichen Meteore vermindert, da die Lichtstrahlen m_1, m_2, m_3 Fig. 47. die von dem Meteor in den verschiedenen Stellungen M_1, M_2, M_3 ausgehen, in der Richtung zum Auge gebrochen werden, wie die punktirten Linien andeuten.

Wir sehen, daß, wo nur ein leuchtender Körper in der Natur sich zeigt, sofort die Spectralanalyse seine Zerlegung vornimmt. Selbst der Blitz in seiner „blitzschnellen" Bewegung kann der prismatischen Untersuchung nicht entrinnen. Kundt *) hat mehr als 50 Blitze mit einem kleinen Hoffmann'schen Taschenspectroscop (à vision directe) ohne Fernrohr beobachtet und ist zu dem Resultate gelangt, daß die Spectra der Blitze in zwei Gruppen zerfallen, entweder sind es Spectra, gebildet von einzelnen hellen Linien, oder Spectra, bestehend aus einer größeren Zahl ziemlich gleichmäßig heller und regelmäßig liegender Banden. Erstere gehören den Blitzen in Zickzackform an, wie Arago**) die Blitze seiner ersten Klasse nennt, während das Bandenspectrum von Blitzen der zweiten Klasse, die ohne Funken sich über einen größeren Flächenraum erstrecken (von Rieß Flächenblitze genannt), hervorgerufen wird. Die Blitze der dritten Arago'schen Klasse, die Kugelblitze, die sich ziemlich langsam bewegen, zu beobachten, hatte Kundt keine Gelegenheit.

Ueber das Nordlicht liegen spectralanalytische Untersuchungen von Angström ***) vor, welcher im Winter 1867 und 1868 mehrmals Gelegenheit hatte, das Spectrum des leuchtenden Bogens, der das dunkle

---

*) Ueber die Spectren der Blitze von August Kundt. Pogg. Ann. Band 135. S. 315.
**) Arago's Werke. Deutsch von Hankel. Bd. IV. S. 25.
***) Recherches sur le spectre solaire par A. J. Angström, Professeur de physique à l'université d'Upsal. p. 41.

Segment umsäumt und bei schwachen Nordlichtern nie fehlt, zu beobachten. Durch seine Beobachtungen überzeugte er sich, daß die früher allgemein angenommene Ansicht, das Nordlicht sei nichts anderes als ein elektrischer Schein, wie er im elektrischen Ei in verdünnter Luft entsteht, nicht begründet sei. Das Licht des Bogens war fast monochromatisch und bestand aus einer einzigen hellen Linie, welche links von der bekannten Liniengruppe des Calciums lag. Die Wellenlänge dieser Linie bestimmte Angström $\lambda = 0{,}0005567$ Millimeter.

Außer der genannten Linie, deren Intensität relativ sehr groß ist, bemerkte Angström nach Erweiterung des Spaltes die Spuren von drei schwachen Bändern in der Nähe von F.

Die oben angegebene Linie, die mit keiner der bekannten Linien in den Spectren einfacher und zusammengesetzter Gase zusammenfällt, wurde von Angström im März 1867 in dem Spectrum des Zodiakallichtes, welches sich damals mit einer für die Breite von Upsala wahrhaft außerordentlichen Intensität entfaltete, aufgefunden.

Ueber das Spectrum des Nordlichtes liegen noch zu wenige Beobachtungen vor, um eine endgültige Erklärung über jenes auffallende Naturphänomen geben zu können. Wir müssen der Zukunft die Entscheidung über diese interessante Frage überlassen.

Bei Betrachtung der vorgelegten glanzvollen Aufschlüsse, die uns der wundervolle Bote, das Licht, von jenen fernen unzählbaren Welten bringt, drängt sich mit Recht eine stolze Bewunderung über die Errungenschaften des menschlichen Geistes auf. Wer hätte vor einem Decennium es für möglich gehalten, daß die Naturwissenschaften heute im Stande sein würden, einen Blick in das offen gelegte Innere der Sternenwelt zu gestatten? Und bei diesen großartigen Entdeckungen bieten sich dem erstaunten Auge wiederum neue und unerforschte Regionen dar, wie dem Wanderer, der mühsam die Bergesspitze errungen und von dort in weiter Ferne noch höhere und herrlichere Gefilde erblickt. Wie in dem Makrokosmos kein Anfang und kein Ende zu entdecken ist, ebenso im Mikrokosmos. Nie und nimmer wird es dem unermüdlich forschenden Geiste vergönnt, einen Abschluß, den Endgrund der ihn umgebenden Phänomene zu finden, stets tauchen neue und vollkommnere Werke des Universums vor seinem prüfenden Auge auf, sowohl im Reiche des unendlich Großen, wie im Reiche des unendlich Kleinen. Ueberall finden wir die schönste Harmonie, auch kein Stäubchen bewegt sich, ohne einem bestimmten Gesetze zu gehorchen. Jede wissenschaftliche Naturforschung muß diesen Satz anerkennen. Gleichzeitig gewahrt der Naturforscher ein Etwas, das über den Gesetzen steht, denen die Naturkörper folgen, und das die rohen Naturkräfte beherrscht, ein Etwas, das sich selbst bewußt ist, — den im Körper des Menschen eingehüllten Geist. Und welche Schlußfolgerung drängt sich ihm mit unabweisbarer Nothwendigkeit und eiserner Consequenz auf? Auch dieser Geist kann nicht das Einzigste seiner Art sein, kann nicht das Vollkommenste sein. Nein, es muß ein höheres, vollkommneres Wesen geben, einen Geist, dessen Weisheit und Allmacht wir jene herrlichen Werke verdanken, deren Erforschung wir mit unserm unvollkommneren Geiste erstreben.

γ) **Anwendung des Absorptionsspectrums zweiter Ordnung.**

1. Zu technisch-chemischen Untersuchungen.

Die Anwendung des Absorptionsspectrums zweiter Ordnung zu technisch-chemischen Untersuchungen beschränkt sich hauptsächlich auf diejenige der Farbstofflösungen. Die Arbeiten von Hoppe, von J. Haerlin*), von Valentin**), von F. Melde***), und Hr. Feußner haben bereits ein reiches Material zu dem vorliegenden Gegenstand geliefert, aus welchem wir nur das Wichtigste mittheilen wollen.

Haerlin wandte als Lichtquelle die Sonnenstrahlen an, die mittelst eines Heliostaten und eines Reflexionsspiegels durch einen Spalt im Fensterladen in ein dunkles Zimmer geworfen werden. Innerhalb desselben fängt man die Strahlen durch eine Sammellinse auf und läßt sie alsdann durch ein Schwefelkohlenstoffprisma gehen. Das Gefäß, welches zur Aufnahme der zu untersuchenden gefärbten Flüssigkeit bestimmt ist (das sogenannte Hämatinometer, dessen zwei parallele plane Glaswände 1 Centm. von einander entfernt sind), wird zwischen Prisma und Fernrohr aufgestellt. Die Beobachtung hat ergeben, daß sämmtliche Farbstoffe je nach der Brechbarkeit der Lichtstrahlen mehr oder weniger das Licht absorbiren. Die leicht auszuführende Ermittlung der relativen Absorptionsintensität, welche ein Farbstoff gegen die einzelnen Strahlen des Spectrums zeigt, giebt für diejenigen Farbstoffe, welche nahe bei einander liegende Theile des Spectrums sehr verschieden stark afficiren, ein treffliches Unterscheidungsmittel. Die Absorptionsintensität hängt ab von der Concentration der Lösung bei gleicher Dicke der Schicht; wobei auch der Einfluß der Atmosphäre zu berücksichtigen ist, die häufig eine Ab- oder Zunahme von Blau und Violett im Spectrum hervorruft. Haerlin hat durch graphische Darstellungen die Absorptionsfähigkeit der Farbstoffe sehr anschaulich ge-

---
*) Pogg. Ann. Bd. 118. S. 70: Ueber das Verhalten einiger Farbstoffe im Sonnenspectrum.
**) G. Valentin. Der Gebrauch des Spectroscopes. Leipzig. 1863.
***) Ueber Absorption des Lichtes durch Gemische von farbigen Flüssigkeiten von F. Melde. Pogg. Ann. Bd. 124. 1865. S. 91 und Bd. 126. S. 264.

macht. Auf einer Ordinatenaxe bringt er als Eintheilung die Fraunhoferschen Linien an und auf der Abscissenaxe als Abscissen die Zahlen, welche
die Concentrationsgrade angeben. Das schwarz gefärbte von den Curven
eingeschlossene Feld bedeutet die Absorption des Lichtes.

Die Anilinfarben stimmen darin überein, daß sie in ihren verdünn-
ten Lösungen einen Absorptionsstreifen zeigen, der bei weiterer Verdün-
nung constant auftritt, dessen Lage jedoch von dem Gehalt an Blau oder
Roth abhängt. So zeigt das Rosein einen Streifen zwischen den Linien
D u. E. Nach Haerlin kann man noch $\frac{1}{500000}$ in Lösung von diesem
Farbstoffe erkennen.

Im Allgemeinen faßt Haerlin die Resultate aus seinen Untersuchungen in folgenden drei Sätzen zusammen:
1) Farbstoffe, welche in ihrer Mischfarbe in gewissen Concentrationen
   im weißen Lichte nicht wohl zu unterscheiden sind, können total
   verschiedene Einwirkung auf einzelne Theile des Spectrums haben.
2) Nirgends zeigen sich so häufig kräftige Unterschiede in der Absorptionsintensität für benachbarte Spectraltheile, als im Gelb und
   Gelbgrün.
3) Besonders gute Erkennung giebt die Spectraluntersuchung für folgende Farbstoffe: Rothe, violette und blaue Anilinfarbstoffe, Blau-
   holz, Fernambuk, Persio, Lackmus, Cochenille, Murexyd, Lima-
   rothholz, Alizarin, Sandelholz, Indigo, Berlinerblau, Drachen-
   blut, Safran, Orlean, Picrinsäure und Curcuma (s. S. 85.).

Haerlin hatte bei seinen Untersuchungen nur die einfachen Farbstoffe
beobachtet. Einen Schritt weiter machte Melde, indem er die Frage be-
antwortete, welche Veränderungen der Absorptionsstreifen treten ein, wenn
man die Lösungen zweier Farbstoffe mengt, von denen jeder ein besonderes Spectrum besitzt. Er gelangte zu dem Schlusse, daß bei Mischun-
gen gefärbter Flüssigkeiten der Absorptionsstreifen, welchen ein Stoff liefert, nicht an derselben Stelle bleibt, sondern bald nach dem einen, bald
nach dem anderen Ende rückt, falls bei dem Gemenge ein zweiter Stoff
seinen Einfluß geltend macht, ohne daß er neue chemische Verbindungen
erzeugt. Ferner wurde von Fenßner die Frage, welchen Einfluß die
Temperatur der Flüssigkeit auf die ihr zukommenden Absorptionsstreifen
ausübe, dahin beantwortet, daß durch eine Verminderung derselben die
Streifen nicht nur verschoben werden können, sondern daß sogar eine
Vermehrung derselben hervorgerufen werden kann.

Valentin dehnte diese Untersuchungen aus auf die verschiedenen Oele,
Firnisse, Tinkturen, Glycerin, Benzin, arabisches Gummi, Metallverbindungen u. s. w., welche Stoffe mehr oder weniger scharfe und deutliche Spectralbänder lieferten. Derartige Absorptionsspectra stehen zwar

den direkten Spectren an Schärfe und Sicherheit bedeutend nach, werden aber in der Hand des Chemikers zu einem willkommenen Mittel bei technisch-chemischen Untersuchungen von Flüssigkeiten, bei denen uns häufig die übrigen Untersuchungsmethoden vollständig im Stiche lassen.

2. Zu gerichtlich-chemischen Untersuchungen.

Der Nachweis von Blutflecken ist wohl eine von den Aufgaben, welche am häufigsten dem Gerichts-Chemiker gestellt wird. Unstreitig ist die mikroscopische Erkennung das zuverlässigste Mittel, um die Gegenwart der Blutkörperchen resp. des Blutes anzuzeigen. Mit Sicherheit läßt sich aus der Form derselben ein Urtheil fällen, ob sie von Blut der Säugethiere, Vögel oder Amphibien herrühren; dagegen wird es in vielen Fällen unmöglich sein, die Frage zu beantworten, ob das Blut von dem Menschen oder einem Säugethier stammt. Namentlich läßt sich die Gegenwart von Blut auf eingerostetem Eisen, (Mordinstrumente u. f. w.) mit Hülfe des Mikroscopes nur mit großer Schwierigkeit oder gar nicht nachweisen. Zu solchen Fällen muß man seine Zuflucht zu den chemischen Hülfsmitteln nehmen, die in der Regel wegen der geringen Menge des zu untersuchenden Objektes nur wenig sichere Resultate geben. Es wird daher dem Gerichts-Chemiker das neue Erkennungsmittel von Blutflecken, welches die Spectralanalyse in dem Absorptionsspectrum des Blutes bietet, ohne Zweifel recht willkommen sein.

Das Absorptionsspectrum des Blutes wurde zuerst von Hoppe beschrieben; später von Valentin, der fast gleichzeitig mit dem genannten Forscher, ohne von seinen Untersuchungen Kenntniß zu besitzen, sich mit demselben Gegenstande beschäftigt hatte.

Letzterer theilt folgende Resultate seiner Beobachtungen mit:

1) Dickere Schichten von hellrothem oder dunkelrothem Blute erzeugen im Spectrum einen lebhaft leuchtenden Streifen, der bis zu der Fraunhofer'schen D Linie reicht.
2) Sehr dünne Schichten frischen oder dickere mit Wasser stark verdünnten Blutes zeigen zwei charakteristische dunkle Blutbänder im Grün. Das erste befindet sich eine kurze Strecke von D (in beistehender Fig. 48) nach dem violetten Spectralende hin entfernt.

Fig. 48.

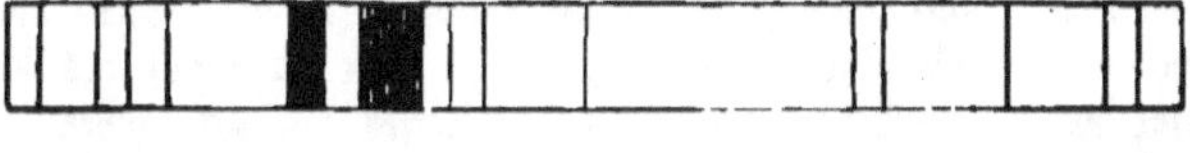

Das zweite erscheint in der zweiten Hälfte des zwischen D und E befindlichen Raumes. Man kann noch die letzte Spur dieser Bänder in gewöhnlichen Fällen wahrnehmen, wenn das Waſſer $\frac{1}{7000}$ Blut enthält und bei durchfallendem Lichte farblos, bei auffallendem eben ſo oder mit einem zweifelhaften Stich ins Gelbe erſcheint. Beſonders günſtige Nebenbedingungen, wie Waſſerverluſt des Blutes und tiefe Färbungen können dieſe Grenze bis auf $\frac{1}{182250}$ hinausrücken.

3) Die Blutbänder treten in dem hochrothen wie in dem dunkelrothen Blute auf.

4) Die Behandlung des Blutes mit gewöhnlicher Eſſigſäure oder die Darſtellung des Hämins durch Kochen mit Eiseſſigſäure erzeugt ein eigenes Häminſpectrum, nämlich ein ſchmaleres oder breiteres, ſchwarzes Band in dem rothen Anfangstheile des Spectrums.

Valentin unterſuchte ſpectralanalytiſch Blut, welches an einem Klotz ſaß, der als Unterlage ſecirter Leichen gedient, ſeit mehr als drei Jahren an einem feuchten Orte unbenutzt gelegen hatte, ferner Blut von einem ähnlichen Holzſtück, das noch im Gebrauch war, Blut von einem alten, verroſteten Haken, an dem früher Fleiſchſtücke in einem Laden aufgehängt wurden und Blutflecken, die ein bis vier Jahre alt waren und an einer Glasröhre, einer Spielkarte und verſchiedenen Kleidungsſtücken hafteten; in allen Fällen konnte er in dem Abſorptionsſpectrum die beiden Blutbänder erkennen.

Will man eingetrocknete Blutflecken oder dafür gehaltene rothe Maſſen unterſuchen, ſo kratzt man dieſelben ſorgfältig ab und zieht ſie mit möglichſt wenig Waſſer kalt oder höchſtens bei 40° C. aus. Die gelbliche Löſung zeigt unter günſtigen Verhältniſſen deutlich die ſpectralen Blutbänder. Häufig bedingt die Sparſamkeit des Materials, daß die Löſung ſehr verdünnt iſt. Man kann dieſen Mangel an Concentration theilweiſe ausgleichen, wenn man das Licht eine dickere Flüſſigkeitsſchicht durchlaufen läßt, indem man eine möglichſt niedere, aber dafür dickere Lage des das Blut enthaltenden Waſſers zur Unterſuchung wählt. Ein rundes Gefäß eignet ſich zu dieſem Zweck jedoch nicht; die Flüſſigkeit muß in einem mit parallelen, ebenen Glaswänden verſehenen Gefäße Fig. 16. S 86. eingeſchloſſen ſein, welches entweder zwiſchen dem Auge und der Durchſichtsöffnung des Spectroſcopes oder dem Spalte und dem Prisma eingeſchaltet wird.

Figur 1. Tafel II. giebt ein Bild der Abſorptionsbänder, die eine hinreichend verdünnte Löſung des Blutfarbſtoffes in dem Spectrum des Sonnen- oder Lampenlichtes hervorruft. In dem Kreislauf des Blutes geht eine weſentliche Veränderung des Farbſtoffes vor ſich, indem er bei dem Uebergange des Blutes aus den Arterien in die Venen durch die engen Capillargefäße Sauerſtoff verliert. In dieſem Zuſtande nimmt der ſonſt ſcharlachrothe Farbſtoff eine viel dunklere, grünlichrothe Farbe an und äußert alsdann nur eine geringere absorbirende Wirkung auf das blaue Licht, dagegen eine stärkere auf das orangerothe, als das arterielle Blut. Es tritt somit statt zwei Absorptionsstreifen im weißen Licht, nur ein weniger scharf begrenztes Band zwischen den beiden ersteren etwas näher an D auf, wie Fig. 2. Taf. II. andeutet. Dieselbe Veränderung des Spectrums tritt ein, wenn man dem Blutfarbstoffe den lose gebundenen Sauerstoff durch reducirende Agentien ganz wegnimmt. Zu letzterem Zwecke eignet sich ganz besonders das Schwefelammonium, welches dem Blutfarbstoffe, dem Hämoglobin den Sauerstoff schnell entzieht *), ohne denselben zu zersetzen; denn schüttelt man eine mit Schwefelammonium versetzte Blutlösung mit atm. Luft, so nimmt sie wieder Sauerstoff auf und zeigt die beiden Absorptionsstreifen des sauerstoffhaltigen Hämoglobins.

Ein ganz anderes Verhalten der Blutlösung beobachtet man, wenn dieselbe Kohlenoxydgas enthält. **) Das mit diesem Gase gesättigte Blut liefert genau dieselben Absorptionsbänder wie das sauerstoffhaltige; dagegen bleiben die beiden Streifen bei Zusatz von Schwefelammonium unverändert, so daß man an dieser Unveränderlichkeit des Absorptionsspectrums des kohlenoxydhaltigen Blutes bei Zusatz von Schwefelammonium die Gegenwart des Kohlenoxydgases sicher erkennen kann. Selbst wenn das Blut einige Tage gestanden hat, läßt sich die genannte Erscheinung noch mit Bestimmtheit nachweisen, welches bei gerichtlich-chemischen Untersuchungen nicht zu unterschätzen ist.

Für die Entdeckung der Metallgifte wird das Spectroscop sehr wesentliche Dienste leisten, da, wie früher schon bemerkt, auch die kleinsten Mengen demselben nicht entgehen können. Bei der Aufsuchung der schweren Metalle wird man sich des elektrischen Funkens bedienen, was die Untersuchung wohl etwas erschwert. Auch die giftigen Alkaloïde liefern solche Spectra, wenn auch nicht so charakteristische, wie die Metalle, so daß die spectralanalytische Untersuchung auf die richtige Spur in Vergiftungsfällen leiten kann. Die Beschreibungen der Spectra der reinen Alkaloïdlösungen, sowie der mit Schwefelsäure oder mit anderen Agentien versetzten Lösungen liegen schon vor.

δ) Zu verschiedenen Zwecken.

Ferner hat man das Spectroscop zum Nachweise der Ergänzungs- und Mischfarben, zu Beobachtungen über die Fluorescenz, über die Dauer des Netzhauteindruckes und über subjective Gesichtserscheinungen angewandt. Auch für den Augenarzt vermag das Spectroscop in mehrfacher Hinsicht

---

*) Hoppe-Seyler: Ueber die optischen und chemischen Eigenschaften des Blutfarbstoffes. Fresenius: Zeitschrift für analytische Chemie. III. Jahrg. 1864. S. 432.
**) Hoppe-Seyler: Erkennung der Vergiftung mit Kohlenoxyd. Fresenius: Zeitsch. für anal. Chemie. III. Jahr. 1864. S. 439.

nützlich zu werden. Derselbe hat in ihm ein Mittel, die Schärfe der Auffassung des Auges zu prüfen, indem nur ein gesundes Auge alle von der Weite des Spaltes, d. h. von der Lichtstärke und der Reinheit des Spectrums abhängigen Erscheinungen genau erkennt. Ebenso eignet sich das Spectroscop, um mit Sicherheit die Farbenblindheit nachzuweisen, besonders in dem Falle, in welchem sie nur in geringerem Grade auftritt. Die Untersuchung der Brillengläser, speciell der blauen, mit Hülfe des Spectroscopes wird von Interesse sein. Man ist im Stande, mittelst der Spectralanalyse sich Aufschluß darüber zu geben, welche Farbentöne von den farbigen Gläsern verlöscht werden und welche hindurchgehen, und in welcher Intensität das Licht durchgelassen wird.

Prismatische Zerlegung der Fluorescenzfarben.*) Wir haben früher S. 76 schon angegeben, daß Strahlen, die vermöge ihrer Brechbarkeit über das violette Ende (Fig. 1. Tafel I.) hinausfallen, nicht sichtbar sind, jedoch durch Körper, welche ihre Brechbarkeit vermindern, dem Auge bemerkbar gemacht werden können. Fängt man das durch ein Flintglasprisma erzeugte Prisma auf weißem Papier auf, so erkennt man die oben genannten Strahlen nicht; dieselben werden aber sofort sichtbar, wenn das Papier mit einer Lösung von schwefelsaurem Chinin überzogen wird, wodurch das Spectrum um ein Drittheil seiner Länge nach der violetten Seite hin verlängert wird (s. Fig. 49. A N.) Diese Erscheinung nennt man Fluorescenz. Außer dem

Fig. 49.

---

*) Pogg. Ann. Ergänzungsband IV. Müller-Pouillet's Lehrbuch der Physik. I. Bd 1868. S. 645.

schwefelsauren Chinin giebt es noch andere fluorescirende Körper, die also eine andere Farbe, zeigen, als das auf sie fallende Licht besitzt. Läßt man durch eine Sammellinse von 1 bis 2 Zoll Brennweite einen Strahlenkegel in eine fluorescirende Substanz einfallen, so wird man den im Innern befindlichen Theil des Kegels anders gefärbt erblicken, als den äußern. So z. B. erscheint derselbe in einem alkoholischen Extrakt von grünen Blättern (Chlorophyll) roth, in Curcumatinktur und in Uranglas grün, in Chininlösung hellblau und im Flußspath blau.

Die Spectralanalyse erlaubt, sofort zu entscheiden, ob ein Körper fluorescirend ist, oder nicht. A N Fig. 49. giebt das von F bis N grüne Spectrum, welches auf Papier, das mit Curcumatinktur getränkt ist, aufgefangen wird und zwar mit den wichtigsten Fraunhofer'schen Linien. Wird das Spectrum durch ein zweites, horizontal gehaltenes Prisma untersucht, so erhält man zwei Spectra, nämlich das normale Spectrum R S und das eigenthümliche T U, in welchem die Farben in horizontaler Richtung übereinander liegen. Das Spectrum R S ist meist sehr schwach, dagegen fehlt das Spectrum T U nie, woraus hervorgeht, daß die prismatischen Strahlen in fluorescirenden Substanzen nur solches Licht erzeugen, welches eine geringere Brechbarkeit hat. An dem Erscheinen des zweiten abgelenkten Spectrums T U hat man also ein sicheres Kriterium, ob ein Körper fluorescirend ist oder nicht; denn,

Fig. 50.

wenn man ein horizontales, etwa auf einem Papierschirm aufgefangenes Sonnenspectrum A V, Fig. 50, durch ein Prisma betrachtet, dessen brechende Kante gleichfalls horizontal steht, so erscheint nur das schrägstehende Spectrum R S, Fig 50, welches bei R sein rothes, bei S sein violettes Ende hat, und in welchem die Farben genau in derselben Ordnung auf einanderfolgen, wie in dem ursprünglichen Spectrum A V.

Prismatische Zerlegung der Polarisationsfarben. Auf eine erschöpfende Erklärung der Farben dünner Gypsblättchen können wir an dieser Stelle nicht eingehen, bemerken nur, daß dieselben von der Interferenz polarisirter Strahlen herrühren. Den experimentellen Beweis hat Müller geliefert, indem er nach der Seite 4 angegebenen Weise auf einem Papierschirm ein Spectrum erzeugte und ein zwischen zwei Nicol'schen Prismen be=

findliches Gypsblättchen dicht bei dem Spalt, durch welchen das Licht in das dunkle Zimmer eindrang, anbrachte. *)

„Sind die beiden Nicol'schen Prismen gekreuzt und ist ein Gypsblättchen eingelegt, welches violett (dunkelpurpur) der zweiten Ordnung zeigt, so ist das Licht, welches auf das Prisma fällt, das Dunkelpurpur der zweiten Ordnung, und es erscheint ein dunkler Streifen im Gelb des Spectrums; ist das Gypsblättchen grün der dritten Ordnung, so erscheint ein dunkler Streifen im Indigo und einer im Roth, für Grün vierter Ordnung ein dunkler Streifen im Blau, und ein zweiter in Orange, wie Fig. 10 auf Tafel III. zeigt.

Je dicker die Gypsblättchen sind, um so mehr dunkle Streifen erscheinen im Spectrum, zugleich aber wird die Farbe der Blättchen immer unscheinbarer; ein Blättchen, welches drei dunkle Streifen zeigt, ist schon fast ganz weiß. Wenn die Gypsblättchen dick genug sind, so ist die Zahl der Streifen sehr groß, und die Streifen selbst sind alsdann sehr fein.

Die beiden Spectra Fig. 11 und 12 auf Tafel III. sind solche, auf die erwähnte Weise durch etwas dickere Gypsblättchen erzeugte. In dem einen treten 5, im anderen treten 11 dunkle Streifen auf. Statt der dickeren Gypsblättchen wendet man auch Quarzplatten an, die parallel mit der Axe geschnitten sind."

Die Physiologie hat sich ebenfalls mit Erfolg der Spectralanalyse bedient zur Untersuchung der verschiedensten Theile des menschlichen Körpers, sowie des Thierkörpers. Nicht blos zu optischen Beobachtungen, sondern auch zu Untersuchungen über Gewebe, über die Aufsaugung, die Lymphbewegung, den Blutlauf, die Absonderungen und die Ernährung leistet das Spectroscop eine wirksame Unterstützung.

Bence Jones **) versuchte die Anwendung der Spectralanalyse, um den Uebergang einzelner Körper vom Blute aus in die Gewebe des Körpers zu verfolgen, und erhielt namentlich bei dem jetzt häufig in der Medicin angewandten Lithion bemerkenswerthe Resultate. Chlorlithium wurde an Meerschweinchen, deren einzelne Körpertheile keine Spur dieses Metalls erkennen ließen, in einer Gabe von $1/2$ Gran pro Tag verfüttert. Nach drei Tagen konnte das Lithion in jedem Theile des Körpers aufgefunden werden, selbst in den gefäßlosen Geweben, nie in den Knorpeln, der Hornhaut, der Krystalllinse. Von zwei Meerschweinchen, von derselben Größe und demselben Alter, erhielt das eine 3 Gran Chlorlithium und wurde 8 Stunden darauf getödtet. Das andere Thier

---

*) Müller. — Pouillet's Lehrbuch der Physik. Bd. I. 1868. S. 854.
**) Aus „The Chemist and Druggist" durch die Zeitschrift des österreichischen Apotheker-Vereins. Bd. 4. pag. 261. Fresenius. Zeitschrift für anal. Chemie. 5. Jahrgang. Seite 468.

erhielt kein Lithion. Ein äußerst kleines Stückchen der Linse, der zwanzigste Theil eines Stecknadelkopfes, vom ersten Thierchen ließ im Spectrum das Lithion mit aller Schärfe entdecken, und bewies dessen Anwesenheit sogar im Innern der Krystalllinse, während die ganze Linse des anderen Thieres auch nicht eine Spur dieses Metalls entdecken ließ. Eine Herzkranke nahm 15 Gran citronensaures Lithion 36 Stunden und ebensoviel noch einmal 6 Stunden vor ihrem Tode. Das Blut gab eine schwache Lithionreaction, ein Gelenkknorpel dagegen eine sehr deutliche. Ein anderer Kranker nahm 10 Gran kohlensaures Lithion $5\frac{1}{2}$ Stunde vor dem Tode. Die halbe Linse zeigte nur schwache, ein Gelenkknorpel dagegen sehr deutliche Lithionreaction.

Aehnliche Versuche stellte Lamy (Compt. rend. T. 57. p. 442) an. Verschiedene Thiere, Hunde, Enten und Hühner, wurden mit kleinen Mengen von schwefelsaurem Thallium vergiftet und in den meisten Fällen genügten linsengroße Stücke von der Darmwand, den Muskeln, der Leber und den Knochen, um das Thallium im Spectralapparate sogleich an seiner glänzendgrünen Linie zu erkennen.

Ueber die Anwendung der Spectralanalyse zur Diagnose der Gelbsucht. „H. Judakowski*) stellte sich zur Prüfung der Spectra von verschiedenen Gallenfarbstoffen, zunächst Biliverdin dar, indem er reines, krystallisirtes Bilirubin mit etwas Salzsäure unter Aether versetzte, und diesen so wie die Säure nach geschehener Ergrünung erneuerte. Die Umwandlung des Bilirubins überschritt niemals die Biliverdinbildung, und das so dargestellte Biliverdin löste sich in Alkalien mit rein grüner Farbe auf. In neutraler alkoholischer Lösung zeigte es die bekannte grasgrüne Farbe, die durch Spuren einer Säure in ein schönes Smaragdgrün übergeht. Dieses letzte Verhalten hat auch eine stärkere Absorption des weniger brechbaren Theils des Sonnenspectrums zur Folge. — Bei allen folgenden Angaben über die spectralanalytischen Ergebnisse gilt eine Einstellung der Scala, bei der die Natriumlinie = 50, E = 71, b = 76 und F = 91 ist (s. T. I.).

Wenn man alkoholische Biliverdinlösung von einer solchen Concentration, daß das Spectrum von etwa 35 bis 90 hell bleibt, mit Salzsäure ansäuert, und mit einer geringen Menge von Braunstein versetzt, so reicht schon eine Spur von Chlor, das sich dabei entwickelt, hin, um das Biliverdin in den bekannten schön blauen und bald darauf violetten Körper überzuführen, dessen characteristische Absorptionsstreifen $\alpha + \beta$ und γ (42 bis 60 und 80 bis 92) früher schon Taffé beschrieben hat. In diesem Stadium läßt sich, durch Abfiltriren des Manganhy-

---

*) Centralblatt f. d. medic. Wissenschaft. 1869. p. 129. — Zeitschrift für anal. Ch. Jahrg. VIII. S. 516. Bericht von C. Neubauer.

peroxyds, die weitere Einwirkung unterbrechen. Sehr geringe Mengen dieses rothen Oxydationsproduktes lassen sich noch in äußerst verdünnter Lösung durch den Streifen γ erkennen. Dieser Körper ist in Chloroform löslich; neutralisirt man seine saure Lösung mit Ammon, und setzt letzteres selbst bis zur alkalischen Reaction zu, so verschwindet nur der Streifen γ, erscheint aber beim Ansäuern wieder. Wendet man Natronlauge anstatt Ammon an, so erscheint für γ ein schmaler Streif in b; säuert man wieder an, so kehren die ursprünglichen Eigenschaften zurück. — Dieses Produkt des Biliverdins geht nur schwer eine Verbindung mit Kalk ein. — Behandelt man eine alkoholische Lösung des nach Städler's Methode dargestellten Biliprasins von derselben Concentration in derselben Weise wie oben angegeben, so bemerkt man, daß dieser Farbstoff der genannten Einwirkung mehr Widerstand leistet. In keinem Stadium läßt sich die Bildung des blauen Oxydationsproduktes gewahren, sondern die Lösung wird braunröthlich und endlich schmutzig roth. Erwärmt man, so gehen die Veränderungen schneller in einander über. Mit dem Erröthen der Lösung erscheint ein mit dem eben genannten Streif γ der Lage nach identischer Absorptionsstreif. Die Intensität der Färbung der Lösung entspricht aber nicht ihrer Absorptionskraft, der Streif ist verhältnißmäßig schwach und verschwindet beim Verdünnen der Lösung schneller als es bei dem entsprechenden Oxydationsprodukt des Biliverdins der Fall ist. Mit Kalk geht dieses Produkt des Biliprasins schon leichter als das entsprechende des Biliverdins eine Verbindung ein. — Ammon und Natronlauge bringen mit der Färbung auch sein Absorptionsvermögen zum Schwinden, es erscheint kein neuer Streifen, Ansäuern aber stellt beides wieder her. In Chloroform ist der Körper kaum löslich. Nach diesem verschiedenen optischen Verhalten hält der Verf. die von Maly über die Existenz des Biliprasins gehegten Zweifel für unbegründet. — Der Verf. untersuchte auch in angegebener Weise den Farbstoff, welcher aus dem Bilirubin beim Lösen in conc. Schwefelsäure entsteht. Städeler und nachher Maly sahen ihn sich bald mit violetter, bald mit grünbrauner, bei durchfallendem Lichte aber mit granatrother Farbe in Alkohol lösen. Die Länge der Einwirkung der Säure mag hier vielleicht von Einfluß sein. Wird die bläulich-grüne, mit Salzsäure angesäuerte alkoholische Lösung dieses Farbstoffs in der oben angegebenen Concentration mit Braunstein behandelt, so verhält sie sich dabei ähnlich dem Biliprasin, schon mit dem Uebergang in die braunröthliche Färbung erscheint das Absorptionsband γ, zugleich aber wird auch das ganze Spectrum heller. — Das Absorptionsvermögen dieses rothen Oxydationsproduktes für den genannten Theil des Spectrums scheint aber stärker zu sein, als bei dem vom Biliprasin stammenden Körper; die Farbe seiner Lösung kann gelb werden, das Absorptionsband aber ist immer noch deutlich sichtbar."

Jargonium, ein neues Element. „Schon vor drei Jahren machte A. H. Church *) auf die Eigenschaft gewisser Zirkone aufmerksam, ein Spectrum zu geben, welches sieben dunkle Absorptionsstreifen zeigt, verschieden von allen, welche anderen Substanzen angehören, und knüpfte daran die Muthmaßung, daß diese Eigenschaft einem besondern, in diesen Zirkonen vorhandenen Elemente, vielleicht dem Norium Svanberg's, zuzuschreiben sei. Am 6. März d. J. machte auch H. C. Sorby **), unbekannt mit den früheren Beobachtungen von Church, der Royal Society zu London die Mittheilung, daß eine neue eigenthümliche Erde die Zirkonerde in den Zirkonen von gewissen Fundorten begleite, und den Hauptbestandtheil der Jargone von Ceylon ausmache. Charakterisirt sei diese Erde, Jargonerde, durch folgende Eigenschaft. Das Silicat sei farblos, gebe aber ein Spectrum, welches 14 Absorptionsstreifen zeige, von denen 13 schmale und vollkommen schwarze Linien seien und in dieser Hinsicht selbst die Streifen der Didymsalze überträfen. Seitdem hat Sorby ***) sowohl wie auch D. Forbes ****) mehrfache Versuche über diesen Gegenstand angestellt, deren Resultate im Nachstehenden mitgetheilt werden sollen.

Wird das natürliche Silicat mit Borax geschmolzen, so giebt es eine in der Hitze und Kälte klare farblose Perle, die keine Spur von Absorptionsstreifen im Spectrum zeigt; aber wenn die Boraxperle bei hoher Temperatur gesättigt wird, so daß sie in der Kälte mit Kristallen von borsaurer Jargonerde angefüllt ist, so treten im Spectrum charakteristische Absorptionsstreifen hervor. Je nach der Temperatur, welche dabei zur Anwendung kommt, erhält man zwei ganz verschiedene Spectra; wird die Temperatur nur bis eben unter dunkle Rothgluth gesteigert, so zeigen sich sechs Absorptionsstreifen, einer, der bestimmteste und characteristischeste, im Grün, einer im Roth, einer im Blau, und drei schwächere, von denen der eine im Orange und die beiden anderen im Grün liegen. Steigert man dagegen die Temperatur zur hellen Rothgluth, so verschwinden alle diese Streifen und es erscheinen vier neue, deren keiner an der Stelle eines früheren sich befindet. Drei derselben beobachtet man im Roth und Orange und einen im Grün.

---

*) Intellectual observer. Mai 1866. Zeitschrift für anal. Chemie. Jahrg. VIII. S. 467. Bericht von W. Casselmann.
**) Chem. News. Bd. 19. p. 121. Auf einem Meeting of the New-York Liceum of natur. hist. hat Löw ebenfalls die Entdeckung des Jargoniums angezeigt, bevor die erwähnte Nummer der Chem. News in Amerika eingetroffen war. (Chem. News Bd. 20. p. 9. 1869.)
***) Chem. News. Bd. 19. p. 205. Bd. 20. pp. 7. 104.
****) Chem. News. Bd. 19. p. 277.

Sorby erklärt diese Unterschiede durch die Annahme, daß die Jargonerde in verschiedenen Modificationen existiren könne, eine Annahme, für welche er auch darin eine Stütze findet, daß die natürlichen Silicate ebenfalls sehr auffallende Unterschiede in ihrem optischen Verhalten zeigen. Während manche derselben nämlich das oben erwähnte Absorptionsspectrum ohne Weiteres liefern, zeigen andere, selbst bei einem Gehalt von 10 pCt. Jargonerde kaum Spuren von dunkeln Linien, das volle Absorptionsspectrum mit 13 schwarzen Linien und einem breiteren Band tritt aber sehr bestimmt hervor, wenn dieselben einige Zeit einer hellen Rothgluth ausgesetzt werden. Dabei wird auch die Härte etwas größer und das specifische Gewicht erhebt sich von 4,2 auf 4,6. — Ein drittes Spectrum beobachtete der Verfasser an einem Zirkon von Ceylon, der in seiner einen Parthie so tief rothbraun gefärbt war, daß sich überhaupt nicht bestimmen ließ, was für ein Spectrum dadurch erzeugt werden konnte. Beim Erhitzen auf Rothgluth wurde das Ganze blaß-hellgrün, so daß sich ohne Mithülfe des Spectroskops kein Unterschied zwischen den einzelnen Theilen wahrnehmen ließ, allein es zeigte nun die schon von Anfang an blaß gewesene Parthie des Krystalls im Spectrum, welches mit dem von anderen erhitzten Jargonen übereinstimmte, während die vor dem Erhitzen dunkel gefärbte Parthie ein solches lieferte, welches mit dem von in mittlerer Temperatur geblasenen Boraxperlen vollkommen identisch war.

Bemerkenswerth ist noch, daß wenn einer Jargonboraxperle mit 4 Absorptionsstreifen Phosphorsalz zugesetzt wird, so daß phosphorsaure Jargonerde entstehen kann, ein Spectrum erhalten zu werden scheint, welches sowohl von denen der Boraxperlen, wie von denen der Silicate abweicht.

Daß die Jargonerde mit Svanberg's Norerde übereinstimme, hält der Verf. deshalb für sehr unwahrscheinlich, weil gerade die Zirkone von Frederikswarm in Norwegen, die nach Svanberg so reich an Norerde sind, nur sehr geringe Spuren von Absorptionsstreifen zeigen."

Prismatische Untersuchung gefärbter Flammen[*)] nach Bunsen und Merz. Diese Form der Spectralanalyse wurde zuerst von Cartmell[**)] in die Wissenschaft eingeführt, von Bunsen[***)] und von Merz[****)] weiter ausgebildet. Schon Seite 83 haben wir mitgetheilt, daß gewisse gefärbte Medien, wie farbige Gläser oder Flüssigkeiten die Färbung der Flamme verändern, manche Farbentöne vollständig auslöschen. Die Gasflamme wird durch ein Gemenge von einem

---

[*)] Anleitung zur qualitativen chemischen Analyse von Fresenius. 1866. S. 31.
[**)] Philosophical Magazin. XVI. 328.
[***)] Ann. d. Chem. u. Pharm. 111. 257.
[****)] Journ. f. prakt. Chemie. 80. 487.

ali- oder Natronsalze nur gelb gefärbt, indem die durch das Natrium
hervorgerufene gelbe Färbung die schwächere, violette Kaliumfärbung
überwiegt. Wird aber durch ein gefärbtes Medium die gelbe Färbung
ausgelöscht, so bemerkt man die violette Farbe, welche durch das Ka-

Fig. 51.

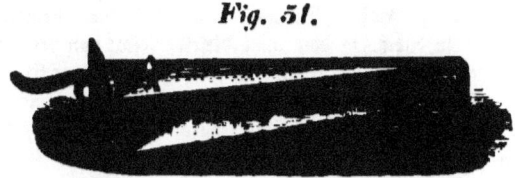

lium hervorgerufen wird. Zu derartigen Beobachtungen bedient man
sich eines Hohlprisma's, Fig. 51., dessen Seitenflächen 150^{mm} und die
mit der Handhabe versehene 35^{mm} lang sind. Man füllt das Prisma
mit einer Indigolösung, die man erhält, indem man 1 Theil Indigo in
8 Theilen rauchender Schwefelsäure auflöst, mit ungefähr 1500 Theile
Wasser verdünnt und dann filtrirt. Dadurch, daß man das Prisma
in horizontaler Richtung vor dem Auge hin bewegt, kann man beliebig
die absorbirende Indigoschicht verstärken. Auch blaue, violette, rothe und
grüne Gläser, wie sie oben Seite 83 beschrieben sind, eignen sich zu
diesem Zwecke.

Die einzelnen Verbindungen zeigen nach Fresenius folgende Flam=
menreactionen:

1) Kali. Im Indigoprisma erscheint die Kaliflamme himmelblau,
violett und endlich selbst noch durch die dicksten Schichten der Lösung
intensiv karmoisinroth. Bringt man gleichzeitig Kalk=, Natron= und Li=
thionverbindungen in die Flamme, so tritt keine Veränderung ein, weil
die gelben Strahlen die Indigolösung gar nicht, und die Strahlen der
Lithionflamme die dicken Schichten der Indigolösung, von einer auf dem
Prisma zu markirenden Stelle an, nicht zu durchdringen vermögen; or=
ganische Substanzen dagegen müssen durch vorhergehendes Verbrennen
sorgfältig entfernt werden. Auch das blaue Glas leistet in entsprechen=
der Dicke recht gute Dienste.

2) Natron. Die stark gefärbte Natronflamme ist schon sofort zu er=
kennen, selbst bei Anwesenheit von Kalisalzen tritt die gelbe Farbe recht
kräftig auf. Ein Krystall von doppelt chromsaurem Kali von dieser
Flamme beleuchtet, erscheint farblos und ein mit rothem Quecksilber=
jodid überzogenes Stückchen Papier fast weiß (Bunsen). Grünes Glas
ruft eine orangegelbe Färbung hervor (Merz). Die Gegenwart von
Kali=, Lithion= und Kalksalze beeinträchtigt die Reaction nicht.

3) Lithion. Bei Gegenwart von Natron tritt die rothe Farbe der

Lithionflamme nicht zum Vorschein. Blaues Glas oder dünnere Schichten von Indigolösung absorbiren das Natrongelb.

4) Baryt. Die gelbgrüne Barytflamme erscheint durch grünes Glas blaugrün.

5) Strontium. Das Strontium, besonders Chlorstrontium, färbt die Flamme intensiv roth. Blaues Glas läßt die Strontiumflamme purpurroth bis rosa durch, so daß man dieselbe sofort von der Kalkflamme unterscheiden kann, die in blauem Glas sich mit schwach grüngrauer Farbe zeigt. Bei Gegenwart von Baryt tritt die Strontiumreaction nur beim ersten Einbringen der mit Salzsäure befeuchteten Probe in die Flamme ein.

6) Kalk. Grünes Glas giebt eine zeisiggrüne Färbung, der sonst gelbrothen Kalkflamme, während die Strontiumflamme unter denselben Verhältnissen schwach gelb erscheint.

7) Magnesia giebt keine Flammenfärbung.

Ueber die Anwendung des Spectralapparates zur optischen Untersuchung der Krystalle hat L. Ditscheiner der Wiener Academie in der Sitzung vom 12. Juni 1868 eine Abhandlung vorgelegt *).

Als vergleichbare Spectralscala schlägt A. Weinhold**) die Interferenzabsorptionsstreifen im Spectrum des von einem dünnen Glimmerblatt reflectirten Lichtes vor, welche den Vortheil gewährt, daß ihre Angaben streng vergleichbar sind, und an der zugleich die beobachteten Abstände verschiedener Farben fast genau den Differenzen der Schwingungszahlen derselben proportional sind, so daß sich diese Scala sehr gut an die von Listing vorgeschlagene Farbenscala anschließt.

Listing***) war bei seinen Bestimmungen der Uebergänge der Farben des Spectrums zu dem unerwarteten Resultate gelangt, daß die Schwingungszahlen der Strahlen, welche die Farben begrenzenden Fraunhofer'schen Linien hervorrufen, für die Farbenscala eine arithmetische Progression bilden. Während Roth in etwa 440 Billion Oscillationen pro Zeitsecunde besteht, kommt den darauf folgenden Farben eine um je etwa 48 Billionen größere Anzahl zu. Das dadurch gewonnene Princip zur Feststellung der einfachen Farben faßt Listing in Folgendem zusammen:

---

*) Bd. LVII. d. Sitzb. d. Akad. d. Wissensch. II. Abth. Juni-Heft. Jahrg. 1868.
**) Ueber eine vergleichbare Spectralscala von A. Weinhold. Pogg. Ann. Bd. 136. 1869. S. 417.
***) Ueber die Gränzen der Farben im Spectrum von Prof. Listing in Göttingen. Pogg. Ann. Bd. 131. 1867. S. 564.

„Die Farbenreihe Braun, Roth, Orange, Gelb, Grün, Cyan, Indigo, Lavendel findet ihren physischen Ausdruck in einer die Schwingungsfrequenz darstellenden arithmetischen Reihe von 8 Zahlen, wo die letzte das Zweifache der ersten ist."

Der Spectralapparat zum Mikroscop ist eine Vorrichtung, durch deren Hülfe das Mikroscop in einen Spectralapparat verwandelt wird, und die aus einem achromatischen Linsensystem von circa 25^{mm} Brennweite und großem Oeffnungswinkel besteht, welches von unten in die Tischöffnung des Mikroscops eingesteckt und mittelst eines Zwischenringes befestigt wird. Diese Einrichtung, durch welche ein in Aller Händen befindliches Instrument, wie das Mikroscop, in einen Spectralapparat umgewandelt werden kann, ist von Dr. Abbé angegeben und wird in der optischen Werkstätte von C. Zeiß in Jena in zwei Systemen angefertigt, von denen das eine 10 Thlr., das andere 16 bis 18 Thlr. kostet.

Die Andeutungen über die Anwendung der Spectralanalyse, die wir in einem engen Rahmen zusammenstellen mußten, zeigen zur Genüge, wie fruchtbar der Gedanke von Bunsen und Kirchhoff war. Die Erfolge, welche unsere Untersuchungsmethode seit 1860, dem Jahre ihrer Einführung in die Wissenschaft, errungen hat, berechtigen zu der gegründeten Hoffnung, daß der Kreis ihrer Wirksamkeit hiermit noch nicht abgeschlossen ist, sondern daß wir in einer nicht fernen Zukunft über neue Resultate derselben berichten können.

Erklärung der Tafeln.

Tafel I.

Scala mit den Linien des Strontiumspectrums, Seite 113.
Nro. 1. Das Sonnenspectrum mit den wichtigsten Fraunhofer'schen Linien, S. 3 und 13.
Nro. 2. Das Cäsiumspectrum, S. 54.
Nro. 3. Das Rubibiumspectrum, S. 55.
Nro. 4. Das Kaliumspectrum, S. 56.
Nro. 5. Das Natriumspectrum, S. 56.
Nro. 6. Das Lithiumspectrum, S. 57.
Nro. 7. Das Strontiumspectrum, S. 58.
Nro. 8. Das Calciumspectrum, S. 58.
Nro. 9. Das Bariumspectrum, S. 59.
Nro. 10. Das Thalliumspectrum, S. 59.
Nro. 11. Das Indiumspectrum, S. 60.
Nro. 12. Das Spectrum des Lichtes vom bläulichgrünen innern Kegel der Flamme des Bunsen'schen Gasbrenners, S. 96.
Nro. 13. Das Spectrum des Sonnenlichtes, welches durch eine ziemlich stark verdünnte Lösung von Chlorophyll gegangen ist, S. 86.

Tafel II.

Scala.
Nro. 1. Das Spectrum des Sonnenlichtes nach dem Durchgange durch eine sehr verdünnte Lösung von Blutfarbstoff, S. 178.
Nro. 2. Das Absorptionsspectrum des Blutfarbstoffes nach Abtrennung des lose gebundenen Sauerstoffes, S. 179.
Nro. 3. Das Spectrum des Lichtes vom Fixstern α Lyra nach Secchi (Secchi's Typus 1), S. 152.
Nro. 4. Das Stickstoffspectrum zweiter Ordnung, S. 70.
Nro. 5. Das Stickstoffspectrum erster Ordnung, S. 69.
Nro. 6. Das Phosphorspectrum, S. 71.
Nro. 7. Das Absorptionsspectrum der Didymsalze, S. 93.
Nro. 8. Das Spectrum des geschmolzenen glühenden Didymoxyds, S. 94.
Nro. 9. Das Wasserstoffspectrum, S. 68.
Nro. 10. Eine Zusammenstellung der Spectrallinien des Lithiums, des Natriums, des Thalliums und des Indiums, S. 44.
Nro. 11. Das Absorptionsspectrum einer Lösung von schwefelsaurem Kupferoxyd-Ammoniak, S. 87.

Nro. 12. Das Absorptionsspectrum einer Lösung von Berlinerblau, S. 87.
Nro. 13. Das Absorptionsspectrum einer Lösung von schwefelsaurem Indigo, S. 87.

Tafel III.
Scala.

Nro. 1. Das Absorptionsspectrum des durch Kobalt blau gefärbten Glases, S. 83.
Nro. 2. Das Absorptionsspectrum einer Lösung von Chlorkupfer, S. 87.
Nro. 3. Das Absorptionsspectrum des durch Kupferoxydul roth gefärbten Glases, S. 83.
Nro. 4. Das Absorptionsspectrum einer Lösung von saurem chromsaurem Kali, S. 88.
Nro. 5. Das Sonnenspectrum, dessen obere Hälfte auf weißem, dessen untere Hälfte auf rothem Papier aufgefangen ist, S. 85.
Nro. 6. Das Absorptionsspectrum einer Lösung von übermangansaurem Kali, S. 88.
Nro. 7. Das Absorptionsspectrum einer schwachen Lösung von salpetersaurem Didymoxyd, S. 88.
Nro. 8. Das Absorptionsspectrum der Dämpfe von salpetriger Säure, S. 89.
Nro. 9. Das Absorptionsspectrum der Joddämpfe, S. 90.
Nro. 10. ⎫ Prismatische Zerlegung des Lichtes, welches durch Gyps-
Nro. 11. ⎬ platten verschiedener Dicke gegangen ist, die sich zwischen
Nro. 12. ⎭ gekreuzten Nicols befinden, S. 182.
Nro. 13. Das Luftspectrum, S. 74.

Tafel IV.
Nach einer Originalzeichnung des P. A. Secchi.

Nro. 1. Das Spectrum des Sonnenrandes in der oberen Hälfte. In der dunkleren unteren Hälfte des Spectrum der Protuberanzen mit 4 hellen Linien, bei C, D, F u. G, S. 147.
Nro. 2. Das Spectrum des Sirius. 1. Typus, S. 152.
Nro. 3. Das Spectrum α des Orion. 3. Typus, S. 154.
Nro. 4. Das Spectrum des Herkules. 3. Typus, S. 154.
Nro. 5. Das Spectrum des rothen Sternes im großen Bären ($\alpha = 12^h 38^m 5; \delta = +46° 13'$) 4. Typus, S. 156.

Tafel V.
Ein Theil des Kirchhoff'schen Sonnenspectrums (S. 119) und ein Theil des Angström'schen Sonnenspectrums (S. 122).

Tafel VI.
Formen von Protuberanzen, Nebelflecken und eines Kometen. Nro. 1 und 2. S. 171. Nro. 3 bis Nro. 9. S. 125. Nro. 10. S. 126.

Tafel VII.
Beobachtung der totalen Sonnenfinsterniß am 18. August 1868 zu Mantawala-Kekée, S. 128. Die rothen Hervorragungen an dem dunklen Mondrande, Fig. 1, 2, 3 u. 4 stellen die Protuberanzen vor.

Aschendorff'sche Buchdruckerei.

Tafel I.

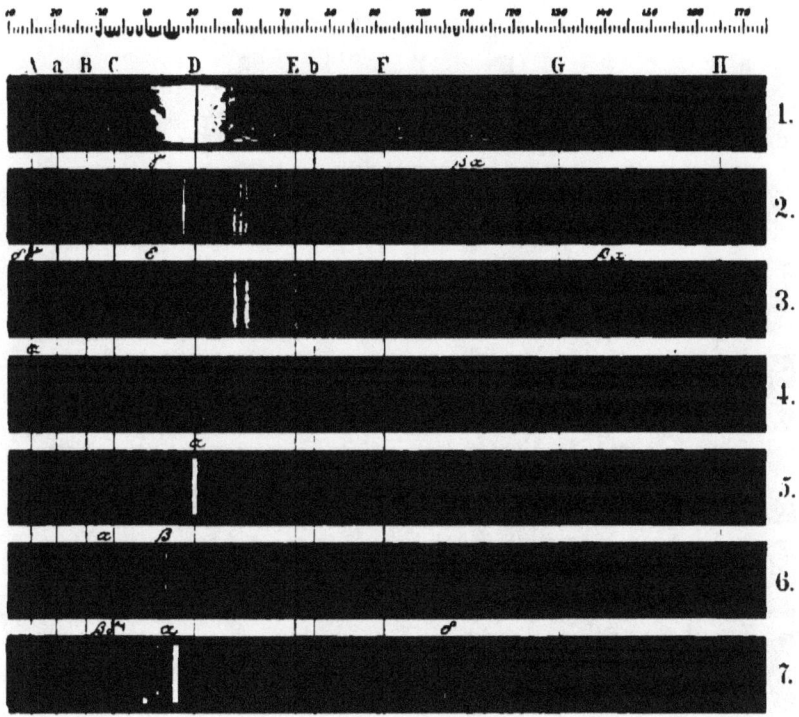

Tafel II.

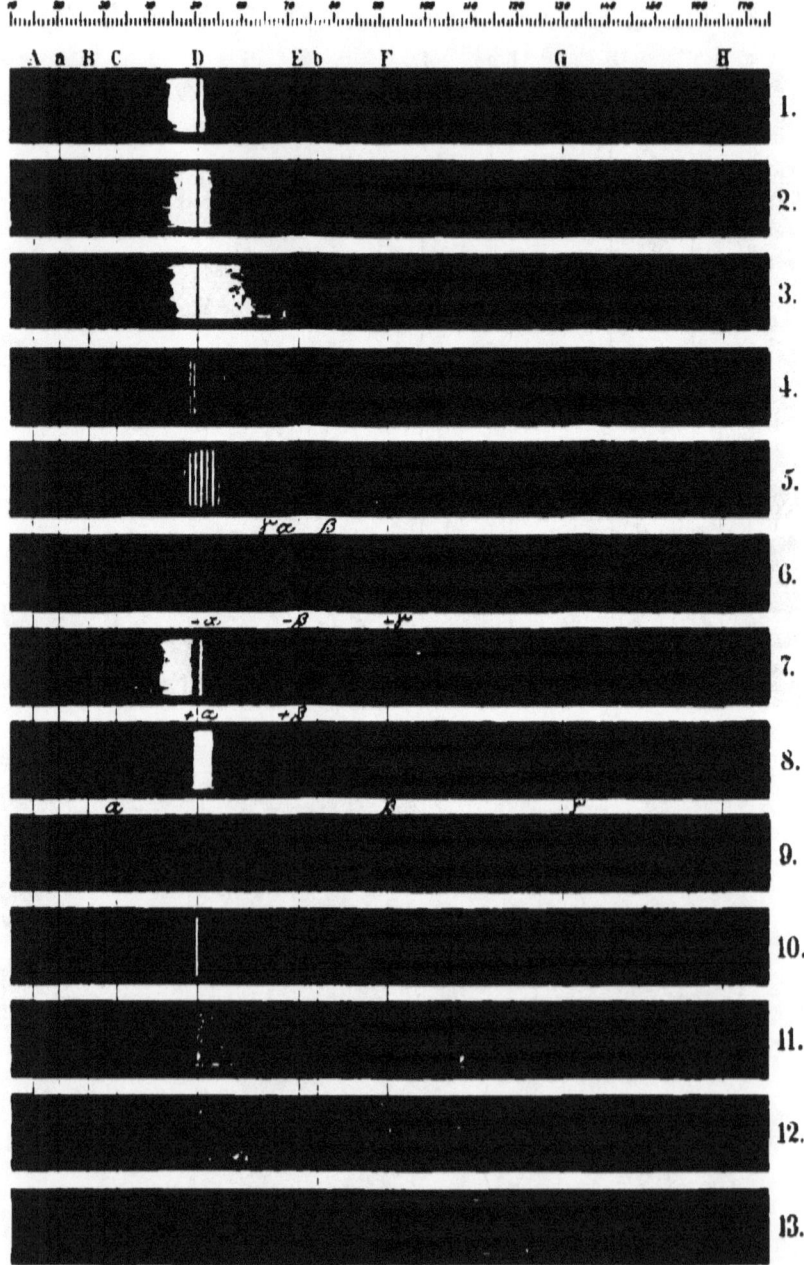

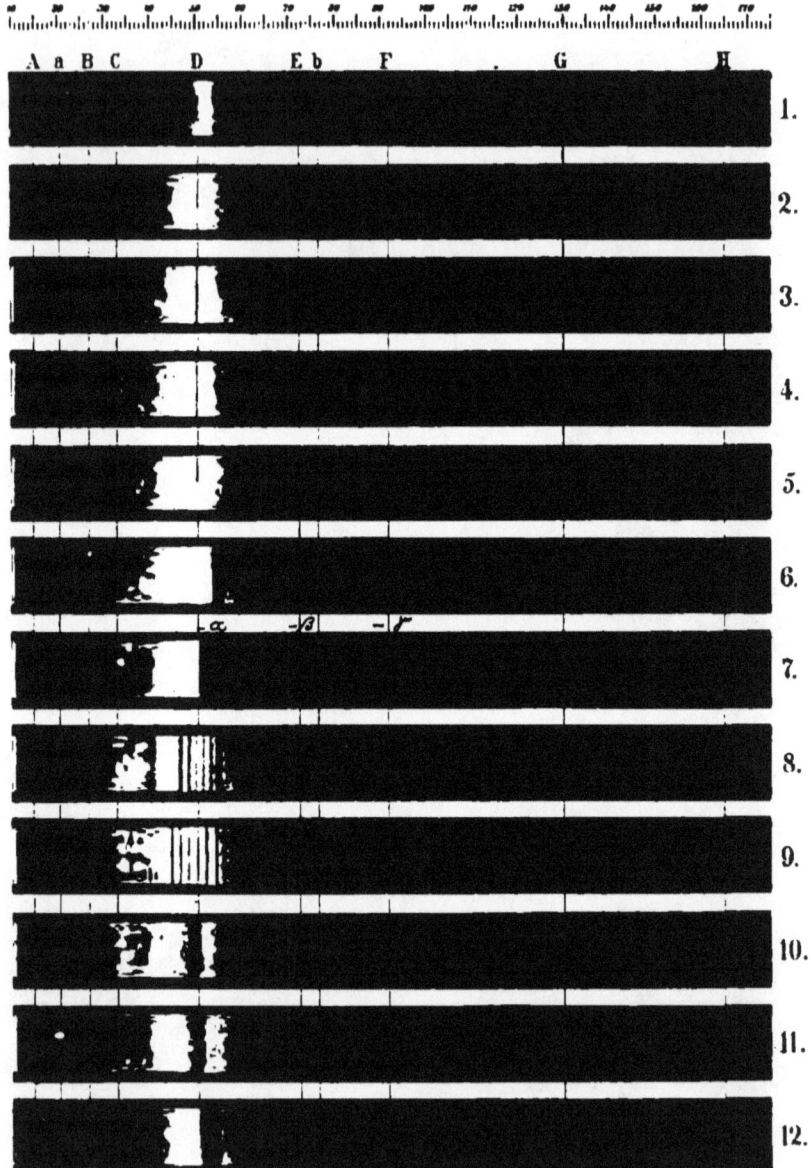

Tafel III.

Tafel IV.

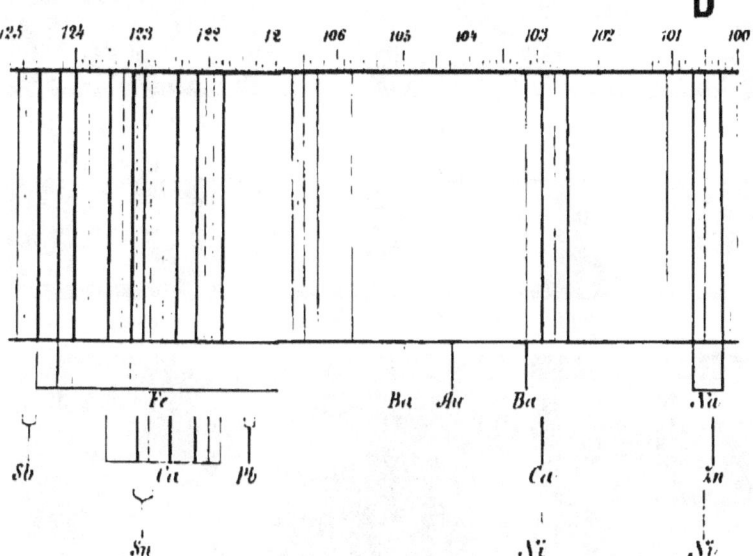
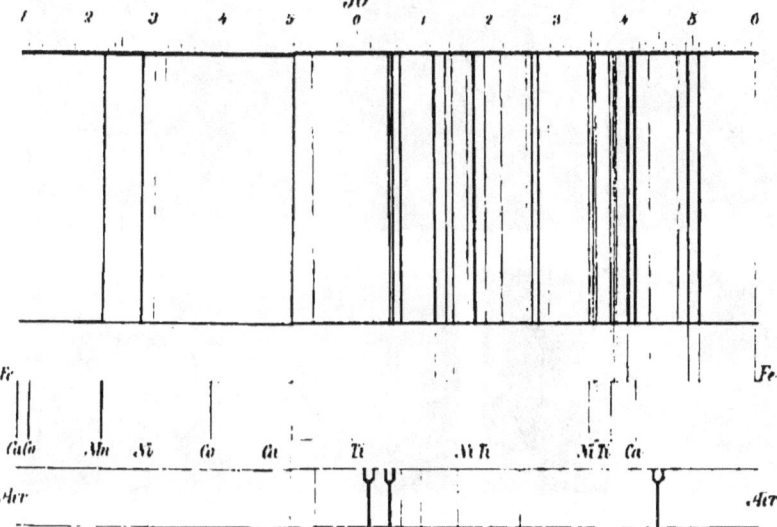

Tafel VI.

Fig. 1. Beobachtung einer Protuberanz der Sonne, am 4 Juli 1869, von F. Zöllner.
Positionswinkel 76° Höhe 35-40"

Fig. 2. Beobachtung einer Protuberanz der Sonne am 4 Juli 1869 von F. Zöllner.

Fig. 3. Nebelfleck 45 H.W.
Fig. 4. Ringförmiger Nebel in der Leyer.
Fig. 5. Nebel, genannt Dumb-Bell Nebel.

Fig. 6. Nebelfleck 45 H.W.
Fig. 7. Orion Nebel
Fig. 8. Andromeda Nebel

Fig. 9. Nebelfleck H.W.
Fig. 10. Comet I. 1866.
Spectrum des Cometen   Gestalt des Cometen

BEOBACHTUNG DER SONNENFI

www.ingramcontent.com/pod-product-compliance
Lightning Source LLC
Chambersburg PA
CBHW020908230426
43666CB00008B/1365